特高压换流站验收
作业指导书

一次设备分册

国家电网有限公司直流技术中心　组编

中国电力出版社
CHINA ELECTRIC POWER PRESS

内 容 提 要

国家电网有限公司直流技术中心组织多名长期从事换流站工作的专业技术人员，编写《特高压换流站验收作业指导书 一次设备分册》一书，本书包含了换流站 11 类关键设备，主要有换流变压器设备，气体绝缘金属封闭式组合电器（GIS）设备，交流滤波器场设备，直流滤波器场设备，干式平波电抗器，直流隔离开关、接地开关，直流断路器（含高速接地开关），直流避雷器，直流穿墙套管，站用变压器及开关柜，换流变压器进线设备。

为确保验收工作顺利进行，本书梳理了验收流程，明确了各类设备验收主要环节、验收顺序；规定了验收标准，对关键验收步骤明确了量化验收指标并指出了验收依据；完善了验收方法，对具体试验、验收项目的操作步骤和方法进行了详细描述，具有较强的现场指导价值。

本书可供从事特高压直流输电运行、检修、管理人员等使用。

图书在版编目（CIP）数据

特高压换流站验收作业指导书. 一次设备分册/国家电网有限公司直流技术中心组编. —北京：中国电力出版社，2023.11（2025.9重印）
ISBN 978-7-5198-8068-2

Ⅰ.①特… Ⅱ.①国… Ⅲ.①特高压输电—换流站—一次设备—工程验收 Ⅳ.①TM63

中国国家版本馆 CIP 数据核字（2023）第 153632 号

出版发行：中国电力出版社	印　　刷：北京九州迅驰传媒文化有限公司
地　　址：北京市东城区北京站西街 19 号（邮政编码：100005）	版　　次：2023 年 11 月第一版
网　　址：http://www.cepp.sgcc.com.cn	印　　次：2025 年 9 月北京第二次印刷
责任编辑：苗唯时　王蔓莉　马雪倩	开　　本：787 毫米×1092 毫米　横 16 开本
责任校对：黄　蓓　李　楠　郝军燕	印　　张：27
装帧设计：张俊霞	字　　数：594 千字
责任印制：石　雷	定　　价：135.00 元

编 委 会

主　任　叶廷路　王晓希

副主任　沈　力　陈　力　刘德坤　徐海军　许　强　徐玲铃　贺　文　陈宏钟

　　　　李彦吉

本 册 编 写 组

主　编　徐玲铃

副主编　张国华　李凤祁　廖文锋　陕华平　黎　炜　韦　鹏　邹洪森　钱　波

　　　　李文震　孟　辉　张嘉涛　廖卉莲　沈志刚　余克武

成　员　陆洪建　李　军　王　鑫　孙　伟　雷战斐　崔　鹏　马　磊　刘廷堃

　　　　臧　瑞　张学友　张朝峰　刘华臣　潘亮亮　郝卫华　潘本仁

前　言

国家电网有限公司目前在运、在建直流换流站已超 70 座,"十四五""十五五"期间还将规划建设一批特高压直流工程,直流输电系统将迎来快速发展的新时期。验收工作是换流站送电前不容忽视的重要环节,是现场运维检修人员的"基本功"。高质量做好验收工作能够有效发现潜在设备隐患和预防事故发生,是提升直流系统运行可靠性的重要手段。

工欲善其事,必先利其器。在现有换流站"专业化支撑＋属地化运维"模式下,各换流站运维单位为确保验收工作有章可依、有序推进,通常结合现场设备情况和本单位运维检修经验,参照国家电网有限公司验收规范、反措等要求编制验收作业指导书,但因设备情况、运维经验的差异性,加之编写时间紧、编写难度大等客观因素,导致验收指导书存在标准不统一、内容不全面等问题。

国家电网有限公司直流技术中心作为专门从事直流技术支撑的专业机构,2019 年转型以来,积极做好支撑国家电网有限公司提升专业管理的"好助手"、服务基层解决技术难题的"活字典"。国家电网有限公司直流技术中心充分发挥平台作用和专业优势,按照贴近基层、贴近现场、贴近设备的工作思路,认真总结近年来吉泉、青豫、雅江、张北、陕武、白江、闽粤、白浙等换流站验收工作经验,充分考虑现场实际,梳理验收流程,完善验收方法,明确验收依据,编制《特高压换流站验收作业指导书》。

《特高压换流站验收作业指导书》共四个分册,本书为《一次设备分册》,主要内容包括换流变压器设备,气体绝缘金属封闭式组合电器(GIS)设备,交流滤波器场设备,直流滤波器场设备,干式平波电抗器,直流隔离开关、接地开关,直流断路器(含高速接地开关),直流避雷器,直流穿墙套管,站用变压器及开关柜,换流变压器进线设备。

期望这套指导书的出版发行,能够为换流站开展验收工作提供借鉴和参考,为提升换流站验收质量略尽微薄之力。

由于编者水平有限,如有不妥之处,敬请批评指正。

编　者

目　录

第一章　换流变压器设备

1.1　应用范围

适用于换流站换流变压器设备交接试验和竣工验收工作，部分验收项目需根据实际情况提前安排，通过随工验收、资料检查等方式开展，旨在指导并规范现场验收工作。

1.2　规范依据

本作业指导书的编制依据并不限于以下文件：

《国家电网有限公司十八项电网重大反事故措施（修订版）》

《±800kV 高压直流设备交接试验》（DL/T 274—2012）

《国家电网有限公司防止直流换流站事故措施及释义（修订版）》

《气体继电器检验规程》（DL/T 540—2013）

《变电站通信网络和系统》［DL/T 860（所有部分）］

《DL/T 860 实施技术规范》（DL/T 1146）

《换流变压器交接及预防性试验规程》（DL/T 1798—2018）

《气体继电器检测装置技术规范》（DL/T 2255—2021）

《±800kV 换流站直流高压电器施工及验收规范》（Q/GDW 219—2008）

《±800kV 换流站换流变压器施工及验收规范》（Q/GDW 220—2008）

《±800kV 及以下直流换流站电气装置安装工程施工及验收规范》（DL/T 5232—2010）

《变压器油中溶解气体在线监测装置技术规范》（Q/GDW 10536—2021）

《特高压直流工程换流站设备通用二次接口规范》

《国家电网有限公司直流换流站精益化检修指导意见》

《输变电设备状态检修试验规程》

《国网设备部关于加强换流站油色谱在线监测装置管理的通知》

《国家电网公司直流换流站验收管理规定》

《特高压换流变压器关键点技术监督实施细则》

《高压设备智能化技术导则》（Q/GDWZ 410）

1.3 验收方法

1.3.1 验收流程

换流变压器设备检查专项验收工作应参照表 1-3-1 验收项目内容顺序开展，并在验收工作中把握关键时间节点。

表 1-3-1 换流变压器设备检查专项验收标准流程表

序号	验收项目	主要工作内容	参考工时	开展验收需满足的条件
1	本体检查验收	（1）本体外观整体检查验收。 （2）铭牌、相序标识检查验收。 （3）均压环、引线及端子板、连接法兰、连接螺栓外观、检修平台及地面基础验收	1h/换流变压器	换流变压器安装完成，施工单位提交验收申请单后
2	非电量及各元器件定值参数检查验收	（1）非电量定值参数检查验收。 （2）元器件定值参数检查验收	0.5h/换流变压器	（1）换流变压器安装完成，施工单位提交验收申请单后。 （2）各功能试验验收前，非电量保护装置及二次元器件定值由设备厂家整定无误后。 （3）运维单位下发正式定值单后
3	套管检查验收	（1）法兰检查验收。 （2）均压环检查验收。 （3）套管引线及线夹检查验收。 （4）外绝缘检查验收。 （5）外绝缘瓷套釉面检查验收。 （6）外绝缘合成硅橡胶检查验收。 （7）外绝缘防污闪涂料检查验收。 （8）油套管外观检查验收。 （9）SF_6 套管外观（含干式）检查验收。	1h/换流变压器	（1）换流变压器安装完成，施工单位提交验收申请单后。

序号	验收项目	主要工作内容	参考工时	开展验收需满足的条件
3	套管检查验收	（10）套管特殊安装检查验收。 （11）试验抽头检查验收。 （12）电压抽取装置检查验收。 （13）套管电流互感器检查验收。 （14）套管反措检查验收	1h/换流变压器	（2）接线盒密封、二次回路绝缘等检查工作宜在消防系统水喷淋试验后进行
4	分接开关检查验收	（1）外观检查验收。 （2）机构箱检查验收。 （3）压力继电器检查验收。 （4）限位装置及滑挡保护检查验收。 （5）动作特性检查验收。 （6）耐压试验检查验收。 （7）反措要求检查验收	1h/换流变压器	（1）换流变压器安装完成，施工单位提交验收申请单后。 （2）接线盒密封、二次回路绝缘等检查工作应在消防系统水喷淋试验后进行
5	在线滤油装置检查验收	（1）外观检查验收。 （2）启停检查验收。 （3）电源及二次接线检查验收	0.5h/换流变压器	（1）换流变压器安装完成，施工单位提交验收申请单后。 （2）接线盒密封、二次回路绝缘等检查工作应在消防系统水喷淋试验后进行
6	储油柜检查验收	（1）外观检查验收。 （2）密封性检查验收。 （3）容积检查验收。 （4）油位检查验收。 （5）呼吸器检查验收	1h/换流变压器	换流变压器安装完成，施工单位提交验收申请单后
7	油流/气体继电器（含集气盒）检查验收	（1）外观检查验收。 （2）试验检查验收。 （3）接线盒检查验收。 （4）集气盒检查验收	0.5h/换流变压器	（1）换流变压器安装完成，施工单位提交验收申请单后。 （2）接线盒密封、二次回路绝缘等检查工作应在消防系统水喷淋试验后进行

序号	验收项目	主要工作内容	参考工时	开展验收需满足的条件
8	温度计检查验收	(1) 外观检查验收。 (2) 试验检查验收。 (3) 接线盒检查验收	0.5h/换流变压器	(1) 换流变压器安装完成，施工单位提交验收申请单后。 (2) 接线盒密封、二次回路绝缘等检查工作应在消防系统水喷淋试验后进行
9	压力释放装置（包括本体及分接开关）检查验收	(1) 外观检查验收。 (2) 试验检查验收。 (3) 接线盒检查验收	0.5h/换流变压器	(1) 换流变压器安装完成，施工单位提交验收申请单后。 (2) 接线盒密封、二次回路绝缘等检查工作应在消防系统水喷淋试验后进行
10	冷却系统检查验收	(1) 外观检查验收。 (2) 冷却器及电源检查验收。 (3) 潜油泵检查验收。 (4) 油流指示器检查验收。 (5) 冷却系统控制逻辑检查验收	1.5h/换流变压器	(1) 换流变压器安装完成，施工单位提交验收申请单后。 (2) 接线盒密封、二次回路绝缘等检查工作应在消防系统水喷淋试验后进行
11	阀门检查验收	阀门位置、标识检查验收	0.5h/换流变压器	换流变压器安装完成，施工单位提交验收申请单后
12	二次回路检查验收	(1) 标识检查验收。 (2) 元件布置检查验收。 (3) 导线选择检查验收。 (4) 二次接线及端子排检查验收。 (5) 绝缘检查验收。 (6) 电缆保护及电缆防水检查验收	1h/换流变压器	(1) 换流变压器安装完成，施工单位提交验收申请单后。 (2) 接线盒密封、二次回路绝缘等检查工作应在消防系统水喷淋试验后进行
13	汇控柜检查验收	(1) 外观检查验收。 (2) 封堵检查验收。 (3) 二次接线及二次元件检查验收。 (4) 加热、驱潮装置检查验收。 (5) 照明检查验收	0.5h/换流变压器	(1) 换流变压器安装完成，施工单位提交验收申请单后。 (2) 汇控柜密封性等检查工作应在消防系统水喷淋试验后进行

序号	验收项目	主要工作内容	参考工时	开展验收需满足的条件
14	接地检查验收	（1）铁芯及夹件接地检查验收。 （2）主要组附件短路接地检查验收。 （3）本体接地检查验收。 （4）中性点接地检查验收	0.5h/换流变压器	换流变压器安装完成，施工单位提交验收申请单后
15	换流变压器在线监测装置检查验收	（1）油中气体组分在线监测装置检查验收。 （2）智能组件柜（汇控柜）检查验收。 （3）铁芯接地电流监测装置检查验收。 （4）套管 SF_6 气体在线监测装置检查验收	0.5h/换流变压器	换流变压器安装完成，施工单位提交验收申请单后
16	试验检查验收	（1）联结组别。 （2）引出线的极性检查。 （3）所有分接位置的电压比检查。 （4）绕组连同套管的直流电阻测量。 （5）绕组连同套管的绝缘电阻、吸收比或极化指数测量。 （6）绕组连同套管的介质损耗、电容量测量。 （7）铁芯及夹件绝缘电阻测量。 （8）套管试验（含 SF_6 气体）。 （9）套管中的电流互感器试验。 （10）有载调压切换装置的检查和试验。 （11）阻抗测量。 （12）绕组变形试验。 （13）绕组连同套管的直流耐压试验。 （14）绕组连同套管的外施工频耐压试验。 （15）绕组连同套管的感应耐压试验。 （16）其他协商项目（长时间空载试验、谐波含量、油流静电试验）。 （17）绝缘油试验	2h/换流变压器	（1）换流变压器安装完成，施工单位提交验收申请单后。 （2）常规试验完成后，开展换流变压器局部放电试验。 （3）套管充气后 24h 进行微水含量检测

序号	验收项目	主要工作内容	参考工时	开展验收需满足的条件
17	主通流回路检查验收	(1) 主通流回路搭接面螺栓力矩检查。 (2) 主通流回路搭接面直阻检查	2.5h/换流变压器	换流变压器安装及试验完成，施工单位提交验收申请单后
18	事故排油装置检查验收	(1) 整体检查。 (2) 阀门检查。 (3) 电缆检查。 (4) 管路检查。 (5) 排油及储油柜排油箱及控制屏检查。 (6) 漏油监测装置检查。 (7) 信号试验检查。 (8) 控制屏手动排油检查。 (9) 手动控制箱排油检查。 (10) 本体排油试验检查。 (11) 泄漏保护复归检查	1.5h/换流变压器	(1) 换流变压器安装完成，施工单位提交验收申请单后。 (2) 事故排油柜密封性检查应在消防系统水喷淋试验后进行
19	换流变压器组部件排气情况检查	(1) 气体继电器排气检查。 (2) 压力释放阀排气检查。 (3) 网侧升高座排气检查。 (4) 阀侧升高座排气检查。 (5) 储油柜排气检查。 (6) 滤油机排气检查。 (7) 冷却器及进出油管道排气检查	0.5h/换流变压器	(1) 换流变压器安装及试验完成后，施工单位提交验收申请单后。 (2) 换流变压器冷却器潜油泵启动1h后
20	换流变压器投运前检查验收	(1) 外观检查验收。 (2) 专项验收。 (3) 在线监测及监控后台检查验收	0.5h/换流变压器	(1) 换流变压器安装完成后。 (2) 换流变压器试验完成后。 (3) 换流变压器带电前

1.3.2 验收问题记录清单

对于验收过程中发现的隐患和缺陷，应当按照表 1-3-2 进行记录，并由专人负责跟踪闭环进度。

表 1-3-2   换流变压器设备验收问题记录清单

序号	设备名称	问题描述	发现人	发现时间	整改情况
1	极Ⅰ高端 YY-A 换流变压器	……	×××	××××年××月××日	……
…	……				

1.4 换流变压器本体验收标准作业卡

1.4.1 验收范围说明

本验收作业卡适用于换流站验收工作，验收范围包括：极Ⅰ/Ⅱ高、低端换流变压器、备用相换流变压器本体。

1.4.2 验收准备工作

各阶段验收工作开展前，运检人员应当提前明确验收的时间、人员、车辆机具、仪器工具、图纸资料等，并至少在验收开展的前一天完成准备工作的确认。换流变压器本体检查验收准备工作表见表 1-4-1，换流变压器本体验收工器具清单见表 1-4-2。

表 1-4-1   换流变压器本体检查验收准备工作表

序号	项目	工作内容	实施标准	负责人	备注
1	时间安排	验收工作开展前，应当组织业主、厂家、施工、监理、运检人员现场联合勘查，在各方均认为现场满足验收条件后方可开展	换流变压器安装完成，施工单位提交验收申请单后		
2	人员安排	（1）如人员、车辆充足可组织多个验收组同时开展工作。 （2）每个验收组建议至少安排验收人员 1 人，厂家人员 1 人，施工单位 1 人，监理 1 人，吊车专职驾驶员 1 人（厂家或施工单位人员）	验收前成立临时专项验收组，组织验收、施工、厂家、监理人员共同开展验收工作		

序号	项目	工作内容	实施标准	负责人	备注
3	车辆工具安排	验收工作开展前，准备好验收所需车辆机具、仪器仪表、工器具、安全防护用品、验收记录材料、相关图纸及相关技术资料	（1）车辆机具、仪器仪表、工器具、安全防护用品应试验合格，满足本次施工的要求。 （2）验收记录材料、相关图纸及相关技术资料齐全并符合现场实际情况		
4	验收交底	根据本次作业内容和性质确定好检修人员，并组织学习本作业卡	要求所有工作人员明确本次工作的作业内容、进度要求、作业标准及安全注意事项		

表 1-4-2 换流变压器本体验收工器具清单

序号	名称	型号	数量	备注
1	吊车	—	1辆	
2	安全带	—	每人1套	
3	车辆接地线	—	1根	
4	万用表	—	1个	

1.4.3 验收检查记录

换流变压器本体检查验收记录表见表 1-4-3。

表 1-4-3 换流变压器本体检查验收记录表

序号	验收项目	验收方法及标准	验收结论（√或×）	备注
1	本体外观整体检查验收	检查表面干净无脱漆锈蚀，无变形，密封良好，无渗漏，放气塞紧固		
2		检查冷却器主油管管路标注油流方向正确		
3		检查风机叶片旋转方向、气流方向正确		
4		检查爬梯有一个可以锁住踏板的防护机构，距带电部件的距离应满足电气安全距离的要求，满足不停电观察气体继电器内集气情况		
5		检查事故排油设施完好		

序号	验收项目	验收方法及标准	验收结论（√或×）	备注
6	本体外观整体检查验收	检查防腐外观完好，应无锈蚀，色彩一致		
7		检查消防设施齐全、完好，符合设计或厂家标准		
8		油污处理时，要加强油污处理工艺管控，避免杂质或异物进入换流变压器内部，引发铁芯、夹件绝缘异常		
9		安装时，应检查波纹管连接平行且同心，并使密封垫位置准确，压缩量为1/3（胶棒压缩1/2）		《±800kV换流站换流变压器施工及验收规范》（Q/GDW 220—2008）
10		油流回路联管法兰连接部位（含波纹管）在水平、垂直方向不应出现超过10mm的偏差。法兰密封圈应安装到位，防止因安装工艺不良引发渗漏油		《国家电网有限公司十八项电网重大反事故措施（修订版）》
11	铭牌、相序标识检查验收	检查设备出厂铭牌应齐全、清晰可识别［含整体铭牌、各主要组附件铭牌：分接开关、分接开关在线滤油装置、储油柜、呼吸器、"油温—油位"曲线表、套管、套管电流互感器、散热器、潜油泵（含油流继电器）、风扇、矿物油、气体继电器、油流继电器、压力继电器（含突发压力继电器）、SF_6密度继电器（SF_6温度与压力关系表）、油面和绕组温度计（含远传）、铁芯及夹件引出标识、阀门布置总图及对应编号状态标识牌等］		
12		检查设备出厂铭牌应安装在零电位，不应使用腐蚀性的粘贴材料，较大标识牌应采用专用金具挂装		
13		检查相序标识清晰正确，A相—黄、B相—绿、C相—红		
14	均压环、引线及端子板、连接法兰、连接螺栓外观、检修平台及地面基础验收	检查设备接线端子板应采用8.8级热镀锌螺栓，连接螺栓应齐全、紧固。外部紧固螺栓应采用热镀锌防腐（M10及其以上）螺栓。非沉头螺栓应露出2~3扣，相邻螺栓垫圈间应有3mm以上的净距，螺母和垫圈应满足防锈、防腐要求，平垫、弹垫配置齐全，满足防振要求。螺栓采用双螺母或单螺母加弹垫固定等防松措施，螺栓力矩标识线清晰、可见		《国家电网有限公司防止直流换流站事故措施及释义（修订版）》

序号	验收项目	验收方法及标准	验收结论（√或×）	备注
15	均压环、引线及端子板、连接法兰、连接螺栓外观、检修平台及地面基础验收	检查引线松紧适当，无散股、扭曲、断股现象，引线弧度合适、绝缘间距满足设计文件要求		
16		检查均压环与本体连接良好，无裂纹，安装牢固、平正，不得影响接线板的接线。安装在环境温度零度及以下地区的均压环，宜在均压环最低处打排水孔		
17		检查接线端子不应采用铜铝对接过渡线夹，载流密度满足技术规范要求		
18		检查线夹应有排水孔，防止水结冰膨胀造成线夹爆裂		
19		检查换流变压器基础平整，无开裂、下沉及位移		
20		结合设计资料检查换流变压器防火墙高度、宽度满足设计要求		
21		检查检修平台各紧固件螺栓紧固无松动，螺栓外露丝扣长度不少于2～3扣		
22		检查检修、巡视平台表面清洁，无锈蚀，无弯曲、裂纹及倾斜		

1.4.4　验收记录表格

在工作中对于重要的内容进行专项检查记录并留档保存。换流变压器本体验收记录表见表1-4-4。

表 1-4-4　　　　　　　　　　　　　　　　换流变压器本体验收记录表

设备名称	验收项目			验收人
	本体外观整体检查验收	铭牌、相序标识检查验收	均压环、引线及端子板、连接法兰、连接螺栓外观、检修平台及地面基础验收	
极Ⅰ低端 YY 换流变压器 A 相				
………				

1.4.5 检查评价表格

对工作中检查出的问题进行汇总记录，并进行验收评价，留档保存。换流变压器本体验收检查评价表见表1-4-5。

表 1-4-5   换流变压器本体验收检查评价表

检查人	×××	检查日期	××××年××月××日
存在问题汇总			

1.5 换流变压器非电量及各元器件定值参数检查验收标准作业卡

1.5.1 验收范围说明

本验收作业卡适用于换流站验收工作，验收范围包括：极Ⅰ/Ⅱ高、低端换流变压器、备用相换流变压器非电量及各元器件。

1.5.2 验收准备工作

各阶段验收工作开展前，运检人员应当提前明确验收的时间、人员、车辆机具、仪器工具、图纸资料等，并至少在验收开展的前一天完成准备工作的确认。

换流变压器非电量及各元器件定值参数检查验收准备工作表见表1-5-1，换流变压器非电量及各元器件定值参数验收工器具清单见表1-5-2。

表 1-5-1   换流变压器非电量及各元器件定值参数检查验收准备工作表

序号	项目	工作内容	实施标准	负责人	备注
1	时间安排	验收工作开展前，应当组织业主、厂家、施工、监理、运检人员现场联合勘查，在各方均认为现场满足验收条件后方可开展	（1）换流变压器安装完成，施工单位提交验收申请单后。 （2）各功能试验验收前，非电量保护装置及二次元器件定值由设备厂家整定无误后。 （3）运维单位下发正式定值单后		

— 11 —

序号	项目	工作内容	实施标准	负责人	备注
2	人员安排	（1）如人员、车辆充足可组织多个验收组同时开展工作。 （2）每个验收组建议至少安排验收人员1人，厂家人员1人，施工单位1人，监理1人，吊车专职驾驶员1人（厂家或施工单位人员）	验收前成立临时专项验收组，组织验收、施工、厂家、监理人员共同开展验收工作		
3	车辆工具安排	验收工作开展前，准备好验收所需车辆机具、仪器仪表、工器具、安全防护用品、验收记录材料、相关图纸及相关技术资料	（1）车辆机具、仪器仪表、工器具、安全防护用品应试验合格，满足本次施工的要求。 （2）验收记录材料、相关图纸及相关技术资料齐全并符合现场实际情况		
4	验收交底	根据本次作业内容和性质确定好检修人员，并组织学习本作业卡	要求所有工作人员明确本次工作的作业内容、进度要求、作业标准及安全注意事项		

表 1-5-2　　　　　　　　　　换流变压器非电量及各元器件定值参数验收工器具清单

序号	名称	型号	数量	备注
1	螺钉旋具	—	1把	
2	安全带	—	每人1套	
3	定值单	—	1份	
4	万用表	—	1个	

1.5.3　验收检查记录

换流变压器非电量及各元器件定值参数验收检查记录表见表 1-5-3。

表 1-5-3 　　　　　　　　　　　　　　　换流变压器非电量及各元器件定值参数验收检查记录表

序号	验收项目	验收方法及标准	验收结论（√或×）	备注
1	非电量定值参数检查验收	通过资料检查气体继电器油流整定值和气体容积值与定值单一致，并符合技术标准或厂家说明书要求，其中 $\phi50$、$\phi80$ 型继电器动作范围为 250～300mL，$\phi25$ 型继电器动作范围为 200～250mL		《气体继电器检测装置技术规范》（DL/T 2255—2021）
2		通过资料检查分接开关油流继电器油流整定值与定值单一致，并符合技术标准或厂家说明书要求		
3		检查测温装置现场整定值与定值单一致，并符合技术标准或厂家说明书要求		
4		通过资料检查压力释放阀（包括本体及分接开关）整定值与定值单一致，并符合技术标准或厂家说明书要求		
5		检查油位计（包括本体及分接开关）整定值与定值单一致，并符合技术标准或厂家说明书要求		
6		通过资料检查阀侧套管 SF_6 密度继电器整定值与定值单一致，并符合技术标准或厂家说明书要求		
7		通过资料检查 ABB 技术路线分接开关压力继电器整定值与定值单一致，并符合技术标准或厂家说明书要求		
8	元器件定值参数检查验收	检查冷却器控制柜内动力电源电压监视继电器定值设置正确，欠电压不低于 340V，过电压不高于 420V，时间定值要大于站用 400V 备自投动作时间		
9		检查冷却器控制柜内冷却器启停时间继电器（若无，则检查风冷控制装置设定值）定值设置正确，不少于 30s		
10		检查冷却器控制柜内风机及潜油泵热电偶继电器及空气开关定值设置正确，并符合级差配置和厂家说明书要求		
11		检查电流继电器（绕组温度补偿及过电流闭锁分接开关）定值设置正确，并符合厂家说明书要求		

序号	验收项目	验收方法及标准	验收结论（√或×）	备注
12	元器件定值参数检查验收	检查 ABB 技术路线分接开关机构箱内滑动保护时间继电器定值设置正确，并符合技术标准或厂家说明书要求		
13		检查 MR 技术路线分接开关机构箱内铂电阻温度继电器定值设置正确，并符合技术标准或厂家说明书要求		
14		检查真空分接开关滤油机启停定值设置正确，并符合技术标准或厂家说明书要求		
15		检查分接开关滤油机压力高报警定值设置正确，并符合技术标准或厂家说明书要求		

1.5.4 验收记录表格

在工作中对于重要的内容进行专项检查记录并留档保存。换流变压器非电量保护定值参数验收记录表见表 1-5-4，换流变压器汇控柜、机构箱二次元器件定值参数验收记录表见表 1-5-5。

表 1-5-4　　　　　　　　　　　　　　　　换流变压器非电量保护定值参数验收记录表

序号	设备名称	气体继电器		油流继电器	油面温度计		绕组温度计		油位计	压力释放阀	阀侧套管 SF$_6$ 密度继电器			压力继电器	验收人
		流速值(m/s)	容积值(mL)	流速值(m/s)	报警值(℃)	跳闸值(℃)	报警值(℃)	跳闸值(℃)	高、低报警(%)	报警值(kPa)	报警值1段(MPa)	报警值2段(MPa)	跳闸值(MPa)	报警值(kPa)	
1	极Ⅰ低端YY换流变压器A相														
...	......														

表 1-5-5　换流变压器汇控柜、机构箱二次元器件定值参数验收记录表

序号	设备名称	电压监视继电器			时间继电器			热电偶继电器		分接开关温度继电器		电流继电器		验收人
		欠电压(V)	过电压(V)	切换时间(s)	冷却器启停时间继电器(s)	滑挡保护(s)	滤油机启停(min)	风机(A)	潜油泵(A)	高温闭锁值(℃)	低温闭锁值(℃)	绕组温度补偿(A)	过电流闭锁(A)	
1	极Ⅰ低端 YY 换流变压器 A 相													
…	……													

1.5.5　检查评价表格

对工作中检查出的问题进行汇总记录，并进行验收评价，留档保存。换流变压器非电量及各元器件定值参数验收检查评价表见表 1-5-6。

表 1-5-6　换流变压器非电量及各元器件定值参数验收检查评价表

检查人	×××	检查日期	××××年××月××日
存在问题汇总			

1.6　换流变压器套管检查验收标准作业卡

1.6.1　验收范围说明

本验收作业卡适用于换流接验收工作，验收范围包括：极Ⅰ/Ⅱ高、低端换流变压器、备用相换流变压器套管检查。

1.6.2　验收准备工作

各阶段验收工作开展前，运检人员应当提前明确验收的时间、人员、车辆机具、仪器工具、图纸资料等，并至少在验收开展的前一天完成准备工作的确认。

换流变压器套管检查验收准备工作表见表 1-6-1，换流变压器套管检查验收工器具清单见表 1-6-2。

表 1-6-1 　　　　　　　　　　　　　　　　　　　换流变压器套管检查验收准备工作表

序号	项目	工作内容	实施标准	负责人	备注
1	时间安排	验收工作开展前，应当组织业主、厂家、施工、监理、运检人员现场联合勘查，在各方均认为现场满足验收条件后方可开展	换流变压器安装完成，施工单位提交验收申请单后。接线盒密封、二次回路绝缘等检查工作应在消防系统水喷淋试验后进行		
2	人员安排	（1）如人员、车辆充足可组织多个验收组同时开展工作。 （2）每个验收组建议至少安排运检人员2人，厂家人员2人，监理1人，吊车驾驶员1人（厂家或施工单位人员）	验收前成立临时专项验收组，组织运检、施工、厂家、监理人员共同开展验收工作		
3	车辆工具安排	验收工作开展前，准备好验收所需车辆机具、仪器仪表、工器具、安全防护用品、验收记录材料、相关图纸及相关技术资料	（1）车辆机具、仪器仪表、工器具、安全防护用品应试验合格，满足本次施工的要求。 （2）验收记录材料、相关图纸及相关技术资料齐全并符合现场实际情况		
4	验收交底	根据本次作业内容和性质确定好检修人员，并组织学习本作业卡	要求所有工作人员明确本次工作的作业内容、进度要求、作业标准及安全注意事项		

表 1-6-2 　　　　　　　　　　　　　　　　　　　换流变压器套管检查验收工器具清单

序号	名称	型号	数量	备注
1	吊车	—	1辆	
2	安全带	—	每人1套	
3	车辆接地线	—	1根	
4	力矩扳手	—	1套	
5	对讲机	—	1对	
6	气体检漏仪	—	1台	

1.6.3 验收检查记录

换流变压器套管验收检查记录表见表1-6-3。

表 1-6-3　　　　　　　　　　　　　　　换流变压器套管验收检查记录表

序号	验收项目	验收方法及标准	验收结论（√或×）	备注
1	法兰检查验收	检查法兰无开裂，胶装铸铝法兰和储油柜应在钝化的基础上喷涂防腐涂料进行防腐		
2		检查金属法兰与瓷件，耐候性防水胶完好，喷砂均匀		
3		检查套管安装法兰使用短路接地线接地		
4	均压环检查验收	检查表面应光滑无划痕，安装牢固且方向正确		
5		检查易积水部位最低点应有排水孔，孔径6～8mm		《±800kV换流站直流高压电器施工及验收规范》（Q/GDW 219—2008）
6		检查均压环直径（以排水孔位置为准）应适当大于伞裙，防止锈蚀溶解水污染伞裙		
7		阀侧套管均压球安装前，检查内部等电位线（等势片）安装牢固、连接良好（随工验收）		
8	套管引线及线夹检查验收	检查抱箍、线夹、抱夹应无裂纹、起皮		
9		检查引线应无散股、扭曲、断股现象		
10		检查线夹不应采用铜铝对接过渡线夹，铜铝过渡应加装铜铝过渡复合片。铜与铝表面的复合面积不应小于总接触面的100%。不同导电材料的过渡，应选用接触面间过渡，以增加机械强度		
11		检查导体夹板和金具应采用非磁材料		
12		检查导线接续处两端点之间的电阻：压接金具不应大于同样长度导线的电阻。非压接金具不应大于同样长度导线电阻的1.1倍，且阀侧最大不超过10μΩ，网侧最大不超过15μΩ，不同相间相差不超过5μΩ		
13		检查绝缘净空距检查，高压带电体至零电位物体间距离应满足设计要求		

序号	验收项目	验收方法及标准	验收结论（√或×）	备注
14	外绝缘检查验收	检查设备净空距离应符合要求		
15		检查爬电距离应符合要求，户外部分爬电比距不小于 d 级或满足技术规范要求		
16		检查伞裙型式：采用大小伞裙或满足技术规范要求		
17		检查表面应无破损或放电痕迹		
18		检查瓷件与瓷件胶装部位黏合应牢固，无错位		
19	外绝缘瓷套釉面检查验收	检查釉面缺陷包括缺釉、碰损、杂质及针孔		
20		不允许碰损和开裂的表面缺陷，允许有 25mm² 以下的缺釉和釉面杂质，杂质（如伞面上的砂粒）总面积不应超过 150mm²，单个杂质表面突起不应超过 2mm（±800kV 瓷件单个杂质表面突起不应超过 1mm）		
21		检查杂质堆积（如沙粒堆积），应认作单个釉面缺陷，其环绕线内的面积均应计入总釉面缺陷面积		
22		检查直径小于 1.0mm 的小针孔（例如，上釉中灰尘颗粒所引起的针孔）不应计入总釉面缺陷面积，但这种针孔在任一 50mm×10mm 面积内总数不应超过 15 个		
23	外绝缘合成硅橡胶检查验收	采用高温硫化工艺整体浇注，表面光滑，自洁性良好，憎水性不小于 HC2，应无电痕、无蚀损，无粉化、无裂纹、无水解、无电解腐蚀、无皱褶，无挂珠		
24	外绝缘防污闪涂料检查验收	检查喷涂防污闪涂料 RTV-Ⅱ		
25		检查涂层厚度 0.4mm±0.1mm		
26		检查自洁性良好		
27		检查喷涂防污闪涂料应包裹胶装面，并外延至金属法兰垂直方向 10mm 以上		

序号	验收项目	验收方法及标准	验收结论（√或×）	备注
28	油套管检查验收	检查充油套管的油位指示应面向外侧，巡视可见		
29		检查充油套管无渗漏油		
30		检查油位正常，油位表就地指示清晰（油套管垂直安装在1/2～2/3范围，倾斜15°安装应高于2/3至满油位）		
31		检查放气塞、末屏标识清晰、永久		
32		应对负压区取油口或其他工装孔开展防水测试，并采用耐候性防水胶覆盖包裹接缝，厚度不小于2mm		《国家电网有限公司防止直流换流站事故措施及释义（修订版）》
33	SF₆套管检查验收（干式套管）	检查SF₆密度继电器交接校验合格，贴校验合格证		
34		检查动作整定值与定值一致		
35		阀厅封堵与换流变压器阀侧套管之间应预留50～100mm的均匀间隙，并填充小封堵材料，避免封堵金属材料与套管升高座、油管、等电位线等接触产生发热		《国家电网有限公司防止直流换流站事故措施及释义（修订版）》
36		检查阀侧套管及穿墙套管应装设可观测的密度（压力）表计，且应安装在阀厅外		
37		检查充气套管应无渗漏，其漏气率应小于0.5%（充气24h后）		
38		检查压力表或密度继电器指示正常		
39		检查SF₆气体密度或压力应正常，按最低环境温度和最高运行温度计算，不应出现报警或超压		
40		检查SF₆气体密度监视装置的跳闸接点不应小于3对，并按三取二逻辑出口		
41		套管打压工艺孔应密封良好，并采用耐候性防水胶覆盖包裹接缝，厚度不小于2mm		《国家电网有限公司防止直流换流站事故措施及释义（修订版）》
42	套管特殊安装检查验收	检查阀侧套管安装封板和封堵物应采用非导磁材料，不应构成闭合磁路、短路接地		
43		使用磁铁确认为非磁材料		
44		检查防雨罩固定抱箍应短路接地，导通良好		

序号	验收项目	验收方法及标准	验收结论（√或×）	备注
45	试验抽头检查验收	检查末屏可靠接地，并检查套管末屏接地螺母使用的材质为铝合金，严禁采用纯铝质材料		《国家电网有限公司防止直流换流站事故措施及释义（修订版）》
46		外露式末屏直接采用万用表测量，接地良好		
47		检查内嵌式末屏，封盖完好、弹性元件活动自如，弹力完好，封盖力矩紧固，接缝平行，密封圈无龟裂，密封严密。采用间接方法进行判断末屏与地导通，封盖与地导通		
48		检查套管末屏接地良好，应有渗漏油和末屏绝缘状态检查记录		
49	电压抽取装置检查验收	检查电压抽取装置应接至运行位置，导通良好		
50	套管电流互感器检查验收	检查公用电流互感器二次绕组二次回路只允许且应在相关保护柜屏内一点接地		
51		检查独立的、与其他电压互感器和电流互感器的二次回路没有电气联系的二次回路应在开关场一点接地		
52		检查电流互感器备用二次绕组端子应短接接地		
53		检查套管电流互感器接线盒内接线正确、牢固，接线通过线鼻子压接，备用绕组引出线短路接地，验收完成后，安装防雨罩（南方地区放置干燥剂）并封住不再开启		
54	反措检查验收	检查换流变压器阀侧套管应优先选用复合外绝缘套管		
55		检查换流变压器阀侧套管不应使用瓷套式油浸纸绝缘，防止瓷套放电击穿导致套管损坏		
56		检查工程换流变压器阀侧套管内部导电杆应采用一体化设计，导电杆中间不应有接头，防止接头长期过热导致绝缘击穿		
57		检查套管末屏接地方式设计应保证牢固，防止末屏接线松动导致套管损坏		

序号	验收项目	验收方法及标准	验收结论（√或×）	备注
58		检查换流变压器阀侧套管末屏电压测量应采用无源分压板卡，防止板卡频繁故障导致保护误动		
59		检查换流变压器阀侧套管应在阀厅外或户内直流场外加装可观测 SF_6 气体压力的表计，具有在线补气功能，压力值应远传至监视后台		
60		检查换流变压器阀侧套管金具安装时，各引流导线和均压罩应保持足够安全距离，避免相互接触后因长期放电导致损坏		
61	反措检查验收	检查换流变压器阀侧套管的 SF_6 密度继电器安装时，应具有防止 SF_6 气体泄漏的安全措施		
62		检查为防止备用换流变压器网侧及阀侧高低压套管因静电感应产生的悬浮电位及电荷累积对检修人员造成危险，应将备用换流变压器网侧及阀侧高低压套管短接接地		
63		检查换流变压器阀侧套管底部应有明显的防碰撞警示标识		
64		备用换流变压器储油柜油位和套管 SF_6 压力应上传至后台		

1.6.4 验收记录表格

换流变压器套管验收检查记录表见表 1-6-4，套管末屏专项检查表见表 1-6-5，换流变压器阀侧套管均压球专项检查验收记录表见表 1-6-6，换流变压器阀侧套管油位专项检查验收记录表见表 1-6-7。

表 1-6-4   换流变压器套管验收检查记录表

设备名称	验收项目							验收人
	法兰检查验收	均压环检查验收	套管引线及线夹检查验收	外绝缘检查验收	外绝缘瓷套釉面检查验收	外绝缘合成硅橡胶检查验收	外绝缘防污闪涂料检查验收	
极Ⅰ低端 YY换流变压器 A 相								
······								

设备名称	验收项目							验收人
	油套管检查验收	SF₆套管检查验收（干式套管）	套管特殊安装检查验收	试验抽头检查验收	电压抽取装置检查验收	套管电流互感器检查验收	反措检查验收	
极Ⅰ低端YY换流变压器A相								
……								

表 1-6-5　　　　　　　　　　　　　　　　　　　套管末屏专项检查表

序号	相别		末屏触头正常	末屏接地良好	末屏密封情况	材质	检查人员	检查时间	验收人
1	极Ⅰ低端YY换流变压器A相	1.1网侧套管							
		1.2网侧套管							
2	极Ⅰ低端YY换流变压器B相	1.1网侧套管							
		1.2网侧套管							
3	400kV备用换流变压器	1.1网侧套管							
		1.2网侧套管							

表 1-6-6　　　　　　　　　　　　　　　　换流变压器阀侧套管均压球专项检查验收记录表

设备名称	验收项目			验收人
	等电位线连接情况检查验收	导电滑块检查验收（如有）	连接螺栓检查验收	
极Ⅰ低端YY换流变压器A相a套管均压球516b				
极Ⅰ低端YY换流变压器A相a套管均压球550a				
……				

表 1-6-7　　　　　　　　　　　　　　　　换流变压器阀侧套管油位专项检查验收记录表

换流变压器	图片编号	油位情况	换流变压器	图片编号	油位情况
极 I 低 YY A 相 8121B-A					
极 I 低 YY B 相 8121B-B					
……					

1.6.5　检查评价表格

对工作中检查出的问题进行汇总记录，并进行验收评价，留档保存。换流变压器套管验收检查评价表见表 1-6-8。

表 1-6-8　　　　　　　　　　　　　　　　换流变压器套管验收检查评价表

检查人	×××	检查日期	××××年××月××日
存在问题汇总			

1.7　换流变压器有载分接开关检查验收标准作业卡

1.7.1　验收范围说明

本验收作业卡适用于换流站验收工作，验收范围包括：极 I / II 高、低端换流变压器、备用相换流变压器有载分接开关交接。

1.7.2　验收准备工作

各阶段验收工作开展前，运检人员应当提前明确验收的时间、人员、车辆机具、仪器工具、图纸资料等，并至少在验收开展的前一天完成准备工作的确认。

换流变压器有载分接开关检查验收准备工作表见表 1-7-1，换流变压器有载分接开关检查验收工器具清单见表 1-7-2。

表 1-7-1　　　　　　　　　　　　　　　　　　　　　　换流变压器有载分接开关检查验收准备工作表

序号	项目	工作内容	实施标准	负责人	备注
1	时间安排	验收工作开展前，应当组织业主、厂家、施工、监理、运检人员现场联合勘查，在各方均认为现场满足验收条件后方可开展	（1）换流变压器安装完成，施工单位提交验收申请单后。 （2）接线盒密封、二次回路绝缘等检查工作应在消防系统水喷淋试验后进行		
2	人员安排	（1）如人员、车辆充足可组织多个验收组同时开展工作。 （2）每个验收组建议至少安排验收人员1人，厂家人员1人，施工单位1人，监理1人，吊车专职驾驶员1人（厂家或施工单位人员）	验收前成立临时专项验收组，组织验收、施工、厂家、监理人员共同开展验收工作		
3	车辆工具安排	验收工作开展前，准备好验收所需车辆机具、仪器仪表、工器具、安全防护用品、验收记录材料、相关图纸及相关技术资料	（1）车辆机具、仪器仪表、工器具、安全防护用品应试验合格，满足本次施工的要求。 （2）验收记录材料、相关图纸及相关技术资料齐全并符合现场实际情况		
4	验收交底	根据本次作业内容和性质确定好检修人员，并组织学习本作业卡	要求所有工作人员明确本次工作的作业内容、进度要求、作业标准及安全注意事项		

表 1-7-2　　　　　　　　　　　　　　　　　　　　　　换流变压器有载分接开关检查验收工器具清单

序号	名称	型号	数量	备注
1	吊车	—	1辆	
2	安全带	—	每人1套	
3	车辆接地线	—	1根	
4	对讲机	—	1对	

1.7.3 验收检查记录

换流变压器有载分接开关验收检查记录表见表 1-7-3。

表 1-7-3 　　　　　　　　　　　　　　　　**换流变压器有载分接开关验收检查记录表**

序号	验收项目	验收方法及标准	验收结论（√或×）	备注
1	外观检查验收	检查切换装置油箱的渗漏试验（可与换流变压器整体同时或分别进行），应无渗漏油		
2		检查油位指示应清晰、准确，便于观察		
3		检查油位应正常，与油温油位曲线一致		
4		检查传动系统完好，油封完好		
5		检查调节机构外观未出现明显变形、传动杆脱扣等问题		
6		检查传动轴连接紧固螺栓不应缺失		
7		检查分接开关相关信号上传完整		
8		检查后台无"换流变压器分接开关三相不一致""分接开关不同步""分接开关越限"等报警信息		
9	机构箱检查验收	ABB 技术路线分接开关壁挂控制箱或端子箱与本体应加装减振垫		
10		检查机构箱二次接线完好，二次电缆如使用软铜线，应使用接线鼻子进行压接，压接时扒皮应适当，必要时应搪锡处理。电缆穿过穿管时应加强防护，应在穿线管口加装保护胶套，防止电缆被穿管边缘划伤		《2019 年 10 月换流站运行重点问题分析及处理措施报告》
11		检查就地配置摇把和图纸		
12		MR 技术路线分接开关同步回路中 H1 指示灯并联扩展继电器应有报警监视接点送至 OWS 后台		《2019 年 10 月换流站运行重点问题分析及处理措施报告》
13	压力继电器检查验收（如有）	检查交接校验合格，贴校验合格证		
14		检查动作整定值与定值一致，解除运输用的固定措施，仅配置压力继电器的应投跳闸。同时配置压力继电器和油流继电器，压力继电器应投信号		

序号	验收项目	验收方法及标准	验收结论（√或×）	备注
15	压力继电器检查验收（如有）	检查防护等级不应小于 IP56，接线盒应加装不锈钢防雨罩，本体及二次电缆进线固定头外 50mm 应被遮蔽，45°向下雨水不能直淋（Box-in 除外）		
16		检查电缆引线在接入继电器进线孔处封堵应严密		
17		检查电缆管内应防止积水的措施，电缆穿管不应有积水弯和高挂低用现象，无法避免时应设滴水弯并在易积水的低处设有 $\phi6\sim\phi8$ 排水孔，并保持畅通（全密封系统除外）。呼吸孔、排水孔畅通。接线盒应装有防雨罩。格兰头封堵良好有反水弯		
18	升降挡功能检查	检查就地、OWS 升降挡功能正常		
19	限位装置及滑挡保护校验	检查机构箱内应有机械限位，手动电动操作，不应越位（禁止手摇）		
20		检查电动操作，电气闭锁、极限位置应无法动作		
21		校验滑挡保护功能正常，时间继电器定值设置正确，对应空气开关动作正确		
22	动作特性检查验收	在换流变压器不带电、操作电源电压为额定电压的 85％～115％时（电压检测），操作 10 个循环，在全部切换过程中应无开路和异常，无异响，任一挡位圈数指针不出合格范围		
23		检查本体、机构、远方、后台挡位指示应一致		
24		检查三相同步偏差，如"换流变压器分接开关三相不一致""分接开关不同步""分接开关越限"应正常报警		
25	耐压试验检查验收	检查操作系统应能耐受 2kV、1min 工频耐压试验		
26		检查电动机电源应能耐受 2kV、1min 工频耐压试验		
27	现场吊芯检查	油室内应无杂质、异物		
28		过渡电阻、避雷器等试验数据合格		
29		分接开关芯子绝缘间距满足规范要求		

序号	验收项目	验收方法及标准	验收结论（√或×）	备注
30	现场吊芯检查	安装完成后应对每副触头测量接触电阻，测试动作特性并存档备查		《国家电网有限公司防止直流换流站事故措施及释义（修订版）》
31		MR 同步继电器、铂电阻、油温传感器等附件功能完好		
32	反措要求检查验收	换流变压器有载分接开关应采用油流继电器，ABB 另配压力继电器，不应采用带浮球的气体继电器。油流跳闸压力继电器应投报警，油流继电器应投跳闸		
33		有载分接开关的机构和二次回路故障后应切断分接开关电机电源，不应直接跳换流变压器进线开关		
34		有载分接开关摇把的接点信号不应作为分接开关控制回路跳闸的条件，防止插入摇把导致极闭锁，禁止在换流变压器运行时用摇把调节分接开关挡位		
35		有载分接开关联管现场安装时，用内窥镜对联管进行检查，确保内壁清洁、无异物，必要时应使用热油进行冲洗		
36		对于随换流变压器运抵现场且无须在现场重新安装的有载分接开关，应在投运前对全部有载分接开关切换芯子开展现场吊检		

1.7.4 专项记录表格

在工作中对于重要的内容进行专项检查记录并留档保存。分接开关检查验收记录表见表 1-7-4，分接开关传动机构专项验收记录表见表 1-7-5，分接开关滑挡保护专项验收记录表见表 1-7-6，分接开关升/降挡专项验收记录表见表 1-7-7。

表 1-7-4　　　　　　　　　　　　　　　　　　**分接开关检查验收记录表**

序号	设备名称	验收项目							验收人
		外观检查验收	机构箱检查验收	压力继电器	动作特性检查验收	限位装置及滑挡保护校验	现场吊芯检查	传动杆及齿轮盒	
1	极Ⅰ低端 YY 换流变压器 A 相								

序号	设备名称	验收项目							验收人
		外观检查验收	机构箱检查验收	压力继电器	动作特性检查验收	限位装置及滑挡保护校验	现场吊芯检查	传动杆及齿轮盒	
2	极Ⅰ低端 YY 换流变压器 B 相								
…	……								

表 1-7-5   分接开关传动机构专项验收记录表

序号	相别	传动轴检查		齿轮盒检查		密封圈完好且在槽内	开关操作无卡涩和异响	验收人
		两侧抱箍固定良好	护套齐全无松脱	内部润滑有密封圈	盖板固定良好			
1	极Ⅰ低端星接 A 相换流变压器 8121B-A							
…	……							

表 1-7-6   分接开关滑挡保护专项验收记录表

序号	相别	滑挡保护功能方法（以 ABB 技术路线为例）	验收结论（√或×）	验收人
1	极Ⅰ低端 YY 换流变压器 A 相 8121B-A	将运行人员工作站（OWS）上换流变压器分接开关控制模式由"自动"切换为"手动"		
		将试验换流变压器分接开关操作方式由"远方"切换为"就地"		
		短接 X20：6-9（升挡操作保持回路），观察电机运转，升挡完成后电机将继续运转 3 圈，电动机脱扣器 Q1 跳开		
		短接 X20：6-11（降挡操作保持回路），观察电机运转，降挡完成后电机将继续运转 3 圈，电动机脱扣器 Q1 跳开		
		取消短接，保持就地挡位控制旋钮进行升、降挡，挡位应只能升降 1 挡，验证步进操作功能正常		
		将分接开关操作方式由"就地"切换为"远方"		
		全部换流变压器滑挡保护检查完成后，在 OWS 上进行远方调挡检查，后将控制模式由"手动"切换为"自动"		
…	……			

表 1-7-7　　　　　　　　　　　　　　　　　　分接开关升/降挡专项验收记录表

序号	设备	功能	试验方法及要求	试验标准	验收结论（√或×）	验收人
			分接开关操动机构箱上"就地/远方"控制把手在远控位置，相关电源开关合上，A、B系统各试验一个循环			
1	极Ⅰ低端YY换流变压器A相8121B-A	手摇操作检查	（1）就地远控开关打至近控，断开电动机电源和控制电源。 （2）就地电动降挡31～1和升挡1～31；检查传动机构是否灵活，极限位置的机械制动及手摇与电动闭锁是否可靠	（1）分接开关机构动作平稳，无扭曲卡涩。 （2）后台挡位与机构箱一致		
2		就地电动升挡1～31	就地远控开关打至近控，就地电动操作	（1）分接开关机构动作平稳，无扭曲卡涩。 （2）后台挡位与机构箱一致		
3		就地电动降挡31～1	就地远控开关打至近控，就地电动操作	（1）分接开关机构动作平稳，无扭曲卡涩。 （2）后台挡位与机构箱一致		
4		OWS升挡1～31	就地远控开关打至远控，远方电动操作	（1）分接开关机构动作平稳，无扭曲卡涩。 （2）后台挡位与机构箱一致		
5		OWS降挡31～1	就地远控开关打至远控，远方电动操作	（1）分接开关机构动作平稳，无扭曲卡涩。 （2）后台挡位与机构箱一致		
6		分接开关低温闭锁功能	分接开关温度继电器调节到20℃，就地升挡	分接开关无法操作		
7		急停功能	分接开关急停，就地操作断开分接控电源，远方操作点击"急停"	分接开关停止运转，小表盘指针停在中间刻度		
8		温度传感器及继电器准确	（1）读取换流变压器油温。 （2）读取操动机构箱B7继电器的数值，是否一致	油温和B7继电器的数值一致		
…	……					

1.7.5　检查评价表格

对工作中检查出的问题进行汇总记录，并进行验收评价，留档保存。换流变压器分接开关验收检查评价表见表1-7-8。

表1-7-8　　　　　　　　　　　　　　　　换流变压器分接开关验收检查评价表

检查人	×××	检查日期	××××年××月××日
存在问题汇总			

1.8　换流变压器在线滤油装置检查验收标准作业卡

1.8.1　验收范围说明

本验收作业卡适用于换流站验收工作，验收范围包括：极Ⅰ/Ⅱ高、低端换流变压器、备用相换流变压器在线滤油装置。

1.8.2　验收准备工作

各阶段验收工作开展前，运检人员应当提前明确验收的时间、人员、车辆机具、仪器工具、图纸资料等，并至少在验收开展的前一天完成准备工作的确认。

换流变压器在线滤油装置检查验收准备工作表见表1-8-1，换流变压器在线滤油装置检查验收工器具清单见表1-8-2。

表1-8-1　　　　　　　　　　　　　　　　换流变压器在线滤油装置检查验收准备工作表

序号	项目	工作内容	实施标准	负责人	备注
1	时间安排	验收工作开展前，应当组织业主、厂家、施工、监理、运检人员现场联合勘查，在各方均认为现场满足验收条件后方可开展	（1）换流变压器安装完成，施工单位提交验收申请单后。 （2）接线盒密封、二次回路绝缘等检查工作应在消防系统水喷淋试验后进行		
2	人员安排	（1）如人员、车辆充足可组织多个验收组同时开展工作。 （2）每个验收组建议至少安排验收人员1人，厂家人员1人，施工单位1人，监理1人，平台车专职驾驶员1人（厂家或施工单位人员）	验收前成立临时专项验收组，组织验收、施工、厂家、监理人员共同开展验收工作		

序号	项目	工作内容	实施标准	负责人	备注
3	车辆工具安排	验收工作开展前，准备好验收所需车辆机具、仪器仪表、工器具、安全防护用品、验收记录材料、相关图纸及相关技术资料	（1）车辆机具、仪器仪表、工器具、安全防护用品应试验合格，满足本次施工的要求。 （2）验收记录材料、相关图纸及相关技术资料齐全并符合现场实际情况		
4	验收交底	根据本次作业内容和性质确定好检修人员，并组织学习本作业卡	要求所有工作人员明确本次工作的作业内容、进度要求、作业标准及安全注意事项		

表 1-8-2　　　　　　　　　　　　　　换流变压器在线滤油装置检查验收工器具清单

序号	名称	型号	数量	备注
1	安全带	—	每人1套	
2	对讲机	—	1对	

1.8.3　验收检查记录

换流变压器在线滤油装置验收检查记录表见表 1-8-3。

表 1-8-3　　　　　　　　　　　　　　换流变压器在线滤油装置验收检查记录表

序号	验收项目	验收方法及标准	验收结论（√或×）	备注
1	外观检查验收	检查应无渗漏油		
2		在巡视通道上能直接读取压力指示值，压力指示正常，能归零或指示静态油压，动作时指针无反转，油压未报警，表盘无进水，无漏油		
3		检查滤油装置油流方向正确，标识正确		
4	启停检查验收	滤油装置应按厂家说明书设定启停模式：动作启动30min或持续工作或定时工作正常		
5		启停功能验收后，真空分接开关滤油机应停用，断开电机电源和控制电源空气开关，关闭单个油回路阀门。对断开的空气开关及关闭的阀门粘贴提示标签		

序号	验收项目	验收方法及标准	验收结论（√或×）	备注
6	油位异常联动检查验收	油位低和油位高应独立引出，不应以油位异常合并引出		
7		长期启动的有载开关在线滤油装置应与储油柜油位低报警应联动切除电动机		
8	电源及二次接线检查验收	检查电动机、油压表、温度控制装置的电缆引线在接入接线盒的进线孔封堵应严密。接线盒应装有防雨罩。格兰头封堵良好有反水弯		
9	保温装置（如有）检查验收	历史最低超过−40℃地区应配置防冻措施，应接入滤油装置油温传感器并加装和启动加热保温装置（指分接开关内油温低于0℃的情况，启动加热保温装置）		

1.8.4 验收记录表格

在工作中对于重要的内容进行专项检查记录并留档保存。滤油机检查验收记录表见表1-8-4。

表 1-8-4　　　　　　　　　　　滤油机检查验收记录表

设备名称	验收项目								验收人
	压力指示值	渗漏油	阀门状态	启停检查验收	滤油机电机	控制箱（二次接线）	保温装置	油位异常联动	
极Ⅰ低端YY换流变压器A相OLTC1									
……									

1.8.5 检查评价表格

对工作中检查出的问题进行汇总记录，并进行验收评价，留档保存。换流变压器滤油机验收检查评价表见表1-8-5。

表 1-8-5　　　　　　　　　　换流变压器滤油机验收检查评价表

检查人	×××	检查日期	××××年××月××日
存在问题汇总			

1.9 换流变压器储油柜检查验收标准作业卡

1.9.1 验收范围说明

本验收作业卡适用于换流站验收工作，验收范围包括：极Ⅰ/Ⅱ高、低端换流变压器、备用相换流变压器储油柜交接。

1.9.2 验收准备工作

各阶段验收工作开展前，运检人员应当提前明确验收的时间、人员、车辆机具、仪器工具、图纸资料等，并至少在验收开展的前一天完成准备工作的确认。

换流变压器储油柜检查验收准备工作表见表1-9-1，换流变压器储油柜检查验收工器具清单见表1-9-2。

表 1-9-1　　　　　　　　　　　　　　　　　换流变压器储油柜检查验收准备工作表

序号	项目	工作内容	实施标准	负责人	备注
1	时间安排	验收工作开展前，应当组织业主、厂家、施工、监理、运检人员现场联合勘查，在各方均认为现场满足验收条件后方可开展	换流变压器安装完成，施工单位提交验收申请单后		
2	人员安排	(1) 如人员、车辆充足可组织多个验收组同时开展工作。 (2) 每个验收组建议至少安排验收人员1人，厂家人员1人，施工单位1人，监理1人	验收前成立临时专项验收组，组织验收、施工、厂家、监理人员共同开展验收工作		
3	车辆工具安排	验收工作开展前，准备好验收所需车辆机具、仪器仪表、工器具、安全防护用品、验收记录材料、相关图纸及相关技术	(1) 车辆机具、仪器仪表、工器具、安全防护用品应试验合格，满足本次施工的要求。 (2) 验收记录材料、相关图纸及相关技术资料齐全并符合现场实际情况		
4	验收交底	根据本次作业内容和性质确定好检修人员，并组织学习本作业卡	要求所有工作人员明确本次工作的作业内容、进度要求、作业标准及安全注意事项		

表 1-9-2   换流变压器储油柜检查验收工器具清单

序号	名称	型号	数量	备注
1	全棉长袖工作服	—	每人1套	
2	安全带	—	每人1套	
3	安全帽	—	每人1顶	

1.9.3 验收检查记录

换流变压器储油柜验收检查记录表见表1-9-3。

表 1-9-3   换流变压器储油柜验收检查记录表

序号	验收项目	验收方法及标准	验收结论（√或×）	备注
1	外观检查验收	检查外观完好，部件齐全，各联管清洁、无渗漏、污垢和锈蚀		
2		检查储油柜应有注油、放油、放气和排污装置，并逐个标识		
3		检查储油柜应具备抽真空能力（安装资料），抗压超过98kPa		
4		检查本体储油柜与本体间应配置波纹管，减少热胀冷缩对密封的影响		
5		测量波纹管安装的轴向和垂直偏差，符合制造厂规定		
6	密封性检查验收	检查波纹管、胶囊应完好，无泄漏		
7		检查储油柜安装前，打开放气塞，从储油柜的呼吸口充入露点不高于－40℃的氮气或干燥空气，压力为20～30kPa，若压力下降，则波纹管、胶囊破损		
8		采用内窥镜或棉签现场检查储油柜胶囊正常		
9	容积检查验收	检查容积足够，应满足容积比校核，不少于换流变压器本体总油量的10%，且储油柜的容积应保证在最高环境温度及允许过负荷状态下油不应溢出，在最低环境温度未投入运行时，观察油位计应有油位指示，均不报警		《国家电网有限公司十八项电网重大反事故措施（修订版）》
10		检查不同功能油室应配置独立储油柜		
11		检查储油柜的容积应保证在最高环境温度及允许过负荷状态下油不应溢出，在最低环境温度未投入运行时，观察油位计应有油位指示，均不报警		

序号	验收项目	验收方法及标准	验收结论（√或×）	备注
12	油位检查验收	检查储油柜应配置现场油位机械指示计		
13		检查油位计校验合格（安装过程中校核），油位报警正常		
14		检查油位计显示清晰，可在运行中就地读取		
15		检查防护等级不应小于 IP56，应加装不锈钢防雨罩，本体及二次电缆进线固定头外50mm 应被遮蔽，45°向下雨水不能直淋（Box-in 除外）		
16		检查油位符合油温油位曲线要求（供应商有标准范围时，按标准执行，无标准时按油位应在标准曲线－10％～10％范围内）		
17		检查油位表的信号接点位置正确、动作准确，绝缘良好		
18		检查无假油位，采用连通器原理，核查真实油位		
19		注油放油阀应引入换流变压器本体下部		
20		本体储油柜应配置两套不同原理的油位检测装置，便于准确判断油位		
21	呼吸器检查验收（常规）	检查呼吸器应串联，不应并联		
22		检查油杯玻璃罩杯无破损，密封完好		
23		检查油杯液封油油位应高于呼吸管口、无进水		
24		检查油杯液封油应有呼吸		
25		检查吸湿剂应选用变色硅胶，罐装至距离顶部 1/5～1/6		
26		检查吸湿剂在 2/3 位置处应有标示		《国家电网有限公司防止直流换流站事故措施及释义（修订版）》
27		检查硅胶不应自上而下变色，硅胶上部不应被油浸润，硅胶应无碎裂、粉化		
28	呼吸器检查验收（电子式）	检查免维护呼吸器电源应完好。加热器工作正常启动定值小于 RH60％，手动启动正常		
29		检查呼吸器玻璃罩、传感器及加热装置外观正常，无油污和破损痕迹，必要时对呼吸器增加防护网		
30		检查呼吸器电源正常，监测装置无报警，状态信号正常，电缆护套安装良好，防雨罩牢固有效，检查排水口顺畅无堵塞		

序号	验收项目	验收方法及标准	验收结论（√或×）	备注
31	胶囊	投运前应采用胶囊探头检查胶囊内部有无渗漏油情况，无法检查的应开展保压试验		
32		储油柜应采取措施避免胶囊破裂后堵塞储油柜与本体连接管道，防止本体油位变化引起气体继电器或压力释放阀误动		
33		换流变压器本体储油柜与胶囊间宜设置连通阀，便于换流变压器本体与储油柜同时进行抽真空		
34	反措检查验收	应加强储油柜内油位计浮球和胶囊产品质量及安装管控，防止安装过程中损坏胶囊，胶囊宜采用丁腈橡胶材质		
35		应检查确认本体储油柜胶囊与呼吸器间阀门处于打开状态，开合位置应具有明显标志。全面检查油回路阀门指示与实际位置正确		

1.9.4 验收记录表格

储油柜检查验收记录表见表1-9-4，储油柜实际油位检查专项验收记录表见表1-9-5，胶囊密封性检查专项验收记录表见表1-9-6。

表 1-9-4　　　　　　　　　　　　　　　　　储油柜检查验收记录表

设备名称	验收项目							验收人
	外观检查验收	密封性检查验收	容积检查验收	油位检查验收	呼吸器检查验收	胶囊检查验收	阀门状态	
极Ⅰ低端 YY 换流变压器 A 相 OLTC1								
……								

表 1-9-5　　　　　　　　　　　　　　　　储油柜实际油位检查专项验收记录表

序号	相别	测量位置	环境温度（℃）	本体油温（℃）	表计油位（%）	测量油位（mm）	OWS 油位（mm）	监测系统油位（mm）	粘贴标签	验收人
1	极Ⅰ低端星接 A 相换流变压器 8121B-A	分接开关								
…	……									

表 1-9-6　　　　　　　　　　　　　　　　　　　胶囊密封性检查专项验收记录表

序号	相别	充气压力（kPa）	保压时间（h）	胶囊内是否有油迹	呼吸器恢复良好	本体是否有渗油	检查人员	检查时间	验收人
1	极Ⅰ低端星接A相换流变压器8121B-A								
...	......								

1.9.5　检查评价表格

对工作中检查出的问题进行汇总记录，并进行验收评价，留档保存。换流变压器储油柜验收查检查评价表见表 1-9-7。

表 1-9-7　　　　　　　　　　　　　　　　　　换流变压器储油柜验收检查评价表

检查人	×××	检查日期	××××年××月××日
存在问题汇总			

1.10　换流变压器油流/气体继电器（含集气盒）检查验收标准作业卡

1.10.1　验收范围说明

本验收作业卡适用于换流站验收工作，验收范围包括：极Ⅰ/Ⅱ高、低端换流变压器、备用相换流变压器油流/气体继电器（含集气盒）交接。

1.10.2　验收准备工作

各阶段验收工作开展前，运检人员应当提前明确验收的时间、人员、车辆机具、仪器工具、图纸资料等，并至少在验收开展的前一天完成准备工作的确认。

换流变压器油流/气体继电器（含集气盒）检查验收准备工作表见表 1-10-1，换流变压器油流/气体继电器（含集气盒）检查验收工器具清单见表 1-10-2。

表 1-10-1 　　　　　　　　　　　换流变压器油流/气体继电器（含集气盒）检查验收准备工作表

序号	项目	工作内容	实施标准	负责人	备注
1	时间安排	验收工作开展前，应当组织业主、厂家、施工、监理、运检人员现场联合勘查，在各方均认为现场满足验收条件后方可开展	（1）换流变压器安装完成，施工单位提交验收申请单后。 （2）接线盒密封、二次回路绝缘等检查工作应在消防系统水喷淋试验后进行		
2	人员安排	（1）如人员、车辆充足可组织多个验收组同时开展工作。 （2）每个验收组建议至少安排验收人员 1 人，厂家人员 1 人，施工单位 1 人，监理 1 人，平台车专职驾驶员 1 人（厂家或施工单位人员）	验收前成立临时专项验收组，组织验收、施工、厂家、监理人员共同开展验收工作		
3	车辆工具安排	验收工作开展前，准备好验收所需车辆机具、仪器仪表、工器具、安全防护用品、验收记录材料、相关图纸及相关技术资料	（1）车辆机具、仪器仪表、工器具、安全防护用品应试验合格，满足本次施工的要求。 （2）验收记录材料、相关图纸及相关技术资料齐全并符合现场实际情况		
4	验收交底	根据本次作业内容和性质确定好检修人员，并组织学习本作业卡	要求所有工作人员明确本次工作的作业内容、进度要求、作业标准及安全注意事项		

表 1-10-2 　　　　　　　　　　　换流变压器油流/气体继电器（含集气盒）检查验收工器具清单

序号	名称	型号	数量	备注
1	全棉长袖工作服	—	每人 1 套	
2	安全带	—	每人 1 套	

1.10.3　验收检查记录

换流变压器油流/气体继电器（含集气盒）验收检查记录表见表 1-10-3。

表 1-10-3　　　　　　　　　换流变压器油流/气体继电器（含集气盒）验收检查记录表

序号	验收项目	验收方法及标准	验收结论（√或×）	备注
1	外观检查验收	检查交接校验合格，贴校验合格证		
2		检查气体继电器应水平安装，顶盖上箭头标志应指向储油柜，连接密封严密		
3		检查气体继电器前至最近支撑点不应超过 800mm（以管径 80mm 为例），防止因悬臂梁结构造成的加大振幅		《国家电网有限公司十八项电网重大反事故措施（修订版）》
4		检查气体继电器至储油柜连接管向上倾斜 1.5% 以上（水平尺测量）		
5		检查内腔充满绝缘油，无集气，且密封严密。分接开关配置油流继电器的应投跳闸，且不应带浮球		
6		检查浮球及干簧接点完好、无渗漏，接点动作可靠		
7	试验检查验收	检查气体继电器动作整定值符合定值要求，整定值与定值单一致		
8		出线端子对地以及无电气联系的出线端子间，用工频电压 1000V 进行 1min 介质强度试验，或用 2500V 绝缘电阻表进行 1min 介质强度试验，无击穿，无闪络。采用 2500V 绝缘电阻表在耐压试验前后测量电阻不应小于 10MΩ		《气体继电器检验规程》（DL/T 540—2013）
9		干簧点应用 1000V 绝缘电阻表测量绝缘电阻，绝缘电阻不低于 300MΩ		
10	接线盒检查验收	检查接线盒防护等级不应小于 IP56，应加装不锈钢防雨罩，本体及二次电缆进线固定头外 50mm 应被遮蔽，45°向下雨水不能直淋（Box-in 除外）		
11		检查电缆引线（含备用）在接入继电器进线孔处封堵应严密		
12		检查电缆管内应防止积水的措施，接线盒的引出电缆应以垂直 U 形方式接入继电器接线盒，避免高挂低用。电缆护套应具有防进水、防积水保护措施，防止雨水顺电缆倒灌。无法避免时应设滴水弯并在易积水的低处设 $\phi 6 \sim \phi 8$ 排水孔，并保持畅通（全密封系统除外），呼吸孔、排水孔畅通。接线盒应装有防雨罩，防雨罩边缘处应安装橡胶垫		
13	集气盒	检查集气盒应引下便于取气，集气盒内要充满油、无渗漏，管路无变形、无死弯，处于打开状态		

序号	验收项目	验收方法及标准	验收结论（√或×）	备注
14	反措检查验收	应加强换流变压器本体气体继电器取气盒工艺质量控制，防止玻璃观察窗破裂导致漏油		
15		换流变压器的气体继电器、油流继电器设计制造时应提高选材和工艺的控制，保证动作的定值准确，定值偏差不应超过±15%		
16		换流变压器的气体继电器、油流继电器出厂时，应加强磁铁材质选型及检测，防止因继电器磁铁老化、失效导致误动		
17		厂家应提供气体继电器在换相失败或其他外部故障时的振动核算报告，对可能有误动风险的气体继电器应进行加固并进行抗振验证试验		
18		应加强气体继电器浮球的工艺质量控制，防止浮球破裂进油导致保护误动		

1.10.4 验收记录表格

在工作中对于重要的内容进行专项检查记录并留档保存。气体/油流继电器检查验收记录表见表1-10-4，气体/油流继电器检查专项验收见表1-10-5。

表 1-10-4 　　　　　　　　　　　　　　　　气体/油流继电器检查验收记录表

设备名称	验收项目							验收人
	外观检查验收	试验检查验收	接线盒检查验收	防雨罩检查验收	浮球位置检查验收	二次电缆检查验收	集气盒	
极Ⅰ低端 YY 换流变压器 A 相主气体继电器								
……								

序号	相别	继电器位置	型号	序列号	轻瓦斯动作情况	重瓦斯动作情况	继电器封帽恢复	油流动作信号	验收人
1	极Ⅰ低端 YY-A 相	本体							
		升高座							
		分接开关							
2	……	本体							
		升高座							
		分接开关							

1.10.5 检查评价表格

对工作中检查出的问题进行汇总记录，并进行验收评价，留档保存。换流变压器油流/气体继电器（含集气盒）验收检查评价表见表 1-10-6。

表 1-10-6   换流变压器油流/气体继电器（含集气盒）验收检查评价表

检查人	×××		检查日期	××××年××月××日
存在问题汇总				

1.11 换流变压器温度计检查验收标准作业卡

1.11.1 验收范围说明

本验收作业卡适用于换流站验收工作，验收范围包括：极Ⅰ/Ⅱ高、低端换流变压器、备用相换流变压器温度计。

1.11.2 验收准备工作

各阶段验收工作开展前，运检人员应当提前明确验收的时间、人员、车辆机具、仪器工具、图纸资料等，并至少在验收开展的前

一天完成准备工作的确认。

换流变压器温度计检查验收准备工作表见表 1-11-1，换流变压器温度计检查验收工器具清单见表 1-11-2。

表 1-11-1 换流变压器温度计检查验收准备工作表

序号	项目	工作内容	实施标准	负责人	备注
1	时间安排	验收工作开展前，应当组织业主、厂家、施工、监理、运检人员现场联合勘查，在各方均认为现场满足验收条件后方可开展	（1）换流变压器安装完成，施工单位提交验收申请单后。 （2）接线盒密封、二次回路绝缘等检查工作应在消防系统水喷淋试验后进行		
2	人员安排	（1）如人员、车辆充足可组织多个验收组同时开展工作。 （2）每个验收组建议至少安排验收人员 1 人，厂家人员 1 人，施工单位 1 人，监理 1 人，平台车专职驾驶员 1 人（厂家或施工单位人员）	验收前成立临时专项验收组，组织验收、施工、厂家、监理人员共同开展验收工作		
3	车辆工具安排	验收工作开展前，准备好验收所需车辆机具、仪器仪表、工器具、安全防护用品、验收记录材料、相关图纸及相关技术资料	（1）车辆机具、仪器仪表、工器具、安全防护用品应试验合格，满足本次施工的要求。 （2）验收记录材料、相关图纸及相关技术资料齐全并符合现场实际情况		
4	验收交底	根据本次作业内容和性质确定好检修人员，并组织学习本作业卡	要求所有工作人员明确本次工作的作业内容、进度要求、作业标准及安全注意事项		

表 1-11-2 换流变压器温度计检查验收工器具清单

序号	名称	型号	数量	备注
1	全棉长袖工作服	—	每人 1 套	
2	安全带	—	每人 1 套	

1.11.3 验收检查记录

换流变压器温度计验收检查记录表见表 1-11-3。

表 1-11-3   换流变压器温度计验收检查记录表

序号	验收项目	验收方法及标准	验收结论（√或×）	备注
1	外观检查验收	检查交接校验合格，贴校验合格证		
2		检查表盘指示正常，指示清晰，无锈蚀、进水现象		
3		检查同侧现场温度计指示的温度与控制室温度显示装置或监控系统的温度应保持一致，误差不超过 5℃		
4		检查无负载时绕组、油面温度指示应一致，负载时绕组温度指示应高于油面指示		
5		检查同组设备间不同相别温度差别不应超过 5℃，网侧和阀侧温度差不应超过 5℃		
6		检查油温计温包座与油箱本体之间应采用固定焊接方式，禁止采用螺纹可拆卸结构且测温座应充满变压器油		
7		检查温度计引出线固定。压力式传感器引线固定良好，绕线盘半径不小于 50mm，应无明显压痕或变形		《±800kV 及以下直流换流站电气装置安装工程施工及验收规范》（DL/T 5232—2010）
8		两个远距离测温元件，应放于油箱长轴的两端，并至少配置一台现场温度机械指示表		
9		检查供温度计用的测温座应充满变压器油，传感器或温度计安装基座，密封严密，采用固定焊接方式，禁止采用螺纹可拆卸结构。备用测温座应充满油用密封螺母密封		
10	试验检查验收	检查温度设置位置与定值单整定一致		
11		结合实际温度及表计校验情况，调节滑动变阻器的电阻，从而调节绕组补偿电流		

序号	验收项目	验收方法及标准	验收结论（√或×）	备注
12		检查接线盒防护等级不应小于 IP56，应加装不锈钢防雨罩，本体及二次电缆进线固定头外 50mm 应被遮蔽，45°向下雨水不能直淋（Box-in 除外）		
13	接线盒检查验收	检查电缆引线（含备用）在接入继电器进线孔处封堵应严密		
14		检查电缆管内应防止积水的措施，接线盒的引出电缆应以垂直 U 形方式接入继电器接线盒，避免高挂低用。电缆护套应具有防进水、防积水保护措施，防止雨水顺电缆倒灌。无法避免时应设滴水弯并在易积水的低处设有 $\phi6\sim\phi8$ 排水孔，并保持畅通（全密封系统除外），呼吸孔、排水孔畅通。接线盒应装有防雨罩，防雨罩边缘处应安装橡胶垫		

1.11.4 验收记录表格

在工作中对于重要的内容进行专项检查记录并留档保存。测温装置检查验收记录表见表 1-11-4，测温装置专项检查验收记录表见表 1-11-5。

表 1-11-4 　　　　　　　　　　　　　　　测温装置检查验收记录表

设备名称	验收项目							验收人
	外观检查验收	温度定值检查验收	接线盒检查验收	防雨罩检查验收	二次电缆验收	温包座检查	格兰头检查	
极Ⅰ低端 YY 换流变压器 A 相本体油温计								
……								

表 1-11-5 　　　　　　　　　　　　　　　测温装置专项检查验收记录表

序号	相别	接线盒位置	现场表计示数（℃）	现场显示装置（若有）（℃）	在线监测数据（℃）	OWS 系统 A（℃）	OWS 系统 A（℃）	验收人
1	极Ⅰ低端 YY-A 相换流变压器	本体油温						
		阀侧绕温						

序号	相别	接线盒位置	现场表计示数（℃）	现场显示装置（若有）（℃）	在线监测数据（℃）	OWS 系统 A（℃）	OWS 系统 A（℃）	验收人
1	极 I 低端 YY-A 相换流变压器	网侧绕温						
		顶部油温 1	—					
		顶部油温 2	—					
		底部油温 1	—					
		底部油温 2	—					
		分接开关油温						
...	......							

1.11.5 检查评价表格

对工作中检查出的问题进行汇总记录，并进行验收评价，留档保存。换流变压器温度计验收检查评价表见表 1-11-6。

表 1-11-6　　　　　　　　　　　　　　换流变压器温度计验收检查评价表

检查人	×××		检查日期	××××年××月××日
存在问题汇总				

1.12 换流变压器压力释放装置检查验收标准作业卡

1.12.1 验收范围说明

本验收作业卡适用于换流站验收工作，验收范围包括：极 I／Ⅱ高、低端换流变压器、备用相换流变压器压力释放装置。

1.12.2 验收准备工作

各阶段验收工作开展前，运检人员应当提前明确验收的时间、人员、车辆机具、仪器工具、图纸资料等，并至少在验收开展的前一天完成准备工作的确认。

换流变压器压力释放装置检查验收准备工作表见表1-12-1，换流变压器压力释放装置检查验收工器具清单见表1-12-2。

表1-12-1 换流变压器压力释放装置检查验收准备工作表

序号	项目	工作内容	实施标准	负责人	备注
1	时间安排	验收工作开展前，应当组织业主、厂家、施工、监理、运检人员现场联合勘查，在各方均认为现场满足验收条件后方可开展	（1）换流变压器安装完成，施工单位提交验收申请单后。 （2）接线盒密封、二次回路绝缘等检查工作应在消防系统水喷淋试验后进行		
2	人员安排	（1）如人员、车辆充足可组织多个验收组同时开展工作。 （2）每个验收组建议至少安排验收人员1人，厂家人员1人，施工单位1人，监理1人，平台车专职驾驶员1人（厂家或施工单位人员）	验收前成立临时专项验收组，组织验收、施工、厂家、监理人员共同开展验收工作		
3	车辆工具安排	验收工作开展前，准备好验收所需车辆机具、仪器仪表、工器具、安全防护用品、验收记录材料、相关图纸及相关技术资料	（1）车辆机具、仪器仪表、工器具、安全防护用品应试验合格，满足本次施工的要求。 （2）验收记录材料、相关图纸及相关技术资料齐全并符合现场实际情况		
4	验收交底	根据本次作业内容和性质确定好检修人员，并组织学习本作业卡	要求所有工作人员明确本次工作的作业内容、进度要求、作业标准及安全注意事项		

表1-12-2 换流变压器压力释放装置检查验收工器具清单

序号	名称	型号	数量	备注
1	全棉长袖工作服	—	每人1套	
2	安全带	—	每人1套	

1.12.3 验收检查记录

换流变压器压力释放装置验收检查记录表见表1-12-3。

表 1-12-3　　　　　　　　　　　　　　　换流变压器压力释放装置验收检查记录表

序号	验收项目	验收方法及标准	验收结论 （√或×）	备注
1	外观检查验收	检查交接校验合格，贴校验合格证		
2		检查换流变压器油箱长轴两端各设置一个导流式压力释放装置		
3		检查每个分接开关切换油室至少应设置一个压力释放装置		
4		安装前对 Qualitrol 压力释放阀 C 形销缺失检查、Messko 压力释放阀传动杆锈蚀卡涩排查		《国家电网有限公司防止直流换流站事故措施及释义（修订版）》
5		检查本体压力释放阀导向管管径应与压力释放阀开口直径一致，导向管应引至距地面 300～500mm 处，导向管喷口加装 10mm×10mm 网孔，防异物。喷口不应直喷巡视通道、设备、电缆和管沟，威胁人员、设备安全。导向管应引入格栅下方		
6		检查压力释放膜上方标记"严禁踩踏"		
7	试验检查验收	动作整定值符合定值要求，整定值与定值单一致		
8	接线盒检查验收	检查接线盒防护等级不应小于 IP56，应加装不锈钢防雨罩，本体及二次电缆进线固定头外 50mm 应被遮蔽，45°向下雨水不能直淋（Box-in 除外）		
9		检查电缆引线（含备用）在接入继电器进线孔处封堵应严密		
10		检查电缆管内应防止积水的措施，接线盒的引出电缆应以垂直 U 形方式接入继电器接线盒，避免高挂低用。电缆护套应具有防进水、防积水保护措施，防止雨水顺电缆倒灌。无法避免时应设滴水弯并在易积水的低处设有 $\phi 6 \sim \phi 8$ 排水孔，并保持畅通（全密封系统除外），呼吸孔、排水孔畅通。接线盒应装有防雨罩，防雨罩边缘处应安装橡胶垫		

1.12.4　验收记录表格

在工作中对于重要的内容进行专项检查记录并留档保存。压力释放阀检查验收记录见表 1-12-4。

表 1-12-4   压力释放阀检查验收记录表

设备名称	验收项目							验收人
	外观检查验收	密封性及渗漏油检查验收	接线盒检查验收	防雨罩检查验收	二次电缆验收	导向管检查验收	格兰头检查验收	
极Ⅰ低端 YY 换流变压器 A 相本体压力释放阀								
……								

1.12.5 检查评价表格

对工作中检查出的问题进行汇总记录，并进行验收评价，留档保存。换流变压器压力释放阀验收检查评价表见表 1-12-5。

表 1-12-5   换流变压器压力释放阀验收检查评价表

检查人	×××	检查日期	××××年××月××日
存在问题汇总			

1.13 换流变压器冷却系统检查验收标准作业卡

1.13.1 验收范围说明

本验收作业卡适用于换流站验收工作，验收范围包括：极Ⅰ/Ⅱ高、低端换流变压器、备用相换流变压器冷却系统。

1.13.2 验收准备工作

各阶段验收工作开展前，运检人员应当提前明确验收的时间、人员、车辆机具、仪器工具、图纸资料等，并至少在验收开展的前一天完成准备工作的确认。

换流变压器冷却器检查验收准备工作表见表 1-13-1，换流变压器冷却器验收工器具清单见表 1-13-2。

表 1-13-1 换流变压器冷却器检查验收准备工作表

序号	项目	工作内容	实施标准	负责人	备注
1	时间安排	验收工作开展前，应当组织业主、厂家、施工、监理、运检人员现场联合勘查，在各方均认为现场满足验收条件后方可开展	（1）换流变压器安装完成，施工单位提交验收申请单后。 （2）接线盒密封、二次回路绝缘等检查工作应在消防系统水喷淋试验后进行。风冷智能控制装置完成定值整定		
2	人员安排	（1）如人员、车辆充足可组织多个验收组同时开展工作。 （2）每个验收组建议至少安排运检人员 1 人，厂家人员 1 人，施工单位 1 人，监理 1 人，吊车专职驾驶员 1 人（厂家或施工单位人员）。 （3）验收组所有人员均检查换流变压器冷却器一次设备及控制装置，冷却器风扇启动定值正常	验收前成立临时专项验收组，组织运检、施工、厂家、监理人员共同开展验收工作		
3	车辆工具安排	验收工作开展前，准备好验收所需车辆机具、仪器仪表、工器具、安全防护用品、验收记录材料、相关图纸及相关技术资料	（1）车辆机具、仪器仪表、工器具、安全防护用品应试验合格，满足本次施工的要求。 （2）验收记录材料、相关图纸及相关技术资料齐全并符合现场实际情况		
4	验收交底	根据本次作业内容和性质确定好检修人员，并组织学习本作业卡	要求所有工作人员明确本次工作的作业内容、进度要求、作业标准及安全注意事项		

表 1-13-2 换流变压器冷却器验收工器具清单

序号	名称	型号	数量	备注
1	吊车	—	1 辆	
2	全面长袖工作服	—	每人 1 套	
3	安全带	—	每人 1 套	
4	车辆接地线	—	1 根	

序号	名称	型号	数量	备注
5	绝缘电阻表	红色、黑色	1套	
6	万用表	—	1瓶	

1.13.3 验收检查记录

换流变压器冷却系统验收检查记录表见表1-13-3。

表 1-13-3 　　　　　　　　　　　　　　　**换流变压器冷却系统验收检查记录表**

序号	验收项目	验收方法及标准	验收结论 （√或×）	备注
1	外观检查验收	检查连接螺栓紧固，端面平整，无渗漏		
2		检查风扇叶片防护罩完好		
3		检查风叶旋转平衡，方向与标明方向一致，无异响		
4		检查冷却器控制装置工作电源与信号电源应分开，实现各自电源双重化配置，防止工作和信号电源回路故障导致冷却器全停		
5		检查壁挂控制箱或端子箱与本体应加装减振垫，其他见二次回路验收要求		
6	冷却器及电源检查验收	检查冷却器清洁，无渗漏油。片散无变形，管散无折翅		
7		检查外接管路清洁、无锈蚀，主油管管路标注油流方向，且流向标志正确，安装位置偏差符合要求		
8		冷却器分体安装时，应加装不锈钢波纹管平衡不同基础的沉降和热胀冷缩		
9		检查电源侧配装手动强投装置		
10		检查冷却器应有独立的两个电源且具自动切换和三相电压监测		
11		检查冷却系统两个独立电源自动切换装置应进行切换试验正常		
12		检查潜油泵和风扇电动机应当分别有过负荷、短路、欠电压和断相保护		
13		检查冷却器动力电源应为三相交流380V，控制电源为交流220V		

序号	验收项目	验收方法及标准	验收结论 (√或×)	备注
14	冷却器及电源检查验收	检查电缆引线在接入进线孔封堵应严密		
15		检查冷却器电机各相电流并记录，三相电流无明显偏差，相序正确，出力正常		
16		控制柜内 TEC/PLC 应为双重化配置，两套 TEC/PLC 独立运行，不分主备，两套 TEC/PLC 与双重化的控制系统交叉连接		
17		检查各风机、油泵冷却器电源对应		
18	潜油泵检查验收	检查高处安装潜油泵接线盒应加装不锈钢防雨罩		
19		检查潜油泵的轴承应采取 E 级或 D 级，禁止使用无铭牌、无级别的轴承		《国家电网有限公司十八项电网重大反事故措施（修订版）》
20		检查潜油泵启动应逐台启用，延时间隔应在 30s 以上		
21		检查潜油泵转速应在 1500r/min 以下		
22		声音、振动情况判断有无反转情况		
23		油泵端盖法兰紧固面应采用不锈钢螺栓对穿结构，防止螺栓锈蚀引发螺栓断裂、泵体滑落，导致漏油		《国家电网有限公司防止直流换流站事故措施及释义（修订版）》
24		换流变压器内部故障跳闸后，应自动切除潜油泵		
25		检查潜油泵电动机各相电流并记录，比对三相电流无明显偏差，确保相序正确，出力正常		
26	油流指示器检查验收	启动冷却器检查油流指示器指针指向正确，无抖动，无异常声响		
27		检查电缆引线在接入进线孔封堵应严密		
28		安装前检查油流指示器挡板是否完好，若未检查，则注油后通过开展 X 光检查或测试冷却器管道流速进行检查判断		
29	冷却系统控制逻辑检查验收	检查冷却系统应按负载和温度情况自动逐台投入或切除相应数量的冷却器。冷却系统风扇和潜油泵投入时间均衡配置，应采用先投先切轮换方式		
30		检查各组冷却器应在能自动、手动、备用自由切换。当切除故障冷却器时，备用冷却器应自动投入运行		

序号	验收项目	验收方法及标准	验收结论（√或×）	备注
31	冷却系统控制逻辑检查验收	当冷却系统电源发生故障或电压降低时，应自动投入备用电源，同时防止控制系统失效，应在电源侧配装手动强投功能（强切功能）。当投入备用电源、备用冷却器、切除冷却器或电动机损坏时，均应发出信号		
32		当冷却系统发生故障切除全部冷却器时，在额定负载下允许运行 20min，当油面温度尚未达到 75℃时，允许上升到 75℃，但切除冷却器后的最长运行时间不得超过 1h，应提供接点供报警		
33		检查冷却系统启停定值单内温度、实际与整定值一致，告警齐全。温度、负荷控制启停校验应正常		
34		检查启动应逐台启用，延时间隔应在 30s 以上		《国家电网有限公司十八项电网重大反事故措施（修订版）》
35		检查冷却器空气开关分合位置与实际编号对应		
36		开展冷却器信号检查验收		
37		冷却器启动逻辑：换流变压器充电启动一组，油温、绕组、负荷大于定值 1 启动两组，小于定值 1′切除第二组。油温、绕组、负荷大于定值 2 启动三组，小于定值 2′切除第三组。油温、绕组、负荷大于定值 3 启动四组，小于定值 3′切除第四组		《特高压直流工程换流站设备通用二次接口规范》
38		冷却器故障处理策略：运行组故障时自动投入相应数量的未运行风扇		
39		冷却器定期巡检：每周选一组启动 0.5h，测试是否都正常		
40		冷却器轮换备用：每周轮换一次，本次运行时间最长的一组退出，累计运行时间最短的一组投入		
41		手动/自动切换：TEC/PLC 控制柜有手动/自动切换开关，手动位置 TEC/PLC 退出控制，可就地投退各风扇		
42		冷却器远方投/退：某一组冷却器强投退后，需手动复归后，方可投入自动控制		
43		检查两套 TEC/PLC 故障后，冷却器应全部启动		
44		油温或者绕组温度通道故障后，冷却器应全部启动		

1.13.4 验收记录表格

在工作中对于重要的内容进行专项检查记录并留档保存。冷却器检查验收记录表见表 1-13-4，冷却器启动电流专项验收记录表见表 1-13-5，冷却器风冷逻辑专项验收记录表见表 1-13-6，冷却器电源切换专项验收记录表见表 1-13-7，冷却器、油泵电源对应性检查见表 1-13-8。

表 1-13-4　　冷却器检查验收记录表

设备名称	验收项目							验收人
	外观检查验收	密封性及渗漏油检查验收	冷却器及电源检查验收	油流指示器检查验收	二次电缆检查验收	防雨罩检查验收	控制逻辑检查验收	
极Ⅰ低端 YY 换流变压器 A 相冷却器								
……								

表 1-13-5　　冷却器启动电流专项验收记录表

序号	编号	星接 A 相运行电流（A）	星接 B 相运行电流（A）	星接 C 相运行电流（A）	角接 A 相运行电流（A）	角接 B 相运行电流（A）	角接 C 相运行电流（A）	200kV 备用相	验收人
1	1 号风机								
2	2 号风机								
…	……								

表 1-13-6　　冷却器风冷逻辑专项验收记录表

序号	设备名称	风冷逻辑	操作方法	验收结论（√或×）	验收人
1	极Ⅰ低端 YY 换流变压器 A 相冷却器	逐台启用，延时间隔应在 30s 以上	将冷却全部打至自动模式，将顶部油温 1 温度表计指针拨动表针至第四组风机启动值以上，检查各组冷却器间的启动时间间隔超高 30s		
		保护动作切除冷却器	将顶部油温 1 温度表计指针拨动表针至第二组风机启动值以上（启动任意组数均可），模拟非电量保护动作信号，检查故障换流变压器冷却器切除正常		

序号	设备名称	风冷逻辑	操作方法	验收结论（√或×）	验收人
1	极Ⅰ低端 YY换流变压器 A相冷却器	自动启停功能	启停逻辑：换流变压器充电启动一组（低于一定值，只启动潜油泵），油温、绕组、负荷大于定值1启动两组，小于定值1′切除第二组。油温、绕组、负荷大于定值2启动三组，小于定值2′切除第三组。油温、绕组、负荷大于定值3启动四组，小于定值3′切除第四组		
			分别将顶部油温1、顶部油温2、绕组温度表计指针拨动表针至第一组风机启动值以上，检查1组冷却器投入正常，风机旋转，油泵启动，油流指示正常，后台出现对应"油泵运行""风机投入"信号		
			分别将顶部油温1、顶部油温2、绕组温度表计指针拨动表针至第一组风机停止值以下，检查1组冷却器退出正常，风机停止，油泵停止，油流指示0位，后台出现对应"油泵运行"退出、"风机投入"退出信号		
			分别将顶部油温1、顶部油温2、绕组温度表计指针拨动表针至第二组风机启动值以上，检查两组冷却器投入正常，风机旋转，油泵启动，油流指示正常，后台出现对应"油泵运行""风机投入"信号		
			分别将顶部油温1、顶部油温2、绕组温度表计指针拨动表针至第二组风机停止值以下，检查2组冷却器退出正常，风机停止，油泵停止，油流指示0位，后台出现对应"油泵运行"退出、"风机投入"退出信号		
			分别将顶部油温1、顶部油温2、绕组温度表计指针拨动表针至第三组风机启动值以上，检查3组冷却器投入正常，风机旋转，油泵启动，油流指示正常，后台出现对应"油泵运行""风机投入"信号		
			分别将顶部油温1、顶部油温2、绕组温度表计指针拨动表针至第三组风机停止值以下，检查3组冷却器退出正常，风机停止，油泵停止，油流指示0位，后台出现对应"油泵运行"退出、"风机投入"退出信号		

序号	设备名称	风冷逻辑	操作方法	验收结论（√或×）	验收人
1	极Ⅰ低端YY换流变压器A相冷却器	自动启停功能	分别将顶部油温1、顶部油温2、绕组温度表计指针拨动表针至第四组风机启动值以上，检查4组冷却器投入正常，风机旋转，油泵启动，油流指示正常，后台出现对应"油泵运行""风机投入"信号		
			分别将顶部油温1、顶部油温2、绕组温度表计指针拨动表针至第四组风机停止值以下，检查4组冷却器退出正常，风机停止，油泵停止，油流指示0位，后台出现对应"油泵运行"退出、"风机投入"退出信号		
		冷却器定期巡检正常	将换流变压器冷却器定期巡检周期设置为便于检查的定值，将顶部油温1温度表计指针拨动表针至第一组风机启动值以上，检查冷却器到达定期巡检定值后，退出该组冷却器，启动另外一组冷却器		
		冷却器轮换备用正常	将换流变压器冷却器定期巡检周期设置为便于检查的定值，检查冷却器达到轮换备用定值后，风机全部启动，运行一定时间后，按照自动控制功能定值组数运行		
		手动/自动切换正常	将冷却器控制把手至手动状态，将顶部油温1温度表计指针拨动表针至第四组风机启动值以上，检查打至手动状态的风机不参与自动控制，未启动。将冷却器控制把手至自动状态，检查冷却器参与自动控制，启动正常		
		冷却器远方及就地投/退正常	将第一组冷却器把手打至投入位置，检查风机运转正常，油流指示器为打开位置，后台出现"1号油泵运行""1号风机投入"信号。无问题后将把手打至退出位置，检查退出正常。后将第一组冷却器远方打至投入状态，检查风机运转正常，油流指示器为打开位置，后台出现"1号油泵运行""1号风机投入"信号。无问题后将远方打至退出位置，检查退出正常		
			将第二组冷却器把手打至投入位置，检查风机运转正常，油流指示器为打开位置，后台出现"2号油泵运行""2号风机投入"信号。无问题后将把手打至退出位置，检查退出正常。后将第二组冷却器远方打至投入状态，检查风机运转正常，油流指示器为打开位置，后台出现"2号油泵运行""2号风机投入"信号。无问题后将远方打至退出位置，检查退出正常		

序号	设备名称	风冷逻辑	操作方法	验收结论（√或×）	验收人
1	极 I 低端 YY 换流变压器 A 相冷却器	冷却器远方及就地投/退正常	将第三组冷却器把手打至投入位置，检查风机运转正常，油流指示器为打开位置，后台出现"3 号油泵运行""3 号风机投入"信号。无问题后将把手打至退出位置，检查退出正常。后将第三组冷却器远方打至投入状态，检查风机运转正常，油流指示器为打开位置，后台出现"3 号油泵运行""3 号风机投入"信号。无问题后将远方打至退出位置，检查退出正常		
			将第四组冷却器把手打至投入位置，检查风机运转正常，油流指示器为打开位置，后台出现"4 号油泵运行""4 号风机投入"信号。无问题后将把手打至退出位置，检查退出正常。后将第四组冷却器远方打至投入状态，检查风机运转正常，油流指示器为打开位置，后台出现"4 号油泵运行""4 号风机投入"信号。无问题后将远方打至退出位置，检查退出正常		
		冷却器故障时自动投入相应数量的未运行风扇	将顶部油温 1 温度表计指针拨动表针至第一组风机启动值以上，断开该组风机风扇电源，模拟冷却器故障信号，检查故障冷却器外的另一组冷却器自动投入正常		
		两套 TEC/PLC 故障后冷却器应全启	将两套 TEC/PLC 电源断开，模拟两套主机故障，检查冷却器逐台全部启动		
		油温或者绕组温度通道故障后冷却器应全启	将油温或绕温回路断开，模拟通道故障，检查冷却器全部启动		
...	......				

表 1-13-7 冷却器电源切换专项验收记录表

设备	SS 位置及电源通断	现象	验收结论（√或×）	验收人
极Ⅰ低端 YY 换流变压器 A 相冷却器	SS 在 1 号电源工作位置，转换把手自动位置 （1）SS 在 1 号电源工作位置。 （2）断开 QA1 空气开关。 （3）恢复 QA1 空气开关	（1）1 号电源工作，工作组冷却器启动。 （2）立即切换到 2 号电源工作，冷却器保持继续运行。 （3）立即切换回 1 号电源工作，冷却器保持继续运行		
	SS 在 2 号电源工作位置，转换把手自动位置。 （1）SS 在 2 号电源工作位置。 （2）断开 QA2 空气开关。 （3）恢复 QA2 空气开关	（1）2 号电源工作，工作组冷却器启动。 （2）立即切换到 1 号电源工作，冷却器保持继续运行。 （3）立即切换回 2 号电源工作，冷却器保持继续运行		
	SS 在停止位置	冷却器全停		
……				

表 1-13-8 冷却器、油泵电源对应性检查

设备	试验方法	试验现象	验收结论（√或×）	验收人
极Ⅰ低端 YY 换流变压器 A 相	依次断开 QB1、QF11、QF12、QF13、QF14、QF15	各风机、油泵依次断开，与风机油泵对应		
	依次断开 QB2、QF21、QF22、QF23、QF24、QF25	各风机、油泵依次断开，与风机油泵对应		
	依次断开 QB3、QF31、QF32、QF33、QF34、QF35	各风机、油泵依次断开，与风机油泵对应		
	依次断开 QB4、QF41、QF42、QF43、QF44、QF45	各风机、油泵依次断开，与风机油泵对应		
	依次断开 QB5、QF51、QF52、QF53、QF54、QF55	各风机、油泵依次断开，与风机油泵对应		
……				

1.13.5 检查评价表格

对工作中检查出的问题进行汇总记录，并进行验收评价，留档保存。换流变压器冷却器验收检查评价表见表1-13-9。

表1-13-9 换流变压器冷却器验收检查评价表

检查人	×××	检查日期	××××年××月××日
存在问题汇总			

1.14 换流变压器阀门系统验收标准作业卡

1.14.1 验收范围说明

本验收作业卡适用于换流站验收工作，验收范围包括：极Ⅰ/Ⅱ高、低端换流变压器、备用相换流变压器阀门系统交接。

1.14.2 验收准备工作

各阶段验收工作开展前，运检人员应当提前明确验收的时间、人员、车辆机具、仪器工具、图纸资料等，并至少在验收开展的前一天完成准备工作的确认。

换流变压器阀门检查验收准备工作表见表1-14-1，换流变压器阀门验收工器具清单见表1-14-2。

表1-14-1 换流变压器阀门检查验收准备工作表

序号	项目	工作内容	实施标准	负责人	备注
1	时间安排	验收工作开展前，应当组织业主、厂家、施工、监理、运检人员现场联合勘查，在各方均认为现场满足验收条件后方可开展	换流变压器安装完成，施工单位提交验收申请单后		
2	人员安排	（1）如人员、车辆充足可组织多个验收组同时开展工作。 （2）每个验收组建议至少安排运检人员1人，厂家人员1人，施工单位1人，监理1人，平台车专职驾驶员1人（厂家或施工单位人员）	验收前成立临时专项验收组，组织运检、施工、厂家、监理人员共同开展验收工作		

序号	项目	工作内容	实施标准	负责人	备注
3	车辆工具安排	验收工作开展前，准备好验收所需车辆机具、仪器仪表、工器具、安全防护用品、验收记录材料、相关图纸及相关技术资料	（1）车辆机具、仪器仪表、工器具、安全防护用品应试验合格，满足本次施工的要求。 （2）验收记录材料、相关图纸及相关技术资料齐全并符合现场实际情况		
4	验收交底	根据本次作业内容和性质确定好检修人员，并组织学习本作业卡	要求所有工作人员明确本次工作的作业内容、进度要求、作业标准及安全注意事项		

表 1-14-2　　　　　　　　　　　　　　　　换流变压器阀门验收工器具清单

序号	名称	型号	数量	备注
1	全面长袖工作服	—	每人1套	
2	安全带	—	每人1套	
3	绝缘电阻表	红色、黑色	1套	
4	万用表	—	1瓶	

1.14.3　验收检查记录

换流变压器阀门验收检查记录表见表 1-14-3。

表 1-14-3　　　　　　　　　　　　　　　　换流变压器阀门验收检查记录表

序号	验收项目	验收方法及标准	验收结论（√或×）	备注
1	阀门位置、标识检查验收	检查阀门应根据实际需要，处在关闭或开启位置，指示开闭位置的标识应清晰正确		
2		检查丝杆位置，防雨罩外部位置指示和限位装置位置指示应全部一致		
3		检查限位装置应完好、紧固良好		
4		检查阀门应配置锁孔，满足阀门就位后挂锁要求		
5		检查每个阀门挂永久标识牌，并永久张贴在端子箱外门		

序号	验收项目	验收方法及标准	验收结论（√或×）	备注
6	阀门位置、标识检查验收	检查牌和图中应标明阀门类型、名称、编号、工作状态下的位置		
7		检查强油循环集中冷却，进出油总管油流方向90°转角之后2.5倍直径范围内不应装设蝶阀		
8		检查强油循环集中冷却，进出油总管油流方向90°转角之后2.5倍直径范围内不应装设蝶阀		
9		安装前确认应阀门开启位置标示与实际位置相符（随工验收）		
10		推荐阀门密封圈采用氟硅橡胶		《2019年10月换流站运行重点问题分析及处理措施报告》

1.14.4 验收记录表格

在工作中对于重要的内容进行专项检查记录并留档保存。阀门状态检查专项验收见表1-14-4。

表 1-14-4   阀门状态检查专项验收

序号	换流变压器相别	厂家编号	名称	阀门图示	状态	阀门状态	阀门位置	阀门标识	防误动措施	验收人
1	极Ⅰ高 YY/A	AA001	油箱放油阀	● 关闭						
2	极Ⅰ高 YY/A	AA010	滤油机进油阀	○ 开启						
3	极Ⅰ高 YY/A	AA012	滤油机出油阀	○ 开启						
4	极Ⅰ高 YY/A	AA021	上部抽样阀门	● 关闭						
5	极Ⅰ高 YY/A	AA023	底部抽样阀门	● 关闭						
6	极Ⅰ高 YY/A	AA026	本体储油柜放油阀	● 关闭						
7	极Ⅰ高 YY/A	AA030	开关储油柜放油阀	● 关闭						
8	极Ⅰ高 YY/A	AA040	网侧套管取样阀	● 关闭						
9	极Ⅰ高 YY/A	AA041	套管取样阀	● 关闭						

序号	换流变压器相别	厂家编号	名称	阀门图示		状态	阀门状态	阀门位置	阀门标识	防误动措施	验收人
10	极Ⅰ高 YY/A	AA042	套管取样阀	●	关闭						
11	极Ⅰ高 YY/A	AA200	储油柜与本体间阀门（储油柜正下方）	○	开启						
12	极Ⅰ高 YY/A	AA200	储油柜与断流柜间阀门	○	开启						
13	极Ⅰ高 YY/A	AA200	断流柜与本体间阀门	○	开启						
14	极Ⅰ高 YY/A	AA202	开关与开关储油柜间阀门	○	开启						
15	极Ⅰ高 YY/A	AA203	储油柜与间阀门	○	开启						
16	极Ⅰ高 YY/A	AA349	本体呼吸器间阀门	○	开启						
17	极Ⅰ高 YY/A	AA349	分接开关呼吸器间阀门	○	开启						
18	极Ⅰ高 YY/A	AA355	本体顶部滤油阀门	●	关闭						
19	极Ⅰ高 YY/A	AA358	在线监测阀门（上部）	○	开启						
20	极Ⅰ高 YY/A	AA359	在线监测阀门（下部）	○	开启						
21	极Ⅰ高 YY/A	AA360	网侧升高座在线监测用	○	开启						
22	极Ⅰ高 YY/A	AA501	本体至冷却回路1：进油管阀门	○	开启						
23	极Ⅰ高 YY/A	AA502	本体至冷却回路2：进油管阀门	○	开启						
24	极Ⅰ高 YY/A	AA513	油箱用阀门1：从冷却回路1至油箱	○	开启						
25	极Ⅰ高 YY/A	AA514	油箱用阀门2：从冷却回路2至油箱	○	开启						
26	极Ⅰ高 YY/A	AA650	冷却器油处理阀门（出油）	●	关闭						
27	极Ⅰ高 YY/A	AA652	冷却器油处理阀门（进油）	●	关闭						
28	极Ⅰ高 YY/A	AA680	潜油泵1进油阀门	○	开启						

序号	换流变压器相别	厂家编号	名称	阀门图示	状态	阀门状态	阀门位置	阀门标识	防误动措施	验收人
29	极Ⅰ高 YY/A	AA682	潜油泵 2 进油阀门	○ 开启						
30	极Ⅰ高 YY/A	AA684	潜油泵 3 进油阀门	○ 开启						
31	极Ⅰ高 YY/A	AA686	潜油泵 4 进油阀门	○ 开启						
32	极Ⅰ高 YY/A	AA688	潜油泵 5 进油阀门	○ 开启						
33	极Ⅰ高 YY/A	AA704	冷却器 1 阀门（进油）	○ 开启						
34	极Ⅰ高 YY/A	AA706	冷却器 2 阀门（进油）	○ 开启						
35	极Ⅰ高 YY/A	AA708	冷却器 3 阀门（进油）	○ 开启						
36	极Ⅰ高 YY/A	AA710	冷却器 4 阀门（进油）	○ 开启						
37	极Ⅰ高 YY/A	AA712	冷却器 5 阀门（进油）	○ 开启						
38	极Ⅰ高 YY/A	AA731	冷却器 1 阀门（出油）	○ 开启						
39	极Ⅰ高 YY/A	AA733	冷却器 2 阀门（出油）	○ 开启						
40	极Ⅰ高 YY/A	AA735	冷却器 3 阀门（出油）	○ 开启						
41	极Ⅰ高 YY/A	AA737	冷却器 4 阀门（出油）	○ 开启						
42	极Ⅰ高 YY/A	AA739	冷却器 5 阀门（出油）	○ 开启						
43	极Ⅰ高 YY/A	AA751	压力释放阀阀门	○ 开启						
44	极Ⅰ高 YY/A	AA752	压力释放阀阀门	○ 开启						
45	极Ⅰ高 YY/A	AB230	开关散热器阀门（进油）	○ 开启						
46	极Ⅰ高 YY/A	AB230	开关散热器阀门（出油）	○ 开启						
47	极Ⅰ高 YY/A	BZ102	储油柜抽真空用阀门	● 关闭						
48	极Ⅰ高 YY/A	CO1	本体储油关断阀门	● 关闭						
49	极Ⅰ高 YY/A	CO2	本体储油注油阀门	● 关闭						
50	极Ⅰ高 YY/A	AA901	机械截流阀（本体到储油柜）	○ 开启						
51	极Ⅰ高 YY/A	AA902	电动截流阀（本体到储油柜）	○ 开启						
52	极Ⅰ高 YY/A	AA903	储油柜到排油装置阀门 $\phi 80$	○ 开启						

序号	换流变压器相别	厂家编号	名称	阀门图示		状态	阀门状态	阀门位置	阀门标识	防误动措施	验收人
53	极Ⅰ高 YY/A	AA904	储油柜排油装置注放油（就地排油柜内）	●	关闭						
54	极Ⅰ高 YY/A	AA905	电动排油阀1（储油柜）	●	关闭						
55	极Ⅰ高 YY/A	AA905	电动排油阀2（储油柜）	●	关闭						
56	极Ⅰ高 YY/A	AA906	本体到排油装置阀门	○	开启						
57	极Ⅰ高 YY/A	AA907	本体排油装置注放油（就地排油柜内）	●	关闭						
58	极Ⅰ高 YY/A	AA908	电动排油阀1（本体）	●	关闭						
59	极Ⅰ高 YY/A	AA908	电动排油阀2（本体）	●	关闭						
60	极Ⅰ高 YY/A	AA909	本体到排油装置阀门 $\phi150$	○	开启						
61	极Ⅰ高 YY/A	AA910	本体排油管排气阀	●	关闭						
62	极Ⅰ高 YY/A	AA911	本体排油管注放油阀	●	关闭						

1.14.5 检查评价表格

对工作中检查出的问题进行汇总记录，并进行验收评价，留档保存。换流变压器阀门验收检查评价表见表1-14-5。

表1-14-5 换流变压器阀门验收检查评价表

检查人	×××		检查日期	××××年××月××日
存在问题汇总				

1.15 换流变压器二次回路验收标准作业卡

1.15.1 验收范围说明

本验收作业卡适用于换流站验收工作，验收范围包括：极Ⅰ/Ⅱ高、低端换流变压器、备用相换流变压器二次回路。

1.15.2 验收准备工作

各阶段验收工作开展前,运检人员应当提前明确验收的时间、人员、车辆机具、仪器工具、图纸资料等,并至少在验收开展的前一天完成准备工作的确认。

换流变压器二次回路检查验收准备工作表见表1-15-1,换流变压器二次回路验收工器具清单见表1-15-2。

表 1-15-1 换流变压器二次回路检查验收准备工作表

序号	项目	工作内容	实施标准	负责人	备注
1	时间安排	验收工作开展前,应当组织业主、厂家、施工、监理、运检人员现场联合勘查,在各方均认为现场满足验收条件后方可开展	(1)换流变压器安装完成,施工单位提交验收申请单后。 (2)二次回路绝缘检查工作应在消防系统水喷淋试验后进行		
2	人员安排	(1)如人员、车辆充足可组织多个验收组同时开展工作。 (2)每个验收组建议至少安排运检人员1人,厂家人员1人,施工单位1人,监理1人,平台车专职驾驶员1人(厂家或施工单位人员)	验收前成立临时专项验收组,组织运检、施工、厂家、监理人员共同开展验收工作		
3	车辆工具安排	验收工作开展前,准备好验收所需车辆机具、仪器仪表、工器具、安全防护用品、验收记录材料、相关图纸及相关技术资料	(1)车辆机具、仪器仪表、工器具、安全防护用品应试验合格,满足本次施工的要求。 (2)验收记录材料、相关图纸及相关技术资料齐全并符合现场实际情况		
4	验收交底	根据本次作业内容和性质确定好检修人员,并组织学习本作业卡	要求所有工作人员明确本次工作的作业内容、进度要求、作业标准及安全注意事项		

表 1-15-2 换流变压器二次回路验收工器具清单

序号	名称	型号	数量	备注
1	全面长袖工作服	—	每人1套	
2	安全带	—	每人1套	

序号	名称	型号	数量	备注
3	2500V 绝缘电阻表	红色、黑色	1 套	
4	万用表	—	1 瓶	

1.15.3 验收检查记录表

换流变压器二次回路验收检查记录表见表 1-15-3。

表 1-15-3 换流变压器二次回路验收检查记录表

序号	验收项目	验收方法及标准	验收结论 (√或×)	备注
1	标识检查验收	检查盘、柜的正面及背面各电器、端子排等应标明编号、名称、用途及操作位置，且字迹应清晰、工整，不易脱色		
2		检查电缆及芯线标识清晰永久		
3		检查电缆芯线和所配导线的端部均应标明双重编号，其规则为"电气功能编号＋接线对端的安装位置编号"，编号应正确，字迹应清晰，不易脱色		
4		检查交流引出线电缆的颜色规定：A 相—黄、B 相—绿、C 相—红、中相—淡蓝		
5		检查 DC 电源的颜色规定：正极—褐色、负极—蓝色		
6		检查二次接线号头颜色：交流—黄、直流—白		
7	元件布置检查验收	检查电器元件质量应良好，型号、规格应符合设计要求，外观应完好，附件应齐全，排列应整齐，固定应牢固，密封应良好		
8		检查交、直流应独立电缆、电线独立成束，端子排分段布置，电缆分层布置		
9		检查强、弱电应独立电缆、电线独立成束，端子排分开布置		
10	导线选择检查验收	检查发热元件宜安装在散热良好的地方，两个发热元件之间的连线应采用耐热导线		

序号	验收项目	验收方法及标准	验收结论 （√或×）	备注
11	二次接线及端子排检查验收	检查潮湿环境宜采用防潮端子或加装防尘罩		
12		检查二次回路的连接件均应采用铜质制品，绝缘件应采用自熄性阻燃材料		
13		检查电流回路应经过试验端子，其他需断开的回路应经特殊端子或试验端子，端子应接触良好		
14		检查端子排应无损坏，固定应牢固，绝缘应良好		
15		检查正、负电源之间以及经常带电的正电源与合闸或跳闸回路之间，以空端子或绝缘隔板隔开		《国家电网有限公司十八项电网重大反事故措施（修订版）》
16		检查柜（箱）内的接线应牢固、排列整齐、清晰、美观		
17		检查接头应接触良好、导线绝缘应良好，牢固，应留有适当裕度，不承受机械拉力		
18		检查每个接线端子的每侧接线宜为 1 根，不应超过 2 根。对于插接式端子，不同截面的两根导线不应接在同一端子中。螺栓连接端子接两根导线时，中间应加平垫片		
19		检查备用芯线应引至盘、柜顶部或线槽末端，并应标明备用标识，芯线导体不应外露		
20		二次电缆如使用软铜线，应使用接线鼻子进行压接，严格按照压接工艺开展，必要时搪锡处理		
21	绝缘检查验收	检查低压交、直流母线电气间隙不应小于 12mm，爬电距离不应小于 20mm		
22		检查盘、柜（箱）内带电母线应有防止触及的隔离防护装置		
23		对换流变压器二次电缆增加芯间绝缘检查		
24		在控制保护室内屏柜处将端子划开，测量芯间和对地绝缘电阻，用 1000V 绝缘电阻表测量屏柜外部回路绝缘电阻不小于 10MΩ		

序号	验收项目	验收方法及标准	验收结论（√或×）	备注
25		检查换流变压器上导线或电缆应在电缆桥架（走线槽）或电缆穿管（钢管或波纹管或蛇皮管或橡塑管等）中穿行		
26	电缆保护及电缆防水	检查穿管固定，不应使用尼龙扎带，应采用不锈钢、铝制或铜制扎带或喉箍		
27		检查与电缆相接触的钢制、铝制的防雨罩、槽盒边缘、扎带边缘应做电缆防割伤处理		
28		检查电缆管内应防止积水的措施，电缆穿管不应有积水弯和高挂低用现象（由下向上穿），无法避免时应设滴水弯并在易积水的低处设有 $\phi 6 \sim \phi 8$ 排水孔，并保持畅通（全密封系统除外）。呼吸孔、排水孔畅通。接线盒应装有防雨罩。格兰头封堵良好有反水弯		

1.15.4 验收记录表格

在工作中对于重要的内容进行专项检查记录并留档保存。二次回路检查验收记录表见表 1-15-4，二次回路绝缘检查验收记录表见表 1-15-5。

表 1-15-4 二次回路检查验收记录表

设备名称	验收项目							验收人
	标识检查验收	二次接线及端子排检查验收	元件布置检查验收	导线选择检查验收	电缆保护及电缆防水	绝缘检查验收	备用芯检查验收	
极Ⅰ低端 YY 换流变压器 A 相冷却器								
……								

表 1-15-5 二次回路绝缘检查验收记录表

序号	回路名称	回路编号	端子箱	端子号	屏柜	端子号	屏柜	端子号	回路绝缘			备注
									正对地（MΩ）	负对地（MΩ）	节点间（MΩ）	
1	1HY 换流变压器 A 相本体重瓦斯跳闸	TyA-013	极Ⅰ高端非电量接口屏 A	X302：2U	P1. WT1-TyA. TCC/极Ⅰ高端 Yy 换流变压器 A 相汇控柜	X70：1	+GF021端子箱	X27：1				
				X302：5L		X70：2		X27：16				

序号	回路名称	回路编号	端子箱	端子号	屏柜	端子号	屏柜	端子号	回路绝缘			备注
									正对地 (MΩ)	负对地 (MΩ)	节点间 (MΩ)	
2	1HY 换流变压器 A 相本体轻瓦斯跳闸	TyA-015	极Ⅰ高端非电量接口屏 A	X302：2U	P1. WT1-TyA. TCC/极Ⅰ高端 Yy 换流变压器 A 相汇控柜	X70：1	＋GF021端子箱	X27：1				
				X302：6L		X70：3		X27：17				
3	1HY 换流变压器 A 相网侧 A 套管升高座重瓦斯跳闸	TyA-017	极Ⅰ高端非电量接口屏 A	X302：2U	P1. WT1-TyA. TCC/极Ⅰ高端 Yy 换流变压器 A 相汇控柜	X70：1	＋GF021端子箱	X27：1				
...	......											

1.15.5 检查评价表格

对工作中检查出的问题进行汇总记录，并进行验收评价，留档保存。换流变压器二次回路验收检查评价表见表 1-15-6。

表 1-15-6 　　　　　　　　　　　　　　换流变压器二次回路验收检查评价表

检查人	×××		检查日期	××××年××月××日
存在问题汇总				

1.16 汇控柜检查验收标准作业卡

1.16.1 验收范围说明

本验收作业卡适用于换流站验收工作，验收范围包括：极Ⅰ/Ⅱ高、低端换流变压器、备用相换流变压器汇控柜。

1.16.2 验收准备工作

各阶段验收工作开展前，运检人员应当提前明确验收的时间、人员、车辆机具、仪器工具、图纸资料等，并至少在验收开展的前

一天完成准备工作的确认。

汇控柜检查验收准备工作表见表 1-16-1，汇控柜检查验收工器具清单见表 1-16-2。

表 1-16-1 汇控柜检查验收准备工作表

序号	项目	工作内容	实施标准	负责人	备注
1	时间安排	验收工作开展前，应当组织业主、厂家、施工、监理、运检人员现场联合勘查，在各方均认为现场满足验收条件后方可开展	换流变压器安装工作已完成		
2	人员安排	(1) 如人员充足可组织多个验收组同时开展工作。 (2) 每个验收组建议至少安排验收人员 1 人，厂家人员 1 人，施工单位 1 人，监理 1 人	验收前成立临时专项验收组，组织验收、施工、厂家、监理人员共同开展验收工作		
3	工具安排	验收工作开展前，准备好验收所需仪器仪表、工器具、安全防护用品、验收记录材料、相关图纸及相关技术资料	(1) 仪器仪表、工器具、安全防护用品应试验合格，满足本次施工的要求。 (2) 验收记录材料、相关图纸及相关技术资料齐全并符合现场实际情况		
4	验收交底	根据本次作业内容和性质确定好检修人员，并组织学习本作业卡	要求所有工作人员明确本次工作的作业内容、进度要求、作业标准及安全注意事项		

表 1-16-2 汇控柜检查验收工器具清单

序号	名称	型号	数量	备注
1	梯子	—	1 架	
2	照相机	—	1 个	
3	安全带	—	每人 1 套	
4	照明灯	—	1 个	

1.16.3 验收检查记录

汇控柜检查验收检查记录表见表1-16-3。

表 1-16-3　　　　　　　　　　　　　　　　　　汇控柜检查验收检查记录表

序号	验收项目	验收方法及标准	验收结论（√或×）	备注
1	外观检查验收	检查安装牢固、外表清洁完整，无锈蚀和损伤、接地可靠		
2		检查基础牢固，水平、垂直误差符合要求		
3		检查汇控柜柜门必须限位措施，开、关灵活，门锁完好		
4		检查回路模拟线正确、无脱落		
5		检查汇控柜防护等级不应小于IP56，箱门或观察窗不应有未采用耐候性密封胶封堵的接缝，密封条应有明显压痕，电缆孔洞应封堵，防火泥不应直接触碰电线（或直接使用耐候性防水胶进行封堵）		
6		检查箱门应有足够强度，开启箱门或密封圈压缩量足够，全部能有效压紧，有明显压痕，密封圈和观察窗接缝使用耐候性防水胶等进行封堵。防风沙要求等级高的地区，应配置双层门。箱内无灰尘及杂物		
7		检查呼吸孔通常保持通畅，防尘、防水措施有效，防尘网符合要求，整体达到IP56		
8		检查汇控柜门跨接接地良好，接地采用多股软导线，敷设长度应有适当裕度。线束应由外套塑料缠绕管保护。与电器连接时，端部应压接终端附件。在可动部位两端应固定牢固，截面面积不小于4mm²		
9		检查户外端子箱、汇控柜的布置方式，确认端子箱、汇控柜底座和箱体之间有足够的敞开通风空间，以免潮气进入		《国家电网有限公司防止直流换流站事故措施及释义（修订版）》
10	封堵检查验收	检查底面及引出、引入线孔和吊装孔，封堵严密可靠		
11	二次接线及二次元件检查验收	检查二次引线连接紧固、可靠，内部清洁。电缆备用芯戴绝缘帽		
12		检查二次线缆防护良好，避免由于绝缘电阻下降造成开关偷跳		

序号	验收项目	验收方法及标准	验收结论（√或×）	备注
13	二次接线及二次元件检查验收	检查汇控柜内二次元件排列整齐、固定牢固，并贴有清晰的中文名称标示		
14		检查每个接线端子的每侧接线宜为1根，不应超过2根。对于插接式端子，不同截面的两根导线不应接在同一端子中。螺栓连接端子接两根导线时，中间应加平垫片		
15		检查备用芯线应引至盘、柜顶部或线槽末端，并应标明备用标识，芯线导体不应外露		
16		检查柜（箱）体接地应牢固可靠，柜内铜排截面积不小于100mm²，接地引下线透明护套铜绞线截面面积不小于100mm²，标识应明显		
17		汇控柜动力电源母排进线应接触紧固良好，螺栓紧固到位，回阻正常		
18	加热、驱潮装置检查验收	检查盘、柜和端子箱内应配装驱潮装置和加热升温装置。可配长热与温湿度控制加热器两组配合或分布式长热加热器一组，应具有断线报警功能		
19		检查汇控柜应配置空调设备，在夏季高温时对汇控柜内部降温		
20		检查正常工作时，温升不应超过30℃，温升超过时，加热器应加装防烫网，净空距不应小于100mm，正上方不应有线缆，确无法避免应加装隔热板，确保隔热板上温升不超过30℃		
21		检查加热板存在脱落的风险时，应在脱落后不危及相邻设备、线缆的主绝缘		
22		检查端子盒在空间足够的情况下，应加装驱潮装置		
23		端子箱、汇控柜内的温控器、加热器、除湿器等元器件应取得"3C"认证或通过与"3C"认证同等（如CE认证）的性能试验，外壳绝缘材料阻燃等级应满足V-0等级。加热器安装位置应合理，与各元件、电缆及电线的距离大于50mm，避免靠近接线端子或电缆造成设备烧损		《国家电网有限公司防止直流换流站事故措施及释义（修订版）》
24	照明检查验收	检查门灯使用LED灯、管门灯，应加装防护罩，应随箱门开启而启动		

1.16.4 验收记录表格

在工作中对于重要的内容进行专项检查记录并留档保存。汇控柜检查验收记录表见表1-16-4，换流变压器汇控柜加热器强投功能验证见表1-16-5。

表 1-16-4　　　　　　　　　　　　　　　　　汇控柜检查验收记录表

设备名称	验收项目							验收人
	外观检查验收	封堵检查验收	二次接线及二次元件检查验收	加热、驱潮装置检查验收	照明检查验收	封堵检查验收	密封性检查验收	
极Ⅰ低端 YY 换流变压器 A 相汇控柜								
……								

表 1-16-5　　　　　　　　　　　　　　　　换流变压器汇控柜加热器强投功能验证

序号	检查设备	启动电流（A）	验收人
1	极Ⅰ高端 Y/Y 换流变压器 A 相汇控柜（P1. WT1-TyA. TCC）		
…	……		

1.16.5　检查评价表格

对工作中检查出的问题进行汇总记录，并进行验收评价，留档保存。换流变压器汇控柜验收检查评价表见表 1-16-6。

表 1-16-6　　　　　　　　　　　　　　　　换流变压器汇控柜验收检查评价表

检查人	×××	检查日期	××××年××月××日
存在问题汇总			

1.17　换流变压器主设备接地验收标准作业卡

1.17.1　验收范围说明

本验收作业卡适用于换流站验收工作，验收范围包括：极Ⅰ/Ⅱ高、低端换流变压器、备用相换流变压器主设备接地验收。

1.17.2 验收准备工作

各阶段验收工作开展前，运检人员应当提前明确验收的时间、人员、车辆机具、仪器工具、图纸资料等，并至少在验收开展的前一天完成准备工作的确认。

换流变压器主设备接地检查验收准备工作表见表1-17-1，换流变压器接地验收工器具清单见表1-17-2。

表 1-17-1　　　　　　　　　　　　　　换流变压器主设备接地检查验收准备工作表

序号	项目	工作内容	实施标准	负责人	备注
1	时间安排	验收工作开展前，应当组织业主、厂家、施工、监理、运检人员现场联合勘查，在各方均认为现场满足验收条件后方可开展	换流变压器安装完成，施工单位提交验收申请单后		
2	人员安排	（1）如人员、车辆充足可组织多个验收组同时开展工作。 （2）每个验收组建议至少安排运检人员1人，厂家人员1人，施工单位1人，监理1人，平台车专职驾驶员1人（厂家或施工单位人员）	验收前成立临时专项验收组，组织运检、施工、厂家、监理人员共同开展验收工作		
3	车辆工具安排	验收工作开展前，准备好验收所需车辆机具、仪器仪表、工器具、安全防护用品、验收记录材料、相关图纸及相关技术资料	（1）车辆机具、仪器仪表、工器具、安全防护用品应试验合格，满足本次施工的要求。 （2）验收记录材料、相关图纸及相关技术资料齐全并符合现场实际情况		
4	验收交底	根据本次作业内容和性质确定好检修人员，并组织学习本作业卡	要求所有工作人员明确本次工作的作业内容、进度要求、作业标准及安全注意事项		

表 1-17-2　　　　　　　　　　　　　　换流变压器接地验收工器具清单

序号	名称	型号	数量	备注
1	全面长袖工作服	—	每人1套	
2	安全带	—	每人1套	

序号	名称	型号	数量	备注
3	绝缘电阻表	红色、黑色	1套	
4	万用表	—	1瓶	

1.17.3 验收检查记录表

换流变压器主设备接地验收检查记录表见表1-17-3。

表 1-17-3 　　　　　　　　　　　　　　换流变压器主设备接地验收检查记录表

序号	验收项目	验收方法及标准	验收结论（√或×）	备注
1	铁芯及夹件接地	检查铁芯及夹件引出线采用不同标识，并引出至运行中便于测量的位置		
2		检查铁芯及夹件应可靠接地		
3		换流变压器铁芯、夹件的接地引线应通过小套管引出器身，并通过电缆、铜排等与地网可靠连接		《国家电网有限公司防止直流换流站事故措施及释义（修订版）》
4	主要组附件短路接地	检查主要组附件或大件金属均应短接接地，跨接线无缺失，接地良好〔钟罩或桶体、储油柜、分接开关、在线滤油装置、套管、升高座、冷却器（散热器）、主油管、机构箱和端子箱等〕，截面足够，充电时不应有火花现象		
5		检查短路接地应采用黑色或透明绝缘包封的多股铜绞线压接，截面面积不小于30mm²		
6	本体接地	检查应有两根在不同位置分别引向不同地点的水平接地体，牢固，导通良好，检查截面符合动热稳定要求		
7		检查接地引下线应涂黄绿相间色标		
8	中性点接地	套管引线应加软连接，使用双根接地排引下，与接地网主网格的不同边连接，每根引下线截面符合动热稳定校核要求		
9	法兰等电位线	法兰等电位线固定良好，连接牢靠，不受拉力		

1.17.4 验收记录表格

在工作中对于重要的内容进行专项检查记录并留档保存。接地检查验收记录表见表 1-17-4。

表 1-17-4　　　　　　　　　　　　　　　　　　接地检查验收记录表

设备名称	验收项目					验收人
	铁芯及夹件接地	主要组附件短路接地	本体接地	中性点接地	法兰等电位线	
极Ⅰ低端 YY 换流变压器 A 相						
……						

1.17.5 检查评价表格

对工作中检查出的问题进行汇总记录，并进行验收评价，留档保存。换流变压器主设备接地验收检查评价表见表 1-17-5。

表 1-17-5　　　　　　　　　　　　　　换流变压器主设备接地验收检查评价表

检查人	×××		检查日期	××××年××月××日
存在问题汇总				

1.18 换流变压器在线监测装置验收标准作业卡

1.18.1 验收范围说明

本验收作业卡适用于换流站验收工作，验收范围包括：极Ⅰ/Ⅱ高、低端换流变压器、备用相换流变压器在线监测装置交接。

1.18.2 验收准备工作

各阶段验收工作开展前，运检人员应当提前明确验收的时间、人员、车辆机具、仪器工具、图纸资料等，并至少在验收开展的前一天完成准备工作的确认。

换流变压器在线监测装置检查验收准备工作表见表 1-18-1，换流变压器在线监测装置验收工器具清单见表 1-18-2。

表 1-18-1 换流变压器在线监测装置检查验收准备工作表

序号	项目	工作内容	实施标准	负责人	备注
1	时间安排	验收工作开展前，应当组织业主、厂家、施工、监理、运检人员现场联合勘查，在各方均认为现场满足验收条件后方可开展	换流变压器安装完成，施工单位提交验收申请单后		
2	人员安排	（1）如人员、车辆充足可组织多个验收组同时开展工作。 （2）每个验收组建议至少安排运检人员1人，厂家人员1人，施工单位1人，监理1人，平台车专职驾驶员1人（厂家或施工单位人员）	验收前成立临时专项验收组，组织运检、施工、厂家、监理人员共同开展验收工作		
3	车辆工具安排	验收工作开展前，准备好验收所需车辆机具、仪器仪表、工器具、安全防护用品、验收记录材料、相关图纸及相关技术资料	（1）车辆机具、仪器仪表、工器具、安全防护用品应试验合格，满足本次施工的要求。 （2）验收记录材料、相关图纸及相关技术资料齐全并符合现场实际情况		
4	验收交底	根据本次作业内容和性质确定好检修人员，并组织学习本作业卡	要求所有工作人员明确本次工作的作业内容、进度要求、作业标准及安全注意事项		

表 1-18-2 换流变压器在线监测装置验收工器具清单

序号	名称	型号	数量	备注
1	万用表	—	1个	
2	全面长袖工作服	—	每人1套	

1.18.3 验收检查记录表

换流变压器在线监测装置验收检查记录表见表 1-18-3。

表 1-18-3 　　　　　　　　　　　　　　　　换流变压器在线监测装置验收检查记录表

序号	验收项目	验收方法及标准	验收结论（√或×）	备注
1	油中气体组分在线监测装置（含单氢）检查验收	检查取油回油阀门应根据设计要求选取，不应在冷却管道的阀门上取油，取油回油阀门与设备本体间连接管道应装设取样阀门		
2		检查阀门、油管、气路等连接处不应有渗漏油、漏气现象		
3		检查油管外宜包有保温层，穿过变压器底层油池的油管应有保护措施。油管应带有油流标识，便于读取与检查		
4		检查监测气体应包括氢气、一氧化碳、甲烷、乙烯、乙炔、乙烷，可扩展监测二氧化碳、水		
5		检查油中溶解气体监测最小监测周期不大于 2h，监测周期可根据需要进行远程调整		
6		重复性试验油中溶解气体监测连续 5 次测量的最大值与最小值之差不超过平均值的 10%		
7		检查油中溶解气体监测的监测数据与取油样的气相色谱试验数据之差的绝对值不大于试验数据的 30%		
8		检查油中溶解气体监测向主机报送数据，内容包含"设备唯一标识、气体含量、时间"，异常时，应发出音响报警		
9		检查油中溶解气体监测向主机报送诊断结果信息，内容包含"故障模式（放电、过热、受潮）、故障概率、时间"		
10		远方召唤并展示油中溶解气体监测历史监测数据和结果信息。油中溶解气体监测的监测数据与取油样的气相色谱试验数据之差的绝对值不大于试验数据的 30%		
11		远方召唤并展示油中溶解气体监测历史监测数据和结果信息。油中溶解气体监测的监测数据与取油样的气相色谱试验数据之差的绝对值不大于试验数据的 30%		
12		远方召唤并展示油中溶解气体监测历史监测数据和结果信息，油中溶解气体监测的监测数据与取油样的气相色谱试验数据之差的绝对值不大于试验数据的 30%		
13		油色谱在线监测装置应逐台校验，并达到《变压器油中溶解气体在线监测装置技术规范》（Q/GDW 10536—2021）A 级		《国网设备部关于加强换流站油色谱在线监测装置管理的通知》
14		油色谱在线监测装置油管路和相关线缆禁止采用扎带固定，防止油管路磨损		
15		油色谱在线监测装置采用明管路敷设不应从鹅卵石下方走线，防止渗漏油无法被发现		

序号	验收项目	验收方法及标准	验收结论（√或×）	备注
16	智能组件柜（汇控柜）检查验收	检查智能组件柜（汇控柜）以及每个智能电子设备（intelligent electronic device，IED）应有铭牌		
17		检查柜门内侧应提供各 IED 的网络拓扑图、相关的电气接线图		
18		检查柜内电源母线和配线按照设计图纸布置，相序色标满足相关要求		
19		检查各 IED 的支架和柜体等全部紧固件均采用镀锌件或不锈钢件		
20		检查各开启门与柜体之间应至少有 4mm² 铜线直接连接		
21		检查柜体上应有明显接地点并可靠接地，接地铜排的接地铜缆线截面面积不小于 100mm²		
22		检查 IED 通过接地铜牌可靠接地，接地电阻不大于 4Ω		
23		检查柜内的总电源及每台 IED 采用电源范围为 80%～110% 的 DC 220V/110V		
24		检查柜内的总电源及每台 IED 需单独配置空气开关，并满足级差配合要求		
25		检查电缆固定牢靠		
26		检查电源电缆截面面积不应小于 4mm²，进入电缆沟的电缆应采用铠装电缆，非直接进电缆沟的电缆（光缆）应有保护套		
27		检查光缆和尾纤的折弯半径应满足相关要求		
28		检查电缆保护管应有防火泥封堵，并满足设计要求		
29		检查柜内温度应在 5～40℃ 之间，湿度保持在 90% 以下，柜体应对柜内温湿度有控制和调节能力		
30		检查 IED 回路额定电压大于 60V 时，用 500V 绝缘电阻测试仪测量。额定电压不大于 60V 时，用 250V 绝缘电阻测试仪测量，施加电压时间不小于 5s，绝缘电阻值不应低于 5MΩ		
31		检查状态监测应具有故障自检、远程维护功能，状态监测信息应能上送远方主站		
32		检查信息传输满足《高压设备智能化技术导则》（Q/GDWZ 410）的相关要求，通信协议遵循《变电站通信网络和系统》[DL/T 860（所有部分）]、《实施技术规范》（DL/T 1146）的相关要求		

序号	验收项目	验收方法及标准	验收结论（√或×）	备注
33	铁芯接地电流监测装置检查验收	检查传感器安装可靠，并保证连续通流能力		
34		检查穿心式 TA 不应有锈蚀、破损、开裂等现象		
35		检查传感器应有设备标识，便于读取与检查		
36		检查穿过变压器底层油池内铺设的传感器引线应有保护措施		
37		检查应实现铁芯接地电流信号的连续采集		
38		检查准确性试验：铁芯接地电流监测在线监测数据与带电测试数据测量之差的绝对值不大于带电测试数据的 2.5％		
39		检查铁芯接地电流监测向主机报送数据，内容满足《高压设备智能化技术导则》（Q/GDWZ 410）的相关要求		
40		检查远方可召唤并展示铁芯接地电流监测历史监测数据		
41		铁芯夹件接地电流监测装置可采集全电流和基波电流		
42	套管 SF_6 气体在线监测装置检查验收	检查 SF_6 压力、温度和微水（露点）传感器应安装可靠		
43		检查传感器安装部位不应有锈蚀、破损、开裂等现象		
44		检查传感器应有标识，便于维护		
45		检查应实现气体压力、环境温度和微水（露点）信号的采集，计算 20℃时的气体压力，计算水分含量（μL/L）		
46		检查监测周期可根据需要进行调整		
47		检查准确性试验：SF_6 气体密度在线监测数据与 SF_6 气体密度表的测量数据之差的绝对值不大于气体密度表数据的 2.5％，SF_6 气体微水含量在线监测数据与带电检测数据之差的绝对值不大于 50μL/L		
48		检查气体状态监测向主机报送数据，满足《高压设备智能化技术导则》（Q/GDWZ 410）的相关要求		
49		检查气体状态监测向主机报送诊断结果信息，内容满足《高压设备智能化技术导则》（Q/GDWZ 410）的相关要求		
50		检查远方可召唤并展示气体状态监测历史监测数据和结果信息		

1.18.4 验收记录表格

在工作中对于重要的内容进行专项检查记录并留档保存。在线监测装置检查验收记录表见表1-18-4,在线监测装置离、在线数据比对验收记录表见表1-18-5。

表 1-18-4   在线监测装置检查验收记录表

设备名称	验收项目					验收人
	载气压力抄录	标气压力抄录	阀门状态检查	渗、漏油	智能组件柜检查（二次接线、元器件）	
极Ⅰ高YYA相换流变压器						
……						

表 1-18-5   在线监测装置离、在线数据比对验收记录表

设备名称	分类	甲烷	乙烯	乙烷	乙炔	总烃	一氧化碳	二氧化碳	验收人
极Ⅰ高YYA相换流变压器	离线								
	在线								
	绝对误差								
	相对误差（%）								
	《变压器油中溶解气体在线监测装置技术规范》（Q/GDW 10536—2021）要求								
……									

1.18.5 检查评价表格

对工作中检查出的问题进行汇总记录，并进行验收评价，留档保存。换流变压器在线监测装置验收检查评价表见表1-18-6。

表 1-18-6   换流变压器在线监测装置验收检查评价表

检查人	×××	检查日期	××××年××月××日
存在问题汇总			

1.19 换流变压器试验验收标准作业卡

1.19.1 验收范围说明

本验收作业卡适用于换流站验收工作，验收范围包括：极Ⅰ/Ⅱ高、低端换流变压器、备用相换流变压器试验交接。

1.19.2 验收准备工作

各阶段验收工作开展前，运检人员应当提前明确验收的时间、人员、仪器工具、图纸资料等，并至少在验收开展的前一天完成准备工作的确认。

换流变压器试验验收准备工作表见表1-19-1，换流变压器试验验收工器具清单见表1-19-2。

表 1-19-1   换流变压器试验验收准备工作表

序号	项目	工作内容	实施标准	负责人	备注
1	时间安排	验收工作开展前，应当组织业主、厂家、施工、监理、运检人员现场联合勘查，在各方均认为现场满足验收条件后方可开展	（1）换流变压器安装工作已完成。 （2）必要时，检查确认换流变压器组合电器应断的引线已断开，接地铜排已解下，接好试验接线并核对，做好环境温度、湿度的记录。 （3）换流变压器安装完成，施工单位提交验收申请单后。 （4）套管充气后24h进行微水含量检测。 （5）常规试验合格后，开展换流变压器局部放电试验		

序号	项目	工作内容	实施标准	负责人	备注
2	人员安排	（1）如人员充足可组织多个验收组同时开展工作。 （2）每个验收组建议至少安排验收人员1人，厂家人员1人，施工单位1人，监理1人	验收前成立临时专项验收组，组织验收、施工、厂家、监理人员共同开展验收工作		
3	工具安排	验收工作开展前，准备好验收所需仪器仪表、工器具、安全防护用品、验收记录材料、相关图纸及相关技术资料	（1）仪器仪表、工器具、安全防护用品应试验合格，满足本次施工的要求。 （2）验收记录材料、相关图纸及相关技术资料齐全并符合现场实际情况		
4	验收交底	根据本次作业内容和性质确定好检修人员，并组织学习本作业卡	要求所有工作人员明确本次工作的作业内容、进度要求、作业标准及安全注意事项		

表 1-19-2 　　　　　换流变压器试验验收工器具清单

序号	名称	型号	数量	备注
1	自动电桥测试仪	—	1台	
2	电动绝缘电阻表	—	1台	试验电压在500～5000V范围可选
3	直流高压发生器	—	1套	
4	电源盘	—	1个	带漏电保护
5	接地线	—	30m	大于6mm²
6	直流电阻测试仪	3391或2291	1台	
7	成套工具	—	1套	
8	断路器	—	1个	
9	高压绝缘垫	—	1个	定期试验合格
10	温、湿度计	—	1块	

1.19.3 验收检查记录表

换流变压器试验验收检查记录表见表 1-19-3。

表 1-19-3 换流变压器试验验收检查记录表

序号	验收项目	验收标准	验收结论（√或×）	备注
一、低电压试验验收				
1	联结组别	相位及绕组的接线组别应符合设计要求		
2	引出线的极性检查	换流变压器的三相联接组别和单相换流变压器引出线的极性，应与设计要求及铭牌上的标识和外壳上的符号相符		
3	所有分接位置的电压比检查	额定分接头电压比误差不大于±0.5%，其他电压分接比误差不大于±1%，与制造厂铭牌数据相比应无明显差别		
4	绕组连同套管的直流电阻测量	网侧直流电阻应在所有分接位置测量		《±800kV 高压直流设备交接试验》（DL/T 274—2012）
5		阀侧直流电阻也应测量		
6		各相相同绕组（网侧绕组、阀侧 Y 绕组、阀侧 D 绕组）测量值的相互差值应小于平均值的 2%		
7		与同温度下的产品出厂实测值比较，变化不应大于 2%		
8	绕组连同套管的绝缘电阻、吸收比或极化指数测量	绝缘电阻值不低于出厂值的 70%（同温度）		《换流变压器交接与预防性试验规程》（DL/T 1798—2018）
9		极化指数不进行温度换算，与出厂值相比应无明显差别		
10		吸收比大于或等于 1.3 或极化指数大于或等于 1.5		
11		绝缘电阻大于 10000MΩ 时，极化指数与吸收比不要求		
12	绕组连同套管的介质损耗、电容量测量	被测绕组的介质损耗值不大于产品出厂值的 130%（测试条件相近）		
13		绕组电容量与出厂试验值相比差值在±3%范围内		
14		可参考：换算至同一温度进行比较。20℃时介质损耗因数：$\tan\delta \leqslant 0.5\%$		《输变电设备状态检修试验规程》

序号	验收项目	验收标准	验收结论 （√或×）	备注
15	铁芯及夹件绝缘电阻测量	采用2500V绝缘电阻表测量，当制造厂有相关规定时，按制造厂规定电压进行测量		《±800kV高压直流设备交接试验》（DL/T 274—2012）
16		测量值不应小于500MΩ		
17		铁芯对夹件之间的绝缘电阻测量采用1000V		特高压直流输电工程换流变压器铁芯夹件绝缘技术研讨会纪要
18	套管试验	主绝缘的绝缘电阻不小于出厂值的70%、末屏对地绝缘电阻不小于1000MΩ		《换流变压器交接与预防性试验规程》（DL/T 1798—2018）
19		检查充气套管SF_6气体分解物，二氧化硫小于0μL/L，硫化氢小于0μL/L		
20		检查充气套管SF_6纯度，不应小于99.9%		
21		电容型套管的介质损耗与出厂值相比无明显变化，且tanδ≤0.5%且不应大于出厂试验值的130%		《±800kV高压直流设备交接试验》（DL/T 274—2012）
22		电容量与产品铭牌数值或出厂值相比差值在±5%范围内		
23		检查充气套管SF_6气体湿度20℃（充气48h后），不应超过150μL/L		
24		检查充气套管SF_6气体压力，应达到额定压力		
25	套管中的电流互感器试验	各绕组比差和角差应与出厂试验结果相符		《±800kV高压直流设备交接试验》（DL/T 274—2012）
26		校核工频下的励磁特性，应满足继电保护要求，与制造厂提供的励磁特性应无明显差别		
27		各二次绕组间及其对外壳的绝缘电阻不宜低于1000MΩ。端子箱内TA二次回路绝缘电阻大于1MΩ		
28		二次端子极性与接线应与铭牌标志相符		
29		电流互感器变比、绕组直流电阻、伏安特性测量试验合格。同型号、同规格、同批次电流互感器一、二次绕组的直流电阻和平均值的差异不宜大于10%		
30		二次绕组间及其对外壳的工频耐压试验，试验电压2kV，持续时间1min		

序号	验收项目	验收标准	验收结论（√或×）	备注
31	有载调压切换装置的检查和试验	在换流变压器不带电、操作电源电压为额定电压的 85％～115％时，操作 10 个循环，在全部切换过程中应无开路和异常，电气和机械限位动作正确且符合产品要求		《±800kV 高压直流设备交接试验》（DL/T 274—2012）
32		切换过程中，切换触头的全部动作顺序、过渡电阻阻值、三相同步偏差、切换时间等应符合产品技术条件的规定		
33		交接时油室绝缘油的击穿电压、含水量与变压器本体相同		《换流变压器交接与预防性试验规程》（DL/T 1798—2018）
34		操作系统应能耐受 2kV、1min 工频耐压试验		
35		制造商安装及使用说明书中规定的其他试验，应符合产品说明书的规定		
36	阻抗测量	与出厂试验值相比，阻抗值变化不应大于±2％		《±800kV 高压直流设备交接试验》（DL/T 274—2012）
37	绕组变形试验	采用频率响应法进行该项试验		
38		绕组频响曲线的各个波峰、波谷点所对应的幅值及频率与出厂试验值基本一致，且三相之间结果相比无明显差别		
二、高电压试验验收				
39	绕组连同套管的直流耐压试验	应对每一个阀绕组进行直流耐压试验，非试绕组应短接并与换流变压器外壳一起可靠接地		《±800kV 高压直流设备交接试验》（DL/T 274—2012）
40		按出厂试验电压的 85％或合同规定值加压		
41		持续时间 60min		
42		加压过程中进行局部放电量测量，最后 10min 内，超过 2000pC 的放电脉冲数不应超过 10 个		

序号	验收项目	验收标准	验收结论（√或×）	备注
43	绕组连同套管的外施工频耐压试验	应对网侧中性点进行外施交流耐压试验，试验时绕组应短接，并将非试绕组与换流变压器外壳一起可靠接地		《±800kV 高压直流设备交接试验》（DL/T 274—2012）
44		按出厂试验电压的 80% 或合同规定值加压		
45		持续时间 60s		
46		阀绕组加压过程中进行局部放电量测量，局部放电量不应超过 300pC		
47	绕组连同套管的感应耐压试验	绕组连同套管的外施交流电压（含中性点）：在规定的电压和时间，小于 300pC。按出厂试验电压或合同规定值加压，持续时间为 60s/50Hz（其他频率及时间请注明）。阀侧绕组加压过程中进行局部放电量测量，局部放电量不应超过 300pC 或按合同		《±800kV 高压直流设备交接试验》（DL/T 274—2012）
48		绕组连同套管的感应耐压试验和局部放电：电压 $1.3U_m/\sqrt{3}$，视在放电量不大于 300pC。电压 $1.5U_m/\sqrt{3}$，视在放电量不大于 500pC（±800kV 可不执行 $1.5U_m/\sqrt{3}$）（U_m 为电源最高电压）		
49	其他协商项目	长时间空载试验		常规试验合格后开展
50		谐波含量		
51		油流静电试验		
52		转动油泵时的局部放电测量		
53		可用出厂值替代或按合同		
三、绝缘油试验验收				
54	绝缘油试验	应在注油静置后、耐压和局部放电试验 24h 后各进行一次器身内绝缘油的油中溶解气体色谱分析		《换流变压器交接与预防性试验规程》（DL/T 1798—2018）
55		油中气体含量应符合以下标准：氢气小于 10μL/L、乙炔为 0μL/L、总烃小于 20μL/L。特别注意有无增长		
56		油中水分不大于 10mg/L		
57		油中含气量（体积分数，%）不大于 1%		
58		其他性能指标参见《国家电网公司直流换流站验收管理规定》绝缘油验收标准卡或者《换流变压器交接与预防性试验规程》（DL/T 1798—2018）		

序号	验收项目	验收标准	验收结论（√或×）	备注
59	试验数据分析验收	通过显著性差异分析法和纵横比分析法进行分析，数据无明显差异		

1.19.4 验收记录表格

在工作中对于重要的内容进行专项检查记录并留档保存。换流变压器试验检查验收记录表见表1-19-4。

表 1-19-4　　　　　　　　　　　　　换流变压器试验检查验收记录表

设备名称	试验项目						验收人
	绕组连同套管的直流电阻测量	变压比试验	引出线的极性检查	绕组连同套管的绝缘电阻、吸收比或极化指数测量	铁芯及夹件绝缘电阻测量	绕组连同套管的介质损耗因数（tanδ）测量	
极Ⅰ高端星接A相换流变压器 8111B-A							
......							

设备名称	试验项目						验收人
	绕组连同套管的直流耐压试验	绕组连同套管的外施交流电压试验	绕组连同套管的感应耐压试验和局部放电量测量	绝缘油试验	套管试验	套管式电流互感器试验	
极Ⅰ高端星接A相换流变压器 8111B-A							
......							

设备名称	试验项目				验收人
	有载调压切换装置的检查和试验	额定电压下的冲击合闸试验	阻抗测量	绕组频率响应特性测量	
极Ⅰ高端星接A相换流变压器8111B-A					
……					

1.19.5 检查评价表格

对工作中检查出的问题进行汇总记录，并进行验收评价，留档保存。换流变压器试验验收检查评价表见表1-19-5。

表1-19-5　　　　　　　　　　　　　　　换流变压器试验验收检查评价表

检查人	×××	检查日期	××××年××月××日
存在问题汇总			

1.20 换流变压器主通流回路检查验收标准作业卡

1.20.1 验收范围说明

本验收作业卡适用于换流站验收工作，验收范围包括：极Ⅰ/Ⅱ高、低端换流变压器、备用相换流变压器主通流回路交接。

1.20.2 验收准备工作

各阶段验收工作开展前，运检人员应当提前明确验收的时间、人员、仪器工具、图纸资料等，并至少在验收开展的前一天完成准备工作的确认。

换流变压器主通流回路检查验收准备工作表见表1-20-1，换流变压器主通流回路检查验收工器具清单见表1-20-2。

表1-20-1　　　　　　　　　　　　　　　　　换流变压器主通流回路检查验收准备工作表

序号	项目	工作内容	实施标准	负责人	备注
1	时间安排	验收工作开展前，应当组织业主、厂家、施工、监理、运检人员现场联合勘查，在各方均认为现场满足验收条件后方可开展	（1）换流变压器安装工作已完成，试验已完成。 （2）换流变压器安装完成，施工单位提交验收申请单后		
2	人员安排	（1）如人员充足可组织多个验收组同时开展工作。 （2）每个验收组建议至少安排运检人员1人，厂家人员1人，施工单位2人，监理1人。 （3）验收组所有人员均在换流变压器上开展工作。 （4）力矩检查工作建议由施工人员和厂家配合进行，运检、监理监督见证并记录数据。 （5）接触电阻测量工作建议由施工人员和厂家配合进行，运检、监理监督见证并记录数据	验收前成立临时专项验收组，组织运检、施工、厂家、监理人员共同开展验收工作		
3	工具安排	验收工作开展前，准备好验收所需仪器仪表、工器具、安全防护用品、验收记录材料、相关图纸及相关技术资料	（1）仪器仪表、工器具、安全防护用品应试验合格，满足本次施工的要求。 （2）验收记录材料、相关图纸及相关技术资料齐全并符合现场实际情况		
4	验收交底	根据本次作业内容和性质确定好检修人员，并组织学习本作业卡	要求所有工作人员明确本次工作的作业内容、进度要求、作业标准及安全注意事项		

表1-20-2　　　　　　　　　　　　　　　　　换流变压器主通流回路检查验收工器具清单

序号	名称	型号	数量	备注
1	梯子	—	1架	
2	安全带	—	每人1套	
3	照明灯	—	1个	
4	力矩扳手	满足力矩检查要求	1套	
5	棘轮扳手	—	1套	

序号	名称	型号	数量	备注
6	签字笔	—	1套	
7	无水乙醇	—	1瓶	
8	百洁布	—	1套	
9	回路电阻仪	—	1台	

1.20.3 验收检查记录

换流变压器主通流回路验收检查记录表见表1-20-3。

表1-20-3   **换流变压器主通流回路验收检查记录表**

序号	验收项目	验收方法及标准	验收结论 (√或×)	备注
1	主通流回路结构和安装情况检查	核对接头材质、有效接触面积、载流密度、螺栓标号、力矩要求等与设计文件一致，通流回路连接螺栓具有防松动措施（防松动措施包括使用弹片、叠帽、平弹一体垫片、防松螺栓等方式）		
2		检查安装阶段螺丝紧固后应进行的档案和记录		
3	通流回路外观检查	检查通流回路外观良好，连接可靠接触良好，无变形、无变色、无锈蚀、无破损		
4		检查力矩双线标识清晰且划在螺母侧，力矩线需连续、清晰、与螺母垂直，且母排、垫片、螺母、螺栓均需划到		
5		检查软连接完好，无散股、断股现象		
6		若螺栓采用平弹一体结构，应当检查平弹一体垫片是否装反		
7	主通流回路搭接面螺栓力矩复查	力矩检查工作由施工人员执行、厂家人员监督、运检和监理见证记录，四方共同开展		
8		确认接头直阻测量和力矩检查结果满足技术要求（参照表1-20-4），使用80％力矩检查螺栓紧固到位后画线标记，并建立档案，做好记录。运维单位应按不小于1/3的数量进行力矩和直阻抽查		

序号	验收项目	验收方法及标准	验收结论（√或×）	备注
9	主通流回路搭接面螺栓力矩复查	力矩扳手每次调整后均应由验收人员、厂家人员、施工人员共同检查设置的力矩值是否正确		
10		对于检查工作中发现松动或力矩线偏移的螺栓，使用100％力矩进行复紧，使用酒精擦除原力矩线后重新画线，并再次使用80％力矩检查		
11		对于发生滑丝、跟转等问题的螺栓进行更换		
12		对于不在现场安装的换流变压器组件内部搭接面可不进行复紧，只检查力矩线，但须厂家提供厂内验收报告		
13	主通流回路搭接面接触电阻测试	正确使用回路电阻测试仪，并设置试验电流不小于100A		
14		将夹子夹在待测搭接面两端，启动仪器后读取测量数据并记录		
15		换流变压器设备搭接面接触电阻不大于 $20\mu\Omega$，同位置横向对比不超过 $10\mu\Omega$		
16		对于发现有接触电阻超标的搭接面，应当按照"十步法"进行处理并记录		

1.20.4 "十步法"处理记录

"十步法"处理记录见表1-20-4。

表1-20-4　　　　　　　　　　　　　"十步法"处理记录

序号	接头位置及名称	检修前直阻			评价	检修处理工艺控制					检修后直阻测量			验收人
		检修前直阻	直阻测量人	是否小于$20\mu\Omega$	是否需要处理	工艺要求	螺栓规格	力矩标准	力矩是否紧固	作业人	检修后直阻	测量人	直阻是否合格	
1	极Ⅰ高端Y/y换流变压器A相跳线与引下线接头													

序号	接头位置及名称	检修前直阻			评价	检修处理工艺控制					检修后直阻测量			验收人
		检修前直阻	直阻测量人	是否小于20μΩ	是否需要处理	工艺要求	螺栓规格	力矩标准	力矩是否紧固	作业人	检修后直阻	测量人	直阻是否合格	
2	极Ⅰ高端Y/y换流变压器A相引下线与管形母线接头													
3	极Ⅰ高端Y/y换流变压器A相管形母线与网侧高压套管跳线接头													
4	极Ⅰ高端Y/y换流变压器A相网侧高压套管接头													
5	极Ⅰ高端Y/y换流变压器A相管形母线与耦合电容器接头													
6	极Ⅰ高端Y/y换流变压器A相网侧中性点电流互感器接头													

序号	接头位置及名称	检修前直阻			评价	检修处理工艺控制					检修后直阻测量			验收人
		检修前直阻	直阻测量人	是否小于20μΩ	是否需要处理	工艺要求	螺栓规格	力矩标准	力矩是否紧固	作业人	检修后直阻	测量人	直阻是否合格	
7	极Ⅰ高端Y/y换流变压器A相网侧中性点套管接头													
8	极Ⅰ高端Y/y换流变压器A相管形母线与避雷器接头													
9	极Ⅰ高端Y/y换流变压器A相管形母线与支柱绝缘子接头													
…	……													

1.20.5　检查评价表格

对工作中检查出的问题进行汇总记录，并进行验收评价，留档保存。换流变压器主通流回路验收检查评价表见表1-20-5。

表 1-20-5　　　　　　　　　　　　　　换流变压器主通流回路验收检查评价表

检查人	×××	检查日期	××××年××月××日
存在问题汇总			

1.21 换流变压器事故排油装置检查验收标准作业卡

1.21.1 验收范围说明

本验收作业卡适用于换流站验收工作，验收范围包括：极Ⅰ/Ⅱ高、低端换流变压器、备用相换流变压器事故排油装置交接。

1.21.2 验收准备工作

各阶段验收工作开展前，运检人员应当提前明确验收的时间、人员、车辆机具、仪器工具、图纸资料等，并至少在验收开展的前一天完成准备工作的确认。

换流变压器有事故排油装置检查验收准备工作表见表 1-21-1，换流变压器事故排油装置检查验收工器具清单见表 1-21-2。

表 1-21-1　　　　　　　　　　　　　　　换流变压器有事故排油装置检查验收准备工作表

序号	项目	工作内容	实施标准	负责人	备注
1	时间安排	验收工作开展前，应当组织业主、厂家、施工、监理、运检人员现场联合勘查，在各方均认为现场满足验收条件后方可开展	（1）换流变压器现场安装工作完成，事故排油装置安装并投入运行。 （2）换流变压器安装完成，施工单位提交验收申请单后		
2	人员安排	（1）如人员、车辆充足可组织多个验收组同时开展工作。 （2）每个验收组建议至少安排验收人员 1 人，厂家人员 1 人，施工单位 1 人，监理 1 人	验收前成立临时专项验收组，组织验收、施工、厂家、监理人员共同开展验收工作		
3	车辆工具安排	验收工作开展前，准备好验收所需车辆机具、仪器仪表、工器具、安全防护用品、验收记录材料、相关图纸及相关技术资料	（1）车辆机具、仪器仪表、工器具、安全防护用品应试验合格，满足本次施工的要求。 （2）验收记录材料、相关图纸及相关技术资料齐全并符合现场实际情况		
4	验收交底	根据本次作业内容和性质确定好检修人员，并组织学习本作业卡	要求所有工作人员明确本次工作的作业内容、进度要求、作业标准及安全注意事项		

表 1-21-2 换流变压器事故排油装置检查验收工器具清单

序号	名称	型号	数量	备注
1	万用表	—	1 个	
2	全棉长袖工作服	—	每人 1 套	
3	安全带	—	每人 1 套	
4	安全帽	—	每人 1 顶	
5	对讲机	—	1 副	

1.21.3 验收检查记录

换流变压器事故排油装置验收检查记录表见表 1-21-3。

表 1-21-3 换流变压器事故排油装置验收检查记录表

序号	验收项目	验收方法及标准	验收结论（√或×）	备注
1	整体检查	检查换流变压器本体排油系统，通过换流变压器本体排油阀管路将变压器油引至排油柜，排油柜内两个电动球阀并联，火灾时远程手动启动电动球阀，将变压器油直接排至储油坑事故油池排油管		
2		检查换流变压器储油柜排油系统，通过换流变压器储油柜至本体间增设截流阀、电动球阀、三通管路，将储油柜变压器油引至排油柜，排油柜内两个电动球阀串联，火灾时远程手动启动电动球阀，将储油柜变压器油直接排至储油坑事故油池排油管口		
3		检查排油系统管路不应存在窝气设计，管路高点位应设置抽真空阀，管路低点位应设置真空注油阀。本体排油管路、储油柜排油管路应配置与换流变压器本体（储油柜）的手动阀门。排油系统应对备用换流变压器具有互换性。排油柜宜布置于格栅板上方，便于年度检修期间对其内部维护		
4		检查排油装置应设置于换流变压器 Bon-in 外部的冷却器处，排油管口对准事故油池管口。排油装置下方应设计鹅卵石层		

序号	验收项目	验收方法及标准	验收结论 （√或×）	备注
5	整体检查	检查换流站本体、储油柜排油系统二次屏柜宜布置于消防控制室或主控楼控制保护室。屏柜包含换流变压器本体及储油柜电动球阀电源、操作开关及信号指示灯等，操作开关应选用转换式开关。主控室应设置操作控制箱，主控室控制箱本体、储油柜排油把手应具备阀门手动开启、停止、关闭功能		
6		400V 母线的两段经过双电源切换后，给对应的换流变压器储油柜及本体电动球阀执行器供电		
7		检查每台换流变压器就地排油控制柜设计两个动力回路，其中一路供给本体电动球阀 1、储油柜电动球阀 1、储油柜电动球阀 2，另一路供给本体电动球阀 2，高低端保持一致。排油装置动力箱空气开关信号并接一路电源监视报警信号至直流控制保护系统		
8		每个阀组排油系统"排油 PLC 装置故障信号（PLC A 和 PLC B 合并成 1 个）""排油系统收到火灾报警信号"（包括每阀组 6 台换流变压器收到的火灾报警信号，12 个信号合并成 1 个）、"阀门/排油动作信号（包括每阀组 6 台换流变压器，每台换流变压器 5 个阀门，30 个信号合并成 1 个）""泄漏仪泄漏信号（包括每阀组 6 台换流变压器，每台换流变压器 4 个泄漏仪，24 个信号合并成 1 个）"接入站内直流控制保护系统。也可将所有信号独立送至 OWS 系统，各换流站可根据现场需要确定接入信号。（采用 PLC 控制逻辑的参考该条开展）		
9		检查储油柜排油电缆、排油柜下方电缆（鹅卵石上方）应涂刷耐火涂料		
10		换流变压器现场加装本体排油装置时，在排油装置接入本体后、换流变压器或油浸式平波电抗器投运前应通过静置、潜油泵循环的方式，确保本体、冷却器及排油管路充分排气，避免窝气导致气体继电器误动		
11	阀门检查	检查手动阀门材质采用 304 或 316L 不锈钢，阀门应能承受不小于 0.5MPa/30min 的气压、油压试验不渗漏		
12		检查动球阀材质采用 304 或 316L 不锈钢，泄漏等级：双向密封 ANSI Ⅵ 级，阀体压力等级为 PN25		
13		检查电动球阀执行机构供电交流电压为 220V，防爆电动执行机构带有电动/手动切换功能，带手轮以及远程控制，防爆等级 Exd IIBT4，防护等级 IP65，电动执行机构扭矩安全系数不小于 1.57。防爆电动执行机构油脂润滑，终身免维护。防爆电动执行机构电机回路触点容量不低于 10A，交流电压为 250V。防爆电动执行机构具有专业机构防爆认证（NEPSI、ATEX、CSA 等）		

序号	验收项目	验收方法及标准	验收结论 （√或×）	备注
14	电缆检查	检查电缆应选用 NHA-KVVP 型的 A 类耐火电缆		
15	管路检查	检查管路无渗漏		
16		管路材质同变压器相同		
17		检查管路内、外表面均应采用静电喷涂工艺进行涂漆，其外表面颜色按换流站要求，根据不同的使用环境，满足对应的防腐等级		
18		通过相关设计资料确定管道直径不小于设计要求，满足 1.5h 排空油容量，管道应配置抽真空（非气）阀门、防止窝气		
19	排油及储油柜排油箱及控制屏检查	检查本体及储油柜排油箱应满足 IP55 等级要求。排油箱内部可设置加热器		
20		检查控制柜与阀门间设置动力电源切断开关，该开关只有在执行排油前投入使用，正常运行的变压器其排油阀门无动力电源，仅有信号电源		
21		检查远方控制屏应满足 IP42 等级要求		
22	漏油监测装置检查	检查漏油监测装置的电源及信号电缆分开布置并使用耐火电缆		
23		检查阀门末端处安装漏油监测装置		
24		检查漏油监测装置在试验过程中应能可靠报警并能在试验完成后进行快捷有效复位		
25	信号试验检查	换流变压器模拟重瓦斯动作，排油控制柜 A、B 两套系统均能收到重瓦斯动作信号，消防自动化后台 A、B 两套系统均能收到重瓦斯动作信号（采用 PLC 控制逻辑的参考该条开展）		
26		换流变压器本体模拟 A 套火灾信号，排油控制柜 A、B 两套系统均能收到火灾动作信号，消防自动化后台 A、B 两套系统均能收到火灾动作信号（采用 PLC 控制逻辑的参考该条开展）		
27		换流变压器本体模拟 B 套火灾信号，排油控制柜 A、B 两套系统均能收到火灾动作信号，消防自动化后台 A、B 两套系统均能收到火灾动作信号（采用 PLC 控制逻辑的参考该条开展）		
28	控制屏手动排油检查	将主控室手动排油箱上储油柜排油控制方式投在"手动"位置，在控制屏上将对应相储油柜排油把手打到"打开"位置，断流阀关闭，排油阀打开。核对消防自动化后台 A/B 系统，排油控制屏 A/B 系统和换流变压器本体断流阀在关闭位置，排油阀在打开位置		
29		在控制屏上将对应相储油柜排油把手打到"关闭"位置，断流阀打开，排油阀关闭。核对消防自动化后台 A/B 系统，排油控制屏 A/B 系统和换流变压器本体断流阀在打开位置，排油阀在关闭位置		

序号	验收项目	验收方法及标准	验收结论（√或×）	备注
30	手动控制箱排油检查	将主控室手动排油箱上储油柜排油控制方式投在"手动"位置，在手动排油控制箱上将对应相储油柜排油把手打到"打开"位置，断流阀关闭，排油阀打开。核对消防自动化后台 A/B 系统，排油控制屏 A/B 系统和换流变压器本体断流阀在关闭位置，排油阀在打开位置		
31		在手动排油控制箱上将对应相储油柜排油把手打到"关闭"位置，断流阀打开，排油阀关闭。核对消防自动化后台 A/B 系统，排油控制屏 A/B 系统和换流变压器本体断流阀在打开位置，排油阀在关闭位置		
32	本体排油试验检查	在主控制手动排油控制箱上，将对应箱本体排油把手打到"打开"位置，本体排油阀打开（20s 左右），绝缘油流出，泄漏报警动作。核对消防自动化后台 A/B 系统，排油控制屏 A/B 系统本体排油阀在打开位置		
33		将对应箱本体排油把手打到"关闭"位置，本体排油阀关闭（20s 左右）。核对消防自动化后台 A/B 系统，排油控制屏 A/B 系统本体排油阀在关闭位置		
34	泄漏保护复归检查	将泄漏报警器排油阀打开，排除报警器中的残油，检查泄漏报警应复归		

1.21.4 验收记录表格

在工作中对于重要的内容进行专项检查记录并留档保存。排油系统检查验收记录表见表 1-21-4。

表 1-21-4 排油系统检查验收记录表

设备名称	验收项目					验收人
	整体外观检查	阀门检查	电缆检查	排油及储油柜排油箱及控制屏检查	管路检查	
极Ⅰ低端 YY 换流变压器 A 相						
......						

设备名称	验收项目					验收人
	漏油监测装置检查	信号试验检查	手动控制箱排油检查	本体排油试验检查	泄漏保护复归检查	
极Ⅰ低端YY换流变压器A相						
......						

1.21.5 检查评价表格

对工作中检查出的问题进行汇总记录，并进行验收评价，留档保存。换流变压器排油系统验收检查评价表见表1-21-5。

表1-21-5 换流变压器排油系统验收检查评价表

检查人	×××		检查日期	××××年××月××日
存在问题汇总				

1.22 换流变压器组部件排气情况验收标准作业卡

1.22.1 验收范围说明

本验收作业卡适用于换流站验收工作，验收范围包括：极Ⅰ/Ⅱ高、低端换流变压器、备用相换流变压器组部件排气情况交接。

1.22.2 验收准备工作

各阶段验收工作开展前，运检人员应当提前明确验收的时间、人员、车辆机具、仪器工具、图纸资料等，并至少在验收开展的前一天完成准备工作的确认。

换流变压器组部件排气情况检查准备工作表见表1-22-1，换流变压器组部件排气情况检查工器具清单见表1-22-2。

表 1-22-1 换流变压器组部件排气情况检查准备工作表

序号	项目	工作内容	实施标准	负责人	备注
1	时间安排	验收工作开展前，应当组织业主、厂家、施工、监理、运检人员现场联合勘查，在各方均认为现场满足验收条件后方可开展	（1）换流变压器安装完成，并完成局部放电试验后。 （2）换流变压器安装及试验完成后，施工单位提交验收申请单后。 （3）换流变压器冷却器风机提前启动 1h 后		
2	人员安排	（1）需提前沟通好换流变压器验收作业面，由两个作业面配合共同开展。 （2）验收组建议至少安排运检人员 1 人，换流变压器厂家人员 1 人，监理 1 人，吊车专职驾驶员 1 人（厂家或施工单位人员）	验收前成立临时专项验收组，组织运检、施工、厂家、监理人员共同开展验收工作		
3	车辆工具安排	验收工作开展前，准备好验收所需车辆机具、仪器仪表、工器具、安全防护用品、验收记录材料、相关图纸及相关技术资料	（1）车辆机具、仪器仪表、工器具、安全防护用品应试验合格，满足本次施工的要求。 （2）验收记录材料、相关图纸及相关技术资料齐全并符合现场实际情况		
4	验收交底	根据本次作业内容和性质确定好检修人员，并组织学习本作业卡	要求所有工作人员明确本次工作的作业内容、进度要求、作业标准及安全注意事项		

表 1-22-2 换流变压器组部件排气情况检查工器具清单

序号	名称	型号	数量	备注
1	安全带	—	每人 1 套	
2	手电筒	—	每人 1 个	

1.22.3 验收检查记录表

换流变压器组部件排气情况验收检查记录表见表 1-22-3。

表 1-22-3 换流变压器组部件排气情况验收检查记录表

序号	验收项目	验收方法及标准	验收结论 （√或×）	验收人
1	气体继电器	气体继电器集气盒阀门拧开，直到排出油后关闭		
2	压力释放阀	打开压力释放排气阀，直到排出油后关闭		
3	网侧升高座	打开升高座排气阀，直到排出油后关闭		
4	阀侧升高座	打开升高座排气阀，直到排出油后关闭		
5	储油柜	打开储油柜顶部排气阀，直到直到排出油后关闭。必要时，向储油柜胶囊充入干燥 N_2，压力为 0.01MPa，直到顶部储油柜排出油后，停止充气		
6	滤油机	打开滤油机滤芯上部排气阀		
7		打开分接开关滤油管道顶部排气阀		
8	冷却器管道	将冷却器管道顶部排气阀慢慢拧开，直到排出油为止		

1.22.4 验收记录表格

在工作中对于重要的内容进行专项检查记录并留档保存。换流变压器组部件排气情况验收检查表见表 1-22-4。

表 1-22-4 换流变压器组部件排气情况验收检查表

放气位置	极Ⅰ低 YY A 相 8121B-A	极Ⅰ低 YY B 相 8121B-B	极Ⅰ低 YY C 相 8121B-C	极Ⅰ低 YD A 相 8122B-A	极Ⅰ低 YD B 相 8122B-B	极Ⅰ低 YD C 相 8122B-C	验收人
本体主气体继电器							
网侧高压套管气体继电器							
阀侧升高座气体继电器							
阀侧升高座气体继电器							
储油柜							
……							

1.22.5 检查评价表格

对工作中检查出的问题进行汇总记录，并进行验收评价，留档保存。换流变压器投运前验收检查评价表见表1-22-5。

表1-22-5 换流变压器投运前验收检查评价表

检查人	×××		检查日期	××××年××月××日
存在问题汇总				

1.23 换流变压器投运前检查验收标准作业卡

1.23.1 验收范围说明

本验收作业卡适用于换流站验收工作，验收范围包括：极Ⅰ/Ⅱ高、低端换流变压器、备用相换流变压器投运前检查。

1.23.2 验收准备工作

各阶段验收工作开展前，运检人员应当提前明确验收的时间、人员、车辆机具、仪器工具、图纸资料等，并至少在验收开展的前一天完成准备工作的确认。

换流变压器投运前检查准备工作表见表1-23-1，换流变压器投运前检查工器具清单见表1-23-2。

表1-23-1 换流变压器投运前检查准备工作表

序号	项目	工作内容	实施标准	负责人	备注
1	时间安排	验收工作开展前，应当组织业主、厂家、施工、监理、运检人员现场联合勘查，在各方均认为现场满足验收条件后方可开展	（1）换流变压器安装完成后。 （2）换流变压器试验完成后。 （3）换流变压器带电前		
2	人员安排	（1）需提前沟通好换流变压器验收作业面，由两个作业面配合共同开展。 （2）验收组建议至少安排运检人员1人，换流变压器厂家人员1人，监理1人，吊车专职驾驶员1人（厂家或施工单位人员）	验收前成立临时专项验收组，组织运检、施工、厂家、监理人员共同开展验收工作		

序号	项目	工作内容	实施标准	负责人	备注
3	车辆工具安排	验收工作开展前，准备好验收所需车辆机具、仪器仪表、工器具、安全防护用品、验收记录材料、相关图纸及相关技术资料	（1）车辆机具、仪器仪表、工器具、安全防护用品应试验合格，满足本次施工的要求。 （2）验收记录材料、相关图纸及相关技术资料齐全并符合现场实际情况		
4	验收交底	根据本次作业内容和性质确定好检修人员，并组织学习本作业卡	要求所有工作人员明确本次工作的作业内容、进度要求、作业标准及安全注意事项		

表 1-23-2 　　　　　　　　　　　　　　换流变压器投运前检查工器具清单

序号	名称	型号	数量	备注
1	安全带	—	每人 1 套	
2	手电筒	—	每人 1 个	

1.23.3　验收检查记录表

换流变压器投运前验收检查记录表见表 1-23-3。

表 1-23-3 　　　　　　　　　　　　　　换流变压器投运前验收检查记录表

序号	验收项目	验收方法及标准	验收结论（√或×）	备注
1	外观检查验收	检查上传监控信息与现场设备状态一致		
2		检查本体及附件无渗漏油		
3		检查本体、有载开关及套管油位正常		
4		检查后台无非电量保护等动作信号		
5		检查瓦斯内无集气现象，浮球状态正常		
6		检查换流变压器阀门安装正确，开、闭位置正确，标识正确		

序号	验收项目	验收方法及标准	验收结论（√或×）	备注
7	外观检查验收	检查非电量保护装置接线盒密封良好、防雨罩无脱落		
8		检查换流变压器套管末屏接地良好		
9		检查换流变压器阀侧套管压力正常		
10		检查换流变压器汇控柜、机构箱、端子箱电源空气开关位置正确		
11		检查换流变压器分接开关挡位与后台一致，且挡位在充电前的规定挡位		
12		检查强油循环长轴不同侧之间的顶层油温表，最大温差不超过 5℃。强油循环长轴不同侧之间的绕组温度表，最大温差不超过 5℃。现场温度指示和监控系统显示温度应保持一致，最大误差不超过 5℃。单相换流变压器，不同相别在相同冷却方式情况下温度差不超过 5℃		
13		检查运行编号标识齐全、清晰可识别		
14	专项验收	检查换流变压器风机启动正常		
15		检查换流变压器分接开关遥控升降挡位正常		
16		检查在线滤油机启动正常		
17		检查换流变压器消磁试验合格，并提供试验报告		
18		检查油色谱装置运行正常，载气、标气压力正常		
19		应在投运前核查非电量保护继电器功能完好，动作定值与定值单保持一致		
20		阀侧加压后，查看故障录波波形确认末屏分压器接线正确（局部放电试验后）		
21		换流变压器充电前应开展消磁试验。应遵守《国家电网有限公司防止直流换流站事故措施及释义（修订版）》的规定		
22	在线监测及监控后台检查验收	检查一体化在线监测系统后台阀侧套管 SF_6 气体压力、微水值在正常范围内，且无异常变化趋势		
23		检查一体化在线监测系统后台油色谱数据正常		
24		检查监控后台无异常告警信号		

1.23.4 验收记录表格

在工作中对于重要的内容进行专项检查记录并留档保存。换流变压器二次接线盒专项验收记录表见表1-23-4，换流变压器组部件排气情况专项验收记录表见表1-23-5，换流变压器消磁试验专项记录表见表1-23-6。

表 1-23-4 换流变压器二次接线盒专项验收记录表

序号	相别	接线盒位置	附图	接线盒引线安装牢固	接线盒盖有密封圈	接线盒盖安装牢固	接线盒装有防雨罩	格兰头封堵良好无脱落	验收人
1	极Ⅰ低端YY-A相换流变压器	阀侧套管 a TA 盒	（照片）						
		阀侧套管 b TA 盒							
		网侧套管 A TA 盒							
		网侧套管 B TA 盒							
2		压力释放阀盒1、2							
3		温度计盒							
4		分接头齿轮盒							
5		本体油位盒							
6		压力式油位计接线盒							
7		分接头油位盒							
8		气体继电器盒							
9		SF$_6$ 接线盒							
10		末屏分压盒							
11		油流继电器							
...	......								

表 1-23-5 换流变压器组部件排气情况专项验收记录表

放气位置	极Ⅰ低 YY A 相	极Ⅰ低 YY B 相	极Ⅰ低 YY C 相	极Ⅰ低 YD A 相	极Ⅰ低 YD B 相	极Ⅰ低 YD C 相
本体主气体继电器						
网侧高压套管气体继电器						

放气位置	极Ⅰ低YY A相	极Ⅰ低YY B相	极Ⅰ低YY C相	极Ⅰ低YD A相	极Ⅰ低YD B相	极Ⅰ低YD C相
中性点套管气体继电器						
阀侧套管气体继电器						
阀侧套管气体继电器						
分接开关气体继电器						
本体压力释放阀1						
本体压力释放阀2						
开关压力释放阀						
网侧升高座1						
网侧升高座2						
阀侧升高座1						
阀侧升高座2						
储油柜						
开关滤油机回路						
……						

表 1-23-6　　　　　　　　　　　　　　　　换流变压器消磁试验专项记录表

序号	相别	消磁次数	最后剩磁量	消磁记录留存	验收人
1	极Ⅰ低端YY-A相换流变压器				
…	……				

1.23.5　检查评价表格

对工作中检查出的问题进行汇总记录，并进行验收评价，留档保存。换流变压器投运前验收检查评价表见表1-23-7。

表 1-23-7　　　　　　　　　　　　　　　　换流变压器投运前验收检查评价表

检查人	×××	检查日期	××××年××月××日
存在问题汇总			

106

第二章　GIS 设备

2.1　应用范围

适用于换流站 GIS 设备交接试验和竣工验收工作，部分验收项目需根据实际情况提前安排，通过随工验收、资料检查等方式开展，旨在指导并规范现场验收工作。

2.2　规范依据

本作业指导书的编制依据并不限于以下文件：

《国家电网有限公司十八项电网重大反事故措施（修订版）》

《国家电网有限公司防止直流换流站事故措施及释义（修订版）》

《±800kV 高压直流设备交接试验》（DL/T 274—2012）

《国家电网有限公司换流站运行重点问题分析及处理措施报告》

《国家电网公司变电验收通用管理规定　第 3 分册　组合电器验收细则》

《国家电网公司变电验收通用管理规定　第 2 分册　断路器验收细则》

《国家电网公司变电验收通用管理规定　第 4 分册　隔离开关验收细则》

《国家电网公司变电检修管理规定　第 2 分册　断路器检修细则》

《综合变电验收管理规定（试行）　第 3 分册　组合电器验收细则及反措》

2.3　验收方法

2.3.1　验收流程

GIS 设备专项验收工作应参照表 2-3-1 验收项目内容顺序开展，并在验收工作中把握关键时间节点。

表 2-3-1　　　　　　　　　　　　　　　**GIS 设备专项验收标准流程表**

序号	验收项目	主要工作内容	参考工时	开展验收需满足的条件
1	GIS 外观验收	(1) GIS 设备外观整体检查验收。 (2) GIS 设备铭牌、相序标识检查验收。 (3) GIS 设备伸缩节及波纹管检查验收。 (4) GIS 设备接地检查验收。 (5) GIS 设备密度继电器及连接管路检查验收。 (6) GIS 外瓷套或合成套外表检查验收。 (7) GIS 设备法兰盲孔检查验收。 (8) GIS 设备断路器液压机构检查验收。 (9) GIS 设备隔离、接地开关电动机构检查验收。 (10) GIS 电流互感器、GIS 电压互感器检查验收。 (11) GIS 设备盆式绝缘子带电检测部位检查。 (12) 均压环、引线及端子板、连接法兰、连接螺栓外观、检修平台及地面基础检查验收	2h/间隔	GIS 安装完成
2	汇控柜验收	(1) 外观检查验收。 (2) 封堵检查验收。 (3) 二次接线及二次元件检查验收。 (4) 加热、驱潮装置检查验收。 (5) 位置及光字指示检查验收。 (6) 照明检查验收	0.5h/汇控柜	GIS 安装完成
3	联锁检查验收	(1) 带电显示装置与接地开关的闭锁验收。 (2) 主设备间联锁检查验收	2h/间隔	GIS 安装完成
4	GIS 试验检查	(1) 主回路绝缘试验。 (2) 测量断路器的分合闸速度和时间。 (3) 气体密度继电器试验。 (4) 辅助和控制回路绝缘试验。 (5) 主回路电阻试验。 (6) 气体密封性试验。 (7) SF_6 气体试验。 (8) 机械特性试验。 (9) 试验数据的分析	3h/间隔	(1) GIS 安装完成。 (2) 断路器、隔离开关现场应进行 30 次传动操作后再进行交接试验

序号	验收项目	主要工作内容	参考工时	开展验收需满足的条件
5	主通流回路检查验收	(1) 主通流回路结构和安装情况检查。 (2) 主通流回路外观检查。 (3) 主通流回路搭接面螺栓力矩检查。 (4) 主通流回路搭接面接触电阻检查	2h/间隔	GIS 安装完成
6	GIS 投运前检查	(1) 外观检查。 (2) 外绝缘检查。 (3) 在线监测及监控后台检查	1h/间隔	(1) 所有验收完成后。 (2) GIS 带电前

2.3.2 验收问题记录清单

对于验收过程中发现的隐患和缺陷，应当按照表 2-3-2 格式进行记录，并由专人负责跟踪闭环进度。

表 2-3-2   GIS 设备验收问题记录清单

序号	设备名称	问题描述	发现人	发现时间	整改情况
1	×××kV GIS	……	×××	××××年××月××日	……
…	……				

2.4 GIS 外观验收标准作业卡

2.4.1 验收范围说明

本验收作业卡适用于换流站验收工作，验收范围包括：GIS 外观交接。

2.4.2 验收准备工作

各阶段验收工作开展前，运检人员应当提前明确验收的时间、人员、仪器工具、图纸资料等，并至少在验收开展的前一天完成准备工作的确认。

GIS 外观验收准备工作表见表 2-4-1，GIS 外观验收工器具清单见表 2-4-2。

表 2-4-1   GIS 外观验收准备工作表

序号	项目	工作内容	实施标准	负责人	备注
1	时间安排	验收工作开展前，应当组织业主、厂家、施工、监理、运检人员现场联合勘查，在各方均认为现场满足验收条件后方可开展	GIS 安装工作已完成		
2	人员安排	（1）如人员充足可组织多个验收组同时开展工作。（2）每个验收组建议至少安排验收人员 1 人，厂家人员 1 人，施工单位 1 人，监理 1 人	验收前成立临时专项验收组，组织验收、施工、厂家、监理人员共同开展验收工作		
3	工具安排	验收工作开展前，准备好验收所需仪器仪表、工器具、安全防护用品、验收记录材料、相关图纸及相关技术资料	（1）仪器仪表、工器具、安全防护用品应试验合格，满足本次施工的要求。（2）验收记录材料、相关图纸及相关技术资料齐全并符合现场实际情况		
4	验收交底	根据本次作业内容和性质确定好检修人员，并组织学习本作业卡	要求所有工作人员明确本次工作的作业内容、进度要求、作业标准及安全注意事项		

表 2-4-2   GIS 外观验收工器具清单

序号	名称	型号	数量	备注
1	梯子	—	1 架	
2	照相机	—	1 个	
3	安全带	—	每人 1 套	
4	照明灯	—	1 个	

2.4.3 验收检查记录

GIS 外观验收检查记录表见表 2-4-3。

表 2-4-3 GIS 外观验收检查记录表

序号	验收项目	验收方法及标准	验收结论（√或×）	备注
1	GIS 外观整体检查验收	检查基础平整无积水、牢固，水平、垂直误差符合要求，无损坏		
2		检查安装牢固、外表清洁完整，支架及接地引线无锈蚀和损伤		
3		检查瓷件完好清洁		
4		检查均压环与本体连接良好，安装应牢固、平正，不得影响接线板的接线。安装环境温度在零度及以下地区的均压环，宜在均压环最低处打排水孔		
5		检查机构箱机构密封完好，加热驱潮装置运行正常。机构箱开合顺畅，箱内无异物		
6		检查横跨母线的爬梯，不得直接架于母线器身上。爬梯安装应牢固，两侧设置的围栏应符合相关要求		
7		检查避雷器泄漏电流表安装高度最高不大于 2m		
8		检查落地母线间隔之间应根据实际情况设置巡视梯，在组合电器顶部布置的机构应加装检修平台		
9		检查室内 GIS 站房屋顶部需预埋吊点或增设行吊		
10		检查断路器分合闸指示器与绝缘拉杆相连的运动部件相对位置有无变化		
11		检查伴热带自动启停正常，手动启动正常		
12		GIS 母线避雷器和电压互感器不应装设隔离开关，应设置可拆卸导体作为隔离装置。可拆卸导体应设置于独立的气室内。架空进线的 GIS 线路间隔的避雷器和电容式电压互感器宜采用敞开式设备		（1）《国家电网有限公司十八项电网重大反事故措施（修订版）》。（2）《国家电网有限公司防止直流换流站事故措施及释义（修订版）》
13		不应采用管路连接 GIS 相邻的独立气室（小隔室除外），避免故障气室劣化的 SF_6 气体污染其他气室而扩大故障范围，应对独立气室安装单独的气体密度继电器		
14		GIS 串内断路器应在两侧配置电流互感器。共用气室的 GIS 断路器和电流互感器气室间应设置隔板（盆式绝缘子），防止 TA 气室潮气带入断路器气室而影响断路器灭弧性能。母线侧隔离开关、接地开关应设置独立气室，与母线气室隔离。GIS 避雷器应设置独立气室，应装设防爆装置、监视压力的压力表（或密度继电器）和充/补气专用阀门		

序号	验收项目	验收方法及标准	验收结论（√或×）	备注
15	GIS外观整体检查验收	GIS电压互感器、避雷器气室宜设置压力释放装置（爆破片），避免压力升高引起罐体破裂。喷口不应朝向巡视通道，必要时加装喷口弯管，以免伤及运行巡视人员。户外GIS压力释放装置喷口应采取防雨水进入措施		（1）《国家电网有限公司十八项电网重大反事故措施（修订版）》。 （2）《国家电网有限公司防止直流换流站事故措施及释义（修订版)》
16		GIS间隔应多点接地，严禁壳体采用支架直接接地，并确保相连壳体间的良好通路		
17		非金属法兰的盆式绝缘子跨接排、相间汇流排的电气搭接面应镀银，并采用可靠防腐措施和防松措施。接地排应直接连接到地网，电压互感器、避雷器、快速接地开关应采用专用接地线直接连接到地网，不应通过外壳和支架接地，应提交各接地点接地排的截面设计报告		
18		盆式绝缘子预留浇注口位置应避开二次电缆、金属线槽、构架及支架等部件，且浇注口应朝向巡视通道方向，浇注口盖板宜采用非金属材质		
19		制造厂对GIS主回路电阻测试后对导体插接处进行标记，现场安装时应检查确认，避免导体插入深度不够		
20		检查GIS三相联动传动机构中从动相机械指示正常。检查GIS外部相间连接机构中尼龙齿套的固定顶丝无松动		《2020年6月换流站运行重点问题分析及处理措施报告》
21		安装过程中，检查GIS/HGIS隔离开关动触头导向轴承无断裂、相间传动机构齿轮无脱出，接地隔离开关连杆镀层无脱落		《2020年5月换流站运行重点问题分析及处理措施报告》
22	GIS铭牌、相序标识检查验收	检查隔断盆式绝缘子标示红色，导通盆式绝缘子标示为绿色		
23		检查设备标志正确、规范		
24		检查设备相序标志清晰正确，主母线相序标志清楚		
25		设备出厂铭牌齐全、参数正确		

序号	验收项目	验收方法及标准	验收结论 （√或×）	备注
26	GIS 伸缩节及 波纹管检查 验收	检查调整螺栓间隙是否符合厂方规定，留有余度。严格按照伸缩节配置设计方案进行安装，区分安装伸缩节和补偿伸缩节，避免紧固错误导致伸缩节失效引起盆式绝缘子拉裂漏气以及罐体与支架焊接部位开裂等情况		《国家电网有限公司防止直流换流站事故措施及释义（修订版）》
27		检查伸缩节跨接接地排的安装配合满足伸缩节调整要求，接地排与法兰的固定部位应涂抹防水胶		
28		检查伸缩节温度补偿装置完好。应考虑安装时环境温度的影响，合理预留伸缩节调整量		
29		检查起调节作用的伸缩节应有明确标志		
30		罐体和支架之间的滑动结构能保证伸缩节正常动作，用于轴向补偿的伸缩节应配备伸缩量计量尺，并在现场标明伸缩量、螺栓松紧情况等调整要求		《国家电网有限公司十八项电网重大反事故措施（修订版）》
31	GIS 接地检查 验收	检查底座、构架和检修平台可靠接地，导通良好		
32		检查支架与主地网可靠接地，接地引下线连接牢固，无锈蚀、损伤、变形		
33		检查全封闭组合电器的外壳法兰片间应采用跨接线连接，并应保证良好通路，金属法兰的盆式绝缘子的跨接排要与该组合电器的型式报告样机结构一致		
34		检查接地无锈蚀，压接牢固，标志清楚，与地网可靠相连		
35		检查本体应多点接地，并确保相连壳体间的良好通路，避免壳体感应电压过高及异常发热威胁人身安全。非金属法兰的盆式绝缘子跨接排、相间汇流排的电气搭接面采用可靠防腐措施和防松措施		
36		检查接地排应直接连接到地网，电压互感器、避雷器、快速接地开关应采用专用接地线直接连接到地网，不应通过外壳和支架接地		
37		检查带电显示装置的外壳应直接接地		
38		检查检修平台的各段增加跨接排，连接可靠导通良好		

序号	验收项目	验收方法及标准	验收结论（√或×）	备注
39	GIS 密度继电器及连接管路检查验收	检查每一个独立气室应装设密度继电器，严禁出现串联连接。密度继电器应当与本体安装在同一运行环境温度下，各密封管路阀门位置正确		
40		检查密度继电器需满足不拆卸校验要求，位置便于检查巡视记录		
41		检查二次线必须牢靠，户外安装密度继电器必须有防雨罩，密度继电器防雨箱（罩）应能将表、控制电缆接线端子一起放入，防止指示表、控制电缆接线盒和充放气接口进水受潮		
42		检查 220kV 及以上分箱结构断路器每相应安装独立的密度继电器		
43		检查所在气室名称与实际气室及后台信号对应、一致		
44		检查密度继电器的报警、闭锁定值应符合规定。备用间隔（只有母线侧刀闸）及母线筒密度继电器的报警接入相邻间隔		
45		检查阀门自封良好，管路无划伤。使用便携式检漏仪对充气阀、套管安装法兰面、接线盒、SF_6 监测装置管路对接处、密度继电器根部等位置进行检漏，确保 SF_6 气回路无渗漏。必要时，可使用红外检漏仪、泡沫液等方法验证确定漏点		
46		检查 SF_6 气体压力均应满足说明书的要求值		
47		检查密度继电器的二次线护套管在最低处必须有漏水孔，防止雨水倒灌进入密度表的二次插头造成误发信号		
48		检查 GIS 密度继电器应朝向巡视主道路，前方不应有遮挡物，满足机器人巡检要求		
49		检查需靠近巡视走道安装表计，不应有遮挡，其安装位置和朝向应充分考虑巡视的便利性和安全性。密度继电器表计安装高度不宜超过 2m（距离地面或检修平台底板）		
50		检查所有扩建预留间隔应加装密度继电器并可实现远程监视		
51		检查阀门开启、关闭标志清晰		
52		充气口宜避开绝缘件位置，避免充气口位置距绝缘件过近导致充气过程中携带异物附着在绝缘件表面		《国家电网有限公司防止直流换流站事故措施及释义（修订版）》

序号	验收项目	验收方法及标准	验收结论（√或×）	备注
53	GIS 外瓷套或合成套外表检查验收	检查瓷套无磕碰损伤，一次端子接线牢固。金属法兰与瓷件胶装部位黏合应牢固，防水胶应完好，如果为瓷绝缘子，投运前要求喷涂防污涂料（RTV）		
54	GIS 法兰盲孔检查验收	检查盲孔必须打密封胶，确保盲孔不进水		
55		检查在法兰与安装板及装接地连片处，法兰和安装板之间的缝隙必须打密封胶		
56	GIS 断路器液压机构检查验收	检查机构内的轴、销、卡片完好，二次线连接紧固		
57		检查液压油应洁净无杂质，油位指示应正常，同批安装设备油位指示一致		
58		检查液压机构管路连接处应密封良好，管路不应和机构箱内其他元件相碰		
59		检查液压机构下方应无油迹，机构箱的内部应无液压油渗漏		
60		检查储能时间符合产品技术要求，额定压力下，液压机构的 24h 压力降应满足产品技术条件规定（安装单位提供报告）		
61		现场测试油泵启动停止、闭锁自动重合闸、闭锁分合闸、氮气泄漏报警、氮气预充压力（如有）、零起建压时间应和产品技术条件相符		
62		检查防失压慢分装置（液压碟簧）应可靠		
63		检查电接点压力表、安全阀应校验合格，泄压阀动作应可靠，关闭严密		
64		检查微动开关、接触器的动作应准确可靠，接触良好		
65		检查机构上储能位置指示器、分合闸位置指示器便于观察巡视		
66		检查油泵打压计数器应正确动作		
67		检查安装完毕后应对液压系统及油泵进行排气（查安装记录）		
68		检查液压机构操作后液压下降值应符合产品技术要求		
69		检查机构打压时液压表指针不应剧烈抖动		
70	GIS 隔离、接地开关电动机构检查验收	检查机构内的弹簧、轴、销、卡片、缓冲器等零部件完好		
71		检查机构的分、合闸指示应与实际相符		
72		检查传动齿轮应咬合准确，操作轻便灵活		

序号	验收项目	验收方法及标准	验收结论（√或×）	备注
73	GIS隔离、接地开关电动机构检查验收	检查电动机操作回路应设置缺相保护器		
74		检查隔离开关控制电源和操作电源应独立分开。同一间隔内的多台隔离开关，必须分别设置独立的开断设备		
75		检查机构的电动操作与手动操作相互闭锁应可靠。电动操作前，应先进行多次手动分、合闸，机构动作应正常		
76		检查机构动作应平稳，无卡阻、冲击等异常情况		
77		检查机构限位装置应准确、可靠，到达规定分、合极限位置时，应可靠地切除电动机电源		
78		检查机构密封完好，加热驱潮装置运行正常		
79		检查做好控缆进机构箱的封堵措施，严防进水		
80		检查三工位的隔离开关，应确认实际分合位置，与操作逻辑、现场指示相对应		
81		检查销轴、卡环及螺栓连接等连接部件的可靠性，防止其脱落导致传动失效		
82		检查相间连杆采用转动传动方式设计的三相机械联动隔离开关，应在三相同时安装分合闸指示器		
83		检查机构应设置闭锁销，闭锁销处于"闭锁"位置机构既不能电动操作也不能手动操作，处于"解锁"位置时能正常操作		
84	GIS电流互感器、电压互感器检查验收	外壳无裂纹，无损伤，无锈蚀		
85		外壳清洁，无污渍		
86		电缆端部包扎良好，无损伤		
87		检查密度继电器指针在绿色区域，并比较密度继电器指针较上次无明显下降		
88		户外电流互感器二次端子盒需重点检查端子盒密封，并留有漏水孔。检查接线无松动、损伤现象		
89		GIS母线电压互感器TV在安装过程中，壳体连接法兰处的固定螺栓要紧固牢靠，并与壳体要有效接触，避免振动导致电压互感器TV内部故障		《国家电网有限公司防止直流换流站事故措施及释义（修订版）》

序号	验收项目	验收方法及标准	验收结论（√或×）	备注
90	GIS 绝缘盆式绝缘子带电检测部位检查验收	绝缘盆式绝缘子为非金属封闭、金属屏蔽但有浇注口。可采用带金属法兰的盆式绝缘子，但应预留窗口，预留浇注口盖板宜采用非金属材质，以满足现场特高频带电检测要求		
91	引线及端子板、连接法兰、连接螺栓外观、检修平台及地面基础检查验收	检查设备接线端子板应采用 8.8 级热镀锌螺栓，连接螺栓应齐全、紧固。外部紧固螺栓应采用热镀锌防腐（M10 及其以上）螺栓。非沉头螺栓应露出 2～3 扣，相邻螺栓垫圈间应有 3mm 以上的净距，螺母和垫圈应满足防锈、防腐要求，平垫弹垫配置齐全满足防振要求。螺栓采用双螺母或单螺母加弹垫固定，并采取涂螺纹紧固胶等防松措施，螺栓力矩标识线清晰、可见		
92		检查引线松紧适当，无散股、扭曲、断股现象，引线弧度合适、绝缘间距满足设计文件要求		
93		检查接线端子不应采用铜铝对接过渡线夹，载流密度满足技术规范要求		
94		检查线夹应有排水孔，防止水结冰膨胀造成线夹爆裂		
95		检查检修平台安装牢固、表面清洁，无锈蚀、凹凸，无弯曲、裂纹、倾斜、各紧固件螺栓紧固无松动，螺栓外露丝扣长度不少于 2～3 扣		
96	土建验收	GIS 设备区域地基夯实处理应严格执行工艺要求，严格控制设备基础沉降。合理设置 GIS 设备基础伸缩缝，防止出现贯穿性裂缝		
97		GIS 设备区域地基施工应分层回填碾压，非黏性土宜采用振动压实法，分层铺填厚度、每层压实遍数宜通过现场试验确定，施工过程中，应分层取样检验干密度和含水量，未经验收或验收不合格的，不得进行下一道工序施工，监理单位应严格检查并做好记录		《国家电网有限公司防止直流换流站事故措施及释义（修订版）》
98		GIS 设备基础回填土施工时，细粒土应控制含水率为最佳含水率，在压实砂砾时可充分洒水使土料饱和，如洒水后未及时碾压，碾压前应再次洒水		

2.4.4 验收记录表格

在工作中对于重要的内容进行检查记录并留档保存。GIS 外观验收记录表见表 2-4-4，GIS 套管验收记录表见表 2-4-5，GIS 断路器外观验收记录表见表 2-4-6，GIS 隔离开关及接地开关外观验收记录表见表 2-4-7，GIS 电流互感器外观验收记录表见表 2-4-8，GIS 电压互感器外观验收记录表见表 2-4-9，GIS 管母检查验收记录表见表 2-4-10，GIS 伴热带检查验收记录表见表 2-4-11，GIS 设备 SF$_6$ 密度继电器功能试验及阀门气密性验收见表 2-4-12，GIS 伸缩节验收记录见表 2-4-13，GIS 分合闸闭锁及油泵打压回路功能测试见表 2-4-14。

表 2-4-4   **GIS 外观验收记录表**

设备名称	铭牌	机构、母线相色标识	SF$_6$气室标识	接地铜排黄绿标识	接地	巡检平台	验收人
5012 间隔							
5011 间隔							
5021 间隔							
······							

表 2-4-5   **GIS 套管验收记录表**

设备名称	验收项目						验收人
	A 相		B 相		C 相		
	外绝缘检查及清洗	引线螺栓连接情况检查	外绝缘检查及清洗	引线螺栓连接情况检查	外绝缘检查及清洗	引线螺栓连接情况检查	
极Ⅰ低换流变压器出线套管							
极Ⅱ低换流变压器出线套管							
······							

表 2-4-6   **GIS 断路器外观验收记录表**

设备名称	验收项目						验收人
	断路器本体外观检查	瓷套管、复合套管验收	SF$_6$ 气体压力检查	操动机构检查验收	接地系统验收	辅助系统等检查验收	
5511							
……							

表 2-4-7   **GIS 隔离开关及接地开关外观验收记录表**

设备名称	验收项目						验收人
	管状触头检查	外观检查	外壳清洁情况检查	电缆检查	操动机构内加热器检查	操动机构外部密封性检查	二次回路检查、复紧	
50122-A 相							
……							

表 2-4-8   **GIS 电流互感器外观验收记录表**

设备名称	验收项目									验收人
	A 相			B 相			C 相			
	外观检查	电缆检查	二次接线盒	外观检查	电缆检查	二次接线盒	外观检查	电缆检查	二次接线盒	
WB. W1. T4										
WB. W1. T3										
……										

表 2-4-9   **GIS 电压互感器外观验收记录表**

设备名称	验收项目									验收人
	A 相			B 相			C 相			
	外观检查	电缆检查	二次接线盒	外观检查	电缆检查	二次接线盒	外观检查	电缆检查	二次接线盒	
WB. WA1. T11										
WB. WB1. T11										

设备名称	验收项目									验收人
	A 相			B 相			C 相			
	外观检查	电缆检查	二次接线盒	外观检查	电缆检查	二次接线盒	外观检查	电缆检查	二次接线盒	
WB. WA2. T11										
WB. WB2. T11										
……										

表 2-4-10　　　　　　　　　　　　　　　GIS 管母检查验收记录表

设备名称	验收项目						验收人
	A 相		B 相		C 相		
	外观检查	外壳清洁情况检查	外观检查	外壳清洁情况检查	外观检查	外壳清洁情况检查	
WB. WA1（1 号母线）							
WB. WB1（3 号母线）							
……							

表 2-4-11　　　　　　　　　　　　　　　GIS 伴热带检查验收记录表

开关编号		试验方法	试验信号核对	主伴热带投入退出状态（A/B）	备用伴热带投入退出状态（A/B）	测量电流值（使用钳形电流表）	备注
5611	A 相	退出伴热带，测量其电阻丝是否完好。短温控器相应接点，看其是否能正常投入	后台 OWS 报伴热带投入信号	—	—		
	B 相	退出伴热带，测量其电阻丝是否完好。短温控器相应接点，看其是否能正常投入	后台 OWS 报伴热带投入信号	—	—		
	C 相	退出伴热带，测量其电阻丝是否完好。短温控器相应接点，看其是否能正常投入	后台 OWS 报伴热带投入信号	—	—		
……							

表 2-4-12   **GIS 设备 SF$_6$ 密度继电器功能试验及阀门气密性验收**

区域	气室	所属设备	报警类型	后台动作情况	表计检漏	阀门及充气口检漏	阀门状态检查	粘贴初值标签	表计压力（MPa）	验收人
750kV GIS 第一串	11-2B	5011	2气室低气压报警							
	11-2C		2气室低气压报警							
	11-3A		3气室低气压报警							
	11-3B		3气室低气压报警							
	11-3C		3气室低气压报警							
……										

表 2-4-13   **GIS 伸缩节验收记录**

编号	A 相			B 相			C 相			验收人
	螺杆调节到位	标尺示数（画线）	锁紧螺栓（画线）	螺杆调节到位	标尺示数（画线）	锁紧螺栓（画线）	螺杆调节到位	标尺示数（画线）	锁紧螺栓（画线）	
1M-1										
1M-2										
1M-3										
1M-4										
1M-5										
……										

表 2-4-14   **GIS 分合闸闭锁及油泵打压回路功能测试**

序号	间隔	油压低闭锁重合闸（30.5MPa）	低油压报警（27.5MPa）	油压低闭锁合闸（27MPa）	油压低闭锁分闸（26MPa）	油泵打压超时回路功能			油泵电机热电偶回路功能		
						时间继电器 KTA（5s）	时间继电器 KTB（5s）	时间继电器 KTC（5s）	热继电器 KRJA（2A）	热继电器 KRJB（2A）	热继电器 KRJC（2A）
1	5011										
…	……										

2.4.5 检查评价表格

对工作中检查出的问题进行汇总记录，并进行验收评价，留档保存。GIS 外观检查评价表见表 2-4-15。

表 2-4-15   **GIS 外观检查评价表**

GIS 外观检查评价表			
检查人	×××	检查日期	××××年××月××日
存在问题汇总			

2.5 GIS 汇控柜验收标准作业卡

2.5.1 验收范围说明

本验收作业卡适用于换流站验收工作，验收范围包括：GIS 汇控柜。

2.5.2 验收准备工作

各阶段验收工作开展前，运检人员应当提前明确验收的时间、人员、仪器工具、图纸资料等，并至少在验收开展的前一天完成准备工作的确认。

GIS 汇控柜验收准备工作表见表 2-5-1，GIS 汇控柜验收工器具清单见表 2-5-2。

表 2-5-1   **GIS 汇控柜验收准备工作表**

序号	项目	工作内容	实施标准	负责人	备注
1	时间安排	验收工作开展前，应当组织业主、厂家、施工、监理、运检人员现场联合勘查，在各方均认为现场满足验收条件后方可开展	GIS 安装工作已完成		
2	人员安排	（1）如人员充足可组织多个验收组同时开展工作。（2）每个验收组建议至少安排验收人员 1 人，厂家人员 1 人，施工单位 1 人，监理 1 人	验收前成立临时专项验收组，组织验收、施工、厂家、监理人员共同开展验收工作		

序号	项目	工作内容	实施标准	负责人	备注
3	工具安排	验收工作开展前，准备好验收所需仪器仪表、工器具、安全防护用品、验收记录材料、相关图纸及相关技术资料	（1）仪器仪表、工器具、安全防护用品应试验合格，满足本次施工的要求。 （2）验收记录材料、相关图纸及相关技术资料齐全并符合现场实际情况		
4	验收交底	根据本次作业内容和性质确定好检修人员，并组织学习本作业卡	要求所有工作人员明确本次工作的作业内容、进度要求、作业标准及安全注意事项		

表 2-5-2   GIS 汇控柜验收工器具清单

序号	名称	型号	数量	备注
1	梯子	—	1 架	
2	照相机	—	1 个	
3	安全带	—	每人 1 套	
4	照明灯	—	1 个	

2.5.3 验收检查记录

GIS 汇控柜验收检查记录表见表 2-5-3。

表 2-5-3   GIS 汇控柜验收检查记录表

序号	验收项目	验收方法及标准	验收结论（√或×）	备注
1	外观检查验收	检查安装牢固、外表清洁完整，无锈蚀和损伤，接地可靠		
2		检查基础牢固，水平、垂直误差符合要求		
3		检查汇控柜柜门必须有限位措施，开、关灵活，门锁完好		
4		检查汇控柜门跨接接地良好		
5	封堵检查验收	检查底面及引出、引入线孔和吊装孔封堵严密可靠		

序号	验收项目	验收方法及标准	验收结论（√或×）	备注
6	二次接线及二次元件检查验收	检查二次引线连接紧固、可靠，内部清洁。电缆备用芯戴绝缘帽		
7		检查二次线缆防护良好，避免由于绝缘电阻下降造成开关偷跳		
8		检查汇控柜内二次元件排列整齐、固定牢固，并贴有清晰的中文名称标识		
9		检查柜内隔离开关空气开关标识清晰，并一对一控制相应隔离开关		
10		设备编号牌正确、规范，标识正确、清晰		
11		检查断路器二次回路不应采用 RC 加速设计		
12		检查各继电器位置正确，无异常信号		
13		断路器安装后必须对其二次回路中的防跳继电器、非全相继电器进行传动，并保证在模拟手合于故障条件下断路器不会发生跳跃现象		
14	加热、驱潮装置检查验收	检查加热、驱潮装置运行正常、功能完备。加热、驱潮装置应保证长期运行时不对箱内邻近设备、二次线缆造成热损伤，应大于 50mm，其二次电缆应选用阻燃电缆		
15	位置及光字指示检查验收	检查断路器、隔离开关分合闸位置指示灯正常，光字牌指示正确，与后台指示一致		
16	照明检查验收	检查灯具符合现场安装条件，开、关应具备门控功能		

2.5.4 验收记录表格

在工作中对于重要的内容进行专项检查记录并留档保存。GIS 汇控柜验收记录表见表 2-5-4。

表 2-5-4 GIS 汇控柜验收记录表

设备名称	验收项目							验收人
	外观检查	封堵检查	外观检查	二次接线及二次元件检查	加热、驱潮装置检查	位置及光字指示检查	照明检查	
5511 汇控柜								
5512 汇控柜								

设备名称	验收项目							验收人
	外观检查	封堵检查	外观检查	二次接线及二次元件检查	加热、驱潮装置检查	位置及光字指示检查	照明检查	
5513 汇控柜								
……								

2.5.5 检查评价表格

对工作中检查出的问题进行汇总记录，并进行验收评价，留档保存。GIS 汇控柜检查评价表见表 2-5-5。

表 2-5-5　　　　　　　　　　　　　　　　GIS 汇控柜检查评价表

检查人	×××	检查日期	××××年××月××日
存在问题汇总			

2.6　GIS 联锁功能验收标准作业卡

2.6.1　验收范围说明

本验收作业卡适用于换流站验收工作，验收范围包括：GIS 联锁功能交接。

2.6.2　验收准备工作

各阶段验收工作开展前，运检人员应当提前明确验收的时间、人员、仪器工具、图纸资料等，并至少在验收开展的前一天完成准备工作的确认。

GIS 联锁验收准备工作表见表 2-6-1，GIS 联锁验收工器具清单见表 2-6-2。

表 2-6-1   **GIS 联锁验收准备工作表**

序号	项目	工作内容	实施标准	负责人	备注
1	时间安排	验收工作开展前，应当组织业主、厂家、施工、监理、运检人员现场联合勘查，在各方均认为现场满足验收条件后方可开展	GIS 安装工作已完成		
2	人员安排	（1）如人员充足可组织多个验收组同时开展工作。 （2）每个验收组建议至少安排验收人员 1 人，厂家人员 1 人，施工单位 1 人，监理 1 人	验收前成立临时专项验收组，组织验收、施工、厂家、监理人员共同开展验收工作		
3	工具安排	验收工作开展前，准备好验收所需仪器仪表、工器具、安全防护用品、验收记录材料、相关图纸及相关技术资料	（1）仪器仪表、工器具、安全防护用品应试验合格，满足本次施工的要求。 （2）验收记录材料、相关图纸及相关技术资料齐全并符合现场实际情况		
4	验收交底	根据本次作业内容和性质确定好检修人员，并组织学习本作业卡	要求所有工作人员明确本次工作的作业内容、进度要求、作业标准及安全注意事项		

表 2-6-2   **GIS 联锁验收工器具清单**

序号	名称	型号	数量	备注
1	梯子	—	1 架	
2	照相机	—	1 个	
3	安全带	—	每人 1 套	

2.6.3 验收检查记录

GIS 联锁验收检查记录表见表 2-6-3。

表 2-6-3   **GIS 联锁验收检查记录表**

序号	验收项目	验收方法及标准	验收结论（√或×）	备注
1	带电显示装置与接地开关的闭锁验收	检查带电显示装置自检正常，闭锁可靠		

序号	验收项目	验收方法及标准	验收结论（√或×）	备注
2	主设备间联锁检查	汇控柜联锁、解锁功能正常		
3		断路器、隔离开关、接地开关"远控/近控"信号的正确性、操作的对应性		
4		隔离开关与其所配的接地开关间有可靠的机械闭锁和电气闭锁措施		
5		具有电动操动机构的隔离开关与其配用的接地开关之间应有可靠的电气联锁		
6		机构把手上应设置机械"五防"锁具的锁孔，锁具无锈蚀、变形现象		
7		操动机构电动和手动操作转换时，应有相应的闭锁		
8		中开关联锁逻辑正确		
9		早动信号（early make）闭锁换流器逻辑正确。early make 接点要求于断路器主触头分离前 3～5ms 闭合，继电器提供的 early make 接点要求为断路器分闸提前合节点且 A、B、C 三相并联后接入阀控（CCP）系统，实现提前闭锁换流器		

2.6.4 检查评价表格

对工作中检查出的问题进行汇总记录，并进行验收评价，留档保存。GIS 联锁检查评价表见表 2-6-4。

表 2-6-4   GIS 联锁检查评价表

检查人	×××	检查日期	××××年××月××日
存在问题汇总			

2.7 GIS 试验验收标准作业卡

2.7.1 验收范围说明

本验收作业卡适用于换流站验收工作，验收范围包括：GIS。

2.7.2 验收准备工作

各阶段验收工作开展前，运检人员应当提前明确验收的时间、人员、仪器工具、图纸资料等，并至少在验收开展的前一天完成准备工作的确认。

GIS 试验验收准备工作表见表 2-7-1，GIS 试验验收检查工器具清单见表 2-7-2。

表 2-7-1 GIS试验验收准备工作表

序号	项目	工作内容	实施标准	负责人	备注
1	时间安排	验收工作开展前，应当组织业主、厂家、施工、监理、运检人员现场联合勘查，在各方均认为现场满足验收条件后方可开展	（1）GIS 安装工作已完成。 （2）检查确认 GIS 应断的引线已断开，接地铜排已解下，接好试验接线并核对，做好环境温度、湿度的记录。 （3）断路器、隔离开关现场应进行 30 次传动操作后再进行交接试验		
2	人员安排	（1）如人员充足可组织多个验收组同时开展工作。 （2）每个验收组建议至少安排验收人员 1 人，厂家人员 1 人，施工单位 1 人，监理 1 人	验收前成立临时专项验收组，组织验收、施工、厂家、监理人员共同开展验收工作		
3	工具安排	验收工作开展前，准备好验收所需仪器仪表、工器具、安全防护用品、验收记录材料、相关图纸及相关技术资料	（1）仪器仪表、工器具、安全防护用品应试验合格，满足本次施工的要求。 （2）验收记录材料、相关图纸及相关技术资料齐全并符合现场实际情况		
4	验收交底	根据本次作业内容和性质确定好检修人员，并组织学习本作业卡	要求所有工作人员明确本次工作的作业内容、进度要求、作业标准及安全注意事项		

表 2-7-2 GIS试验验收检查工器具清单

序号	名称	型号	数量	备注
1	自动电桥测试仪	AI-6000	1 台	
2	电动绝缘电阻表	—	1 台	试验电压在 500～5000V 范围可选
3	回路电阻测试仪	MOM600	1 台	

序号	名称	型号	数量	备注
4	SF$_6$ 微水测试仪	—	1 台	
5	电源盘	—	1 个	带漏电保护
6	接地线	—	30m	大于 6mm^2
7	成套工具	—	1 套	
8	高压绝缘垫	—	1 个	定期试验合格
9	温、湿度计	—	1 块	

2.7.3 验收检查记录

GIS 试验验收检查记录表见表 2-7-3。

表 2-7-3   **GIS 试验验收检查记录表**

序号	验收项目	验收标准	验收结论 （√或×）	备注
1	主回路绝缘试验	老炼试验，应在现场耐压试验前进行		《综合变电验收管理规定（试行）第 3 分册 组合电器验收细则及反措》
		交流耐压试验：SF$_6$ 定开距断路器应进行断口交流耐压试验。SF$_6$ 罐式断路器应进行断口交流耐压试验和对地交流耐压试验。耐压试验应在额定气压下进行，72.5kV 以上试验电压取出厂试验电压的 100%。在 $1.1U_m/\sqrt{3}$ 下进行局部放电检测		
		有条件时还应进行冲击耐压试验，雷电冲击试验和操作冲击试验电压值为型式试验施加电压值的 80%，正负极性各三次		
		应在完整间隔上进行		
		局部放电试验应随耐压试验一并进行		
2	测量断路器的分合闸速度和时间	测量断路器的分合闸速度和时间：速度测量在必要时进行，应在额定操作电压、气压或液压下进行，实测数值应符合产品技术条件的规定。时间测量应在额定操作电压和气压下进行，实测值应符合产品技术条件的规定		

序号	验收项目	验收标准	验收结论（√或×）	备注
3	气体密度继电器试验	进行各触点（如闭锁触点、报警触点）的动作值的校验		
		随组合电器本体一起，进行密封性试验		
4	辅助和控制回路绝缘试验	采用 2500V 绝缘电阻表且绝缘电阻大于 10MΩ		
5	主回路电阻试验	采用电流不小于 100A 的直流压降法		
		现场测试值不得超过控制值 R_n（R_n 为产品技术条件规定值）		
		应注意与出厂值的比较，不得超过出厂实测值的 120%		
		注意三相测试值的平衡度，如三相测量值存在明显差异，须查明原因		
		测试应涵盖所有电气连接		
6	气体密封性试验	组合电器静止 24h 后进行，采用检漏仪对各气室密封部位、管道接头等处进行检测时，检漏仪不应报警。每一个气室年漏气率不应大于 0.5%		
7	SF₆ 气体试验	SF₆ 气体应检测合格，并出具检测报告后方可使用		
		SF₆ 气体注入设备前后必须进行湿度检测，且应对设备内气体进行 SF₆ 纯度检测，必要时进行 SF₆ 气体分解产物检测。结果符合标准要求		
		组合电器静止 24h 后进行 SF₆ 气体湿度（20℃的体积分数）试验，应符合下列规定：有灭弧分解物的气室，不应大于 150μL/L。无灭弧分解物的气室，不应大于 250μL/L		
8	机械特性试验	机械特性测试结果，符合其产品技术条件的规定，测量开关的行程-时间特性曲线，在规定的范围内		（1）《国家电网公司变电检修管理规定 第 2 分册 断路器检修细则》。（2）《±800kV 高压直流设备交接试验》（DL/T 274—2012）

序号	验收项目	验收标准	验收结论（√或×）	备注
8	机械特性试验	应进行操动机构低电压试验，符合其产品技术条件的规定。操动机构试验：合闸操作试验：当操作电压为额定操作电压的80%～110%（关合峰值电流大于或等于50kA时应为85%～110%），且在规定的最低和最高操作压力下，操动机构应可靠动作。操动机构的脱扣操作试验：分闸电磁铁在其线圈端子处测得的电压大于额定值的65%时，应可靠分闸，当此电压小于额定值的30%时，不应分闸。附装失压脱扣器的，其动作特性应符合《±800kV直流系统电气设备交接验收试验》（Q/GDW 275—2009）中第11.8.2条的规定。附装过电流脱扣器的，其额定电流不应小于2.5A，脱扣电流的等级范围及其准确度应符合《±800kV直流系统电气设备交接验收试验》（Q/GDW 275—2009）中第11.8.2条的规定。操动机构的模拟操作试验：当具有可调电源时，可在不同电压、液压条件下，对断路器进行就地或远控操作，每次操作均应正确、可靠地动作，其联锁及闭锁装置回路的动作应符合产品及设计要求。当无可调电源时，只在额定电压下进行试验。操动试验：液压机构的操动试验应符合《±800kV直流系统电气设备交接验收试验》（Q/GDW 275—2009）中第11.8.3条的规定		（1）《国家电网公司变电检修管理规定第2分册　断路器检修细则》。（2）《±800kV高压直流设备交接试验》（DL/T 274—2012）
9	试验数据的分析	通过显著性差异分析法和纵横比分析法进行分析，数据无明显差异		

2.7.4　验收检查记录表格

在工作中对于重要的内容进行检查记录并留档保存。GIS断路器试验验收检查记录表见表2-7-4，隔离开关及接地开关试验验收检查记录表见表2-7-5。

表 2-7-4　　　　　　　　　　　　　　GIS 断路器试验验收检查记录表

设备名称	验收项目									验收人
	测量绝缘拉杆的绝缘电阻	测量导电回路的电阻	交流耐压试验	测量断路器的分合闸速度和时间	测量分、合闸线圈的绝缘电阻和直流电阻	操动机构试验	断路器内SF$_6$气体的微水含量测定	密封性试验	气体密度继电器、压力表和压力动作阀的校验	
5511										
5512										

设备名称	验收项目									验收人
	测量绝缘拉杆的绝缘电阻	测量导电回路的电阻	交流耐压试验	测量断路器的分合闸速度和时间	测量分、合闸线圈的绝缘电阻和直流电阻	操动机构试验	断路器内 SF_6 气体的微水含量测定	密封性试验	气体密度继电器、压力表和压力动作阀的校验	
5513										
……										

表 2-7-5 隔离开关及接地开关试验验收检查记录表

设备名称	验收项目			验收人
	导电回路的电阻测量	二次回路交流耐压试验	操动机构试验	
5511 间隔				
5512 间隔				
5513 间隔				
……				

2.7.5 检查评价表格

对工作中检查出的问题进行汇总记录，并进行验收评价，留档保存。GIS 试验检查评价表见表 2-7-6。

表 2-7-6 GIS 试验检查评价表

检查人	×××	检查日期	××××年××月××日
存在问题汇总			

2.8 GIS 主通流回路检查验收标准作业卡

2.8.1 验收范围说明

本验收作业卡适用于换流站验收工作，验收范围包括：GIS 主通流回路验收交接。

2.8.2 验收准备工作

各阶段验收工作开展前，运检人员应当提前明确验收的时间、人员、仪器工具、图纸资料等，并至少在验收开展的前一天完成准备工作的确认。

GIS主通流回路检查验收准备工作表见表2-8-1，GIS主通流回路检查验收工器具清单见表2-8-2。

表 2-8-1 GIS主通流回路检查验收准备工作表

序号	项目	工作内容	实施标准	负责人	备注
1	时间安排	验收工作开展前，应当组织业主、厂家、施工、监理、运检人员现场联合勘查，在各方均认为现场满足验收条件后方可开展	GIS安装工作已完成，试验已完成		
2	人员安排	（1）如人员充足可组织多个验收组同时开展工作。 （2）每个验收组建议至少安排运检人员1人，厂家人员1人，施工单位2人，监理1人。 （3）验收组所有人员均在GIS上开展工作。 （4）力矩检查工作建议由施工人员和厂家配合进行，运检、监理监督见证并记录数据。 （5）接触电阻测量工作建议由施工人员和厂家配合进行，运检、监理监督见证并记录数据	验收前成立临时专项验收组，组织运检、施工、厂家、监理人员共同开展验收工作		
3	工具安排	验收工作开展前，准备好验收所需仪器仪表、工器具、安全防护用品、验收记录材料、相关图纸及相关技术资料	（1）仪器仪表、工器具、安全防护用品应试验合格，满足本次施工的要求。 （2）验收记录材料、相关图纸及相关技术资料齐全并符合现场实际情况		
4	验收交底	根据本次作业内容和性质确定好检修人员，并组织学习本作业卡	要求所有工作人员明确本次工作的作业内容、进度要求、作业标准及安全注意事项		

表 2-8-2 **GIS 主通流回路检查验收工器具清单**

序号	名称	型号	数量	备注
1	梯子	—	1架	
2	安全带	—	每人1套	
3	照明灯	—	1个	
4	力矩扳手	满足力矩检查要求	1套	
5	棘轮扳手	—	1套	
6	签字笔	红色、黑色	1套	
7	无水乙醇	—	1瓶	
8	百洁布	—	1套	
9	便携式接触电阻仪	MEGGER MOM2	1台	

2.8.3 验收检查记录

GIS 主通流回路验收检查记录表见表 2-8-3。

表 2-8-3　　　　　　　　　　　　　　　　**GIS 主通流回路验收检查记录表**

序号	验收项目	验收方法及标准	验收结论（√或×）	备注
1	主通流回路结构和安装情况检查	核对接头材质、有效接触面积、载流密度、螺栓标号、力矩要求等与设计文件一致，通流回路连接螺栓具有防松动措施（防松动措施包括使用弹片、叠帽、平弹一体垫片、防松螺栓等方式）		
2		检查安装阶段螺丝紧固后应进行的档案和记录		
3	主通流回路外观检查	检查通流回路外观良好，连接可靠，接触良好，无变形、无变色、无锈蚀、无破损		
4		检查力矩双线标识清晰且划在螺母侧，力矩线需连续、清晰、与螺母垂直，且母排、垫片、螺母、螺栓均需划到		
5		检查软连接完好，无散股、断股现象		
6		若螺栓采用平弹一体结构，应当检查平弹一体垫片是否装反		

序号	验收项目	验收方法及标准	验收结论（√或×）	备注
7	主通流回路搭接面螺栓力矩复查	力矩检查工作由施工人员执行、厂家人员监督、运检和监理见证记录，四方共同开展		
8		确认接头接触电阻测量和力矩检查结果满足技术要求（参照表2-8-4），使用80%力矩检查螺栓紧固到位后画线标记，并建立档案，做好记录。运维单位应按不小于1/3的数量进行力矩和接触电阻抽查		
9		力矩扳手每次调整后均应由验收人员、厂家人员、施工人员共同检查设置的力矩值是否正确		
10		对于检查工作中发现松动或力矩线偏移的螺栓，使用100%力矩进行复紧，使用酒精擦除原力矩线后重新画线，并再次使用80%力矩检查		
11		对于发生滑丝、跟转等问题的螺栓进行更换		
12		对于不在现场安装的GIS组件内部搭接面可不进行复紧，只检查力矩线，但须厂家提供厂内验收报告		
13	主通流回路搭接面接触电阻检查	正确使用直流电阻测试仪，并设置试验电流不小于100A		
14		将夹子夹在待测搭接面两端，启动仪器后读取测量数据并记录		
15		GIS设备搭接面接触电阻不大于$20\mu\Omega$，同位置横向对比不超过$10\mu\Omega$		
16		对于发现有接触电阻超标的搭接面，应当按照"十步法"进行处理并记录		
17		对于不在现场安装的GIS组件内部搭接面不进行接触电阻复测，但须提供厂内测量报告		

2.8.4 "十步法"处理记录

"十步法"处理记录见表2-8-4。

表 2-8-4   **"十步法"处理记录**

序号	接头位置及名称	检修前接触电阻			评价	检修处理工艺控制					检修后接触电阻测量			验收
		检修前接触电阻	接触电阻测量人	是否小于$20\mu\Omega$	是否需要处理	工艺要求	螺栓规格	力矩标准	力矩是否紧固	作业人	检修后接触电阻	测量人	接触电阻是否合格	
1	×××GIS A相出线GIS套管接头													
...	......													

2.8.5 检查评价表格

对工作中检查出的问题进行汇总记录，并进行验收评价，留档保存。GIS 主通流回路验收检查评价表见表 2-8-5。

表 2-8-5   **GIS 主通流回路验收检查评价表**

检查人	×××		检查日期	××××年××月××日
存在问题汇总				

2.9 GIS 在线监测系统验收标准作业卡

2.9.1 验收范围说明

本验收作业卡适用于换流站验收工作，验收范围包括：GIS 在线监测系统交接。

2.9.2 验收准备工作

各阶段验收工作开展前，运检人员应当提前明确验收的时间、人员、机具、仪器工具、图纸资料等，并至少在验收开展的前一天完成准备工作的确认。

GIS 在线监测系统验收准备工作表见表 2-9-1，GIS 在线监测系统验收工器具清单见表 2-9-2。

表 2-9-1   **GIS 在线监测系统验收准备工作表**

序号	项目	工作内容	实施标准	负责人	备注
1	时间安排	验收工作开展前，应当组织业主、厂家、施工、监理、运检人员现场联合勘查，在各方均认为现场满足验收条件后方可开展	（1）GIS 安装调试完成。 （2）在线监测系统安装调试完成		
2	人员安排	（1）如人员充足可组织多个验收组同时开展工作。 （2）每个验收组建议至少安排验收人员 1 人，厂家人员 1 人，施工单位 1 人，监理 1 人	验收前成立临时专项验收组，组织验收、施工、厂家、监理人员共同开展验收工作		

序号	项目	工作内容	实施标准	负责人	备注
3	机具安排	验收工作开展前，准备好验收所需机具、仪器仪表、工器具、安全防护用品、验收记录材料、相关图纸及相关技术资料	（1）机具、仪器仪表、工器具、安全防护用品应试验合格，满足本次施工的要求。 （2）验收记录材料、相关图纸及相关技术资料齐全并符合现场实际情况		
4	验收交底	根据本次作业内容和性质确定好检修人员，并组织学习本作业卡	要求所有工作人员明确本次工作的作业内容、进度要求、作业标准及安全注意事项		

表 2-9-2   GIS 在线监测系统验收工器具清单

序号	名称	型号	数量	备注
1	便携式手电	—	2 支	
2	万用表	—	1 台	
3	调试笔记本电脑	—	1 台	
4	螺钉旋具	—	1 把	
5	4～20mA 钳形电流表	—	1 台	
6	0～20A 钳形电流表	—	1 台	
7	绝缘电阻表	—	1 台	

2.9.3 验收检查记录

GIS 在线监测系统验收检查记录表见表 2-9-3。

表 2-9-3   GIS 在线监测系统验收检查记录表

序号	验收项目	验收方法及标准	验收结论（√或×）	备注
1	GIS 在线监测装置验收	在线监测柜内的总电源及每台 IED 需单独配置空气开关，并满足级差配合要求		
2		电缆固定牢靠，电源电缆截面面积不应小于 $4mm^2$，进入电缆沟的电缆应采用铠装电缆，非直接进电缆沟的电缆（光缆）应有保护套		

序号	验收项目	验收方法及标准	验收结论（√或×）	备注
3	GIS 在线监测装置验收	光缆和尾纤的折弯半径应满足相关要求		
4		电缆保护管应有防火泥封堵，并满足设计要求		
5		柜体封堵应满足设计要求		
6		柜内温度应在 5～40℃范围，湿度保持在 90%以下，柜体应对柜内温度、湿度有控制和调节能力		
7		IED 回路额定电压大于 60V 时，用 500V 绝缘电阻测试仪测量。额定电压不大于 60V 时，用 250V 绝缘电阻测试仪测量，施加电压时间不小于 5s，绝缘电阻值不应低于 5MΩ		
8		状态监测应具有故障自检、远程维护功能，状态监测信息应能上送远方主站		
9		应实现气体压力、温度、湿度等信号的采集，监测周期可根据需要进行调整		
10		准确性试验：验收时应对 SF_6 气体密度在线监测数据、SF_6 气体微水含量在线监测数据准确性进行校验		
11		远方可召唤并展示气体状态监测历史监测数据和结果信息		

2.9.4 检查评价表格

对工作中检查出的问题进行汇总记录，并进行验收评价，留档保存。GIS 在线监测系统检查评价表见表 2-9-4。

表 2-9-4   GIS 在线监测系统检查评价表

检查人	×××	检查日期	××××年××月××日
存在问题汇总			

2.10 GIS 投运前检查标准作业卡

2.10.1 验收范围说明

本验收作业卡适用于换流站验收工作，验收范围包括：GIS 投运前检查。

2.10.2 验收准备工作

各阶段验收工作开展前，运检人员应当提前明确验收的时间、人员、仪器工具、图纸资料等，并至少在验收开展的前一天完成准备工作的确认。

GIS 投运前检查准备工作表见表 2-10-1，GIS 投运前检查工器具清单见表 2-10-2。

表 2-10-1 　　　　　　　　　　　　　　　　　　　　　GIS 投运前检查准备工作表

序号	项目	工作内容	实施标准	负责人	备注
1	时间安排	验收工作开展前，应当组织业主、厂家、施工、监理、运检人员现场联合勘查，在各方均认为现场满足验收条件后方可开展	GIS 安装结束，试验通过		
2	人员安排	（1）需提前沟通好直流场验收作业面，由两个作业面配合共同开展。 （2）验收组建议至少安排运检人员 1 人，GIS 厂家人员 1 人，监理 1 人	验收前成立临时专项验收组，组织运检、施工、厂家、监理人员共同开展验收工作		
3	工具安排	验收工作开展前，准备好验收所需仪器仪表、工器具、安全防护用品、验收记录材料、相关图纸及相关技术资料	（1）仪器仪表、工器具、安全防护用品应试验合格，满足本次施工的要求。 （2）验收记录材料、相关图纸及相关技术资料齐全并符合现场实际情况		
4	验收交底	根据本次作业内容和性质确定好检修人员，并组织学习本作业卡	要求所有工作人员明确本次工作的作业内容、进度要求、作业标准及安全注意事项		

表 2-10-2 　　　　　　　　　　　　　　　　　　　　　GIS 投运前检查工器具清单

序号	名称	型号	数量	备注
1	照相机	—	1 个	—

2.10.3 验收检查记录表

GIS 投运前验收检查表见表 2-10-3。

表 2-10-3 GIS 投运前验收检查表

序号	验收项目	验收方法及标准	验收结论（√或×）	备注
1	外观	检查 GIS 断路器、隔离开关分合指示正确，油压正常，机构储能良好，液压机构无渗漏		
2		检查各气室压力正常。密度继电器连接三通阀在开启状态		
3		检查筒体外壳无异常放电、振动，运行正常，观察孔无遮挡。筒体支架无断裂、位移		
4		检查运行编号标识齐全、清晰可识别		
5	外绝缘	检查出线套管、避雷器、电压互感器外绝缘无破损、闪络及放电现象		
6	在线监测及监控后台	检查断路器、隔离开关分合闸位置指示灯正常，光字牌指示正确与后台指示一致		
7		检查一体化监控后台断路器各气室压力、微水在正常范围内，无异常变化趋势		
8		检查监控后台无异常告警信号		

2.10.4 检查评价表格

对工作中检查出的问题进行汇总记录，并进行验收评价，留档保存。GIS 投运前验收检查评价表见表 2-10-4。

表 2-10-4 GIS 投运前验收检查评价表

检查人	×××	检查日期	××××年××月××日
存在问题汇总			

第三章 交流滤波器场设备

3.1 应用范围

适用于换流站交流滤波器场设备交接试验和竣工验收工作，部分验收项目需根据实际情况提前安排，通过随工验收、资料检查等方式开展，旨在指导并规范现场验收工作。

3.2 规范依据

本作业指导书的编制依据并不限于以下文件：

《国家电网有限公司十八项电网重大反事故措施（修订版）》

《国家电网有限公司防止直流换流站事故措施及释义（修订版）》

《电气装置安装工程高压电器施工及验收规范》（GB 50147—2010）

《电气装置安装工程 电气设备交接试验标准》（GB 50150—2016）

《±800kV 高压直流设备交接试验》（DL/T 274—2012）

《换流站设备验收规范 第 11 部分：交直流滤波器》（Q/GDW 11652.11—2016）

《±800kV 直流系统电气设备交接验收试验》（Q/GDW 275—2009）

《国家电网公司直流换流站验收管理规定》

《国家电网公司全过程技术监督精益化管理实施细则》

《国家电网有限公司换流站运行重点问题分析及处理措施报告》

3.3 验收方法

3.3.1 验收流程

交流滤波器场设备专项验收工作应参照表 3-3-1 验收项目内容顺序开展，并在验收工作中把握关键时间节点。

序号	验收项目	主要工作内容	参考工时	开展验收需满足的条件
1	断路器检查验收	（1）外观检查。 （2）极柱及瓷套管、复合套管验收。 （3）SF_6 气体系统检查。 （4）操动机构检查。 （5）接地系统验收。 （6）辅助系统等检查验收。 （7）试验验收	4h/小组滤波器	（1）一次设备安装完成，绝缘子完成防污闪涂料（PRTV）喷涂工作。 （2）二次回路电缆光纤等敷设完成。 （3）进行储能状态下的分/合操作前，应将 SF_6 断路器充气至额定压力。 （4）耐压试验前，断路器应静置 24h 后并检测 SF_6 气体合格。 （5）断路器现场应进行 30 次传动操作后再进行交接试验
2	隔离开关及接地开关检查验收	（1）外观检查。 （2）联锁装置检查验收。 （3）机构箱检查验收。 （4）试验验收	4h/小组滤波器	（1）一次设备安装完成，绝缘子完成 PRTV 喷涂工作。 （2）二次回路电缆光纤等敷设完成
3	常规 TA 检查验收	（1）外观检查。 （2）互感器各侧出线检查验收。 （3）二次系统验收。 （4）试验验收	2h/小组滤波器	（1）一次设备安装完成，绝缘子完成 PRTV 喷涂工作。 （2）二次回路电缆光纤等敷设完成
4	电压互感器检查验收	（1）外观检查。 （2）互感器各侧出线检查验收。 （3）二次系统检查验收。 （4）试验验收	2h/小组滤波器	（1）一次设备安装完成，绝缘子完成 PRTV 喷涂工作。 （2）二次回路电缆光纤等敷设完成
5	避雷器验收	（1）避雷器外观检查验收。 （2）试验验收	1h/小组滤波器	（1）一次设备安装完成，绝缘子完成 PRTV 喷涂工作。 （2）二次回路电缆光纤等敷设完成
6	电容器检查验收	（1）外观检查。 （2）试验验收	6h/小组滤波器	（1）一次设备安装完成，绝缘子完成 PRTV 喷涂工作。 （2）二次回路电缆光纤等敷设完成
7	电抗器检查验收	（1）外观检查。 （2）试验验收	2h/小组滤波器	（1）一次设备安装完成，绝缘子完成 PRTV 喷涂工作。 （2）二次回路电缆光纤等敷设完成

序号	验收项目	主要工作内容	参考工时	开展验收需满足的条件
8	电阻器检查验收	（1）外观检查。 （2）试验验收	2h/小组滤波器	（1）一次设备安装完成，绝缘子完成PRTV喷涂工作。 （2）二次回路电缆光纤等敷设完成
9	母线及绝缘子验收	（1）封闭母线外观检查。 （2）软母线外观检查。 （3）硬母线外观检查。 （4）矩形母线外观检查。 （5）支柱绝缘子验收。 （6）悬吊绝缘子串验收。 （7）试验验收	3h/小组滤波器	一次设备安装完成，绝缘子完成PRTV喷涂工作
10	交流滤波器整组试验	（1）交直流滤波器调谐试验检查。 （2）电容器组不平衡电流校正	1h/小组滤波器	一次设备安装完成，设备验收完成
11	主通流回路检查验收	（1）主通流回路结构和安装情况检查。 （2）主通流回路外观检查。 （3）主通流回路搭接面螺栓力矩复查。 （4）主通流回路搭接面接触电阻测试	8h/大组滤波器	（1）一次设备安装完成。 （2）待试设备处于停电检修状态。 （3）设备上无各种外部作业。 （4）待试主回路应处于闭合导通状态。 （5）与仪器连接的部位应清洁
12	滤波器投运前检查	（1）安措恢复。 （2）三箱检查。 （3）母线避雷器动作次数抄录。 （4）围栏内避雷器动作次数抄录	1h/大组滤波器	（1）所有验收完成后。 （2）直流系统带电前

3.3.2　验收问题记录清单

对于验收过程中发现的隐患和缺陷，应当按照表3-3-2进行记录，并由专人负责跟踪闭环进度。

表 3-3-2　　　　　　　　　　　　　　　　　　交流滤波器设备验收问题记录清单

序号	设备名称	问题描述	发现人	发现时间	整改情况
1	5611 交流滤波器	······	×××	××××年××月××日	······
...	······				

3.4　断路器检查验收标准作业卡

3.4.1　验收范围说明

本验收作业卡适用于换流站验收工作，验收范围包括：交流滤波器场断路器交接。

3.4.2　验收准备工作

各阶段验收工作开展前，运检人员应当提前明确验收的时间、人员、车辆机具、仪器工具、图纸资料等，并至少在验收开展的前一天完成准备工作的确认。

断路器检查验收准备工作表见表 3-4-1，断路器检查验收工器具清单见表 3-4-2。

表 3-4-1　　　　　　　　　　　　　　　　　　断路器检查验收准备工作表

序号	项目	工作内容	实施标准	负责人	备注
1	时间安排	验收工作开展前，应当组织业主、厂家、施工、监理、运检人员现场联合勘查，在各方均认为现场满足验收条件后方可开展	交流滤波器设备安装工作已完成，进行储能状态下的分/合操作前，应将 SF_6 断路器充气至额定压力。耐压试验前，断路器应静置 24h 后并检测 SF_6 气体合格。断路器现场应进行 30 次传动操作后再进行交接试验，完成现场清理工作		
2	人员安排	（1）如人员、车辆充足可组织多个验收组同时开展工作。 （2）每个验收组建议至少安排验收人员 1 人，厂家人员 1 人，施工单位 1 人，监理 1 人，平台车专职驾驶员 1 人（厂家或施工单位人员）	验收前成立临时专项验收组，组织验收、施工、厂家、监理人员共同开展验收工作		

序号	项目	工作内容	实施标准	负责人	备注
3	车辆工具安排	验收工作开展前，准备好验收所需车辆机具、仪器仪表、工器具、安全防护用品、验收记录材料、相关图纸及相关技术资料	（1）车辆机具、仪器仪表、工器具、安全防护用品应试验合格，满足本次施工的要求。 （2）验收记录材料、相关图纸及相关技术资料齐全并符合现场实际情况		
4	验收交底	根据本次作业内容和性质确定好检修人员，并组织学习本作业卡	要求所有工作人员明确本次工作的作业内容、进度要求、作业标准及安全注意事项		

表 3-4-2 断路器检查验收工器具清单

序号	名称	型号	数量	备注
1	高空升降车	—	1 辆	
2	SF$_6$ 检漏仪	—	1 台	
3	安全带	—	每人 1 套	
4	车辆接地线	—	1 根	
5	万用表	—	1 台	
6	测距仪	—	1 台	
7	力矩扳手	—	1 把	
8	对讲机	—	1 对	
9	游标卡尺	—	1 把	
10	SF$_6$ 气体分析仪	—	1 台	
11	回路电阻测试仪	—	1 台	
12	绝缘电阻表	—	1 台	
13	开关动作特性分析仪	—	1 台	
14	开关动态电阻测试仪	—	1 台	

3.4.3 验收检查记录

断路器验收检查记录表见表 3-4-3。

表 3-4-3 断路器验收检查记录表

序号	验收项目	验收方法及标准	验收结论 (√或×)	备注
1		断路器及构架、机构箱安装应牢靠，连接部位螺栓压接牢固，满足力矩要求，平垫、弹簧垫齐全、螺栓外露长度符合要求，用于法兰连接紧固的螺栓，紧固后螺纹一般应露出螺母 2～3 圈，各螺栓、螺纹连接件应按要求涂胶并紧固划标志线		
2		采用垫片（厂家调节垫片除外）调节断路器水平的，支架或底架与基础的垫片不宜超过 3 片，总厚度不应大于 10mm，且各垫片间应焊接牢固		《电气装置安装工程高压电器施工及验收规范》（GB 50147—2010）
3		按设计图纸安装完毕，所有元器件安装位置正确，通流回路、二次回路安装正确		
4		一次接线端子无松动、无开裂、无变形，表面镀层无破损		
5		金属法兰与瓷件胶装部位黏合牢固，防水胶完好		
6		均压环无变形，安装方向正确，排水孔无堵塞		
7	断路器本体 外观检查	断路器外观清洁无污损，油漆完整		
8		电流互感器接线盒箱盖密封良好		
9		设备基础无沉降、开裂、损坏		
10		设备出厂铭牌齐全、参数正确		
11		相色标志清晰正确		
12		所有电缆管（洞）口应封堵良好		
13		机构箱开合顺畅，密封胶条安装到位，应有效防止尘、雨、雪、小虫和动物的侵入		
14		机构箱内无异物，无遗留工具和备件		
15		机构箱内备用电缆芯应加有保护帽，二次线芯号头、电缆走向标示牌无缺失现象		
16		各空气开关、熔断器、接触器等元器件标示齐全正确，可操作的二次元器件应有中文标志并齐全正确		

序号	验收项目	验收方法及标准	验收结论（√或×）	备注
17	断路器本体外观检查	机构箱内若配有通风设备，则应功能正常，若有通气孔，应确保形成对流		
18		安装时应检查并确认爆破片是否受外力损伤，避免运行中漏气		《国家电网有限公司十八项电网重大反事故措施（修订版）》
19	瓷套管、复合套管验收	瓷套管、复合套管表面清洁，无裂纹、无损伤		
20		增爬伞裙完好，无塌陷变形，黏接界面牢固		
21		防污闪涂料涂层完好，不应存在剥离、破损		
22	SF$_6$气体系统检查	户外安装的密度继电器应设置防雨罩，其应能将表、控制电缆接线端子一起放入，安装位置应方便巡视人员或智能机器人巡视观察		
23		SF$_6$密度继电器与开关设备本体之间的连接方式应满足不拆卸校验密度继电器的要求。密度继电器应装设在与断路器本体同一运行环境温度的位置。断路器SF$_6$气体补气口位置尽量满足带电补气要求		
24		应使用具有在线校验功能的继电器，就地指示压力值应与监控后台一致		
25		密度继电器防震硅油无渗漏		
26		密度继电器标签、合格证齐全		
27		密度继电器报警、闭锁压力值应按制造厂规定整定，并能可靠上传信号及闭锁断路器操作		
28		充入SF$_6$气体气压值满足制造厂规定		
29		气体管路阀系统截止阀、止回阀能可靠工作，投运前均已处于正确位置，截止阀应有清晰的关闭、开启方向及位置标示		
30		使用便携式检漏仪对灭弧室三联箱、套管安装法兰面、工艺孔封板、SF$_6$监测装置管路对接处、密度继电器根部等位置进行检漏，确保SF$_6$气回路无渗漏。如怀疑渗漏可使用红外检漏仪、泡沫液等方法验证确定漏点		

序号	验收项目	验收方法及标准	验收结论（√或×）	备注
31		操动机构固定牢靠		
32		操动机构的零部件齐全，各转动部位应涂以适合当地气候条件的润滑脂		
33		电动机固定应牢固，转向应正确		
34		各种接触器、继电器、微动开关、压力开关、压力表、加热驱潮装置和辅助开关的动作应准确、可靠，接点应接触良好、无烧损或锈蚀		
35		分、合闸线圈的铁芯应动作灵活、无卡阻		
36		压力表应经出厂检验合格，并有检验报告，压力表的电接点动作正确可靠		
37		操动机构的缓冲器应经过调整。采用油缓冲器时，油位应正常，所采用的液压油应适应当地气候条件，且无渗漏		
38		弹簧储能指示正确，弹簧机构储能接点能根据储能情况及断路器动作情况，可靠接通、断开		
39	操动机构检查验收	储能电动机具有储能超时、过电流、热电偶等保护元件，并能可靠动作，打压超时整定时间应符合产品技术要求		
40		储能电动机应运行无异常、无异声。断开储能电动机电源，手动储能能正常执行，手动储能与电动储能之间闭锁可靠		
41		合闸弹簧储能时间应满足制造厂要求，合闸操作后一般应在20s（参考值）内完成储能，在85%～110%的额定电压下应能正常储能		
42		弹簧机构应能可靠防止发生空合操作		
43		合闸弹簧储能时，牵引杆的位置应符合产品技术文件		
44		合闸弹簧储能完毕后，行程开关应能立即将电动机电源切除，合闸完毕，行程开关应将电动机电源接通，机构储能超时应上传报警信号		
45		合闸弹簧储能后，牵引杆的下端或凸轮应与合闸锁扣可靠地联锁		
46		分、合闸闭锁装置动作应灵活，复位应准确而迅速，并应开合可靠		
47		传动链条无锈蚀、机构各转动部分应涂以适合当地气候条件的润滑脂		

序号	验收项目	验收方法及标准	验收结论 (√或×)	备注
48		缓冲器缓冲行程符合制造厂规定		
49		弹簧机构内轴销、卡簧等应齐全，螺栓应紧固，并画线标记弹簧机构内轴销、卡簧等应齐全，螺栓应紧固，并画线标记		
50		断路器及其操动机构操作正常、无卡涩，储能标志、分、合闸标志及动作指示正确，便于观察		
51		断路器远方、就地操作功能切换正常		
52		断路器辅助开关切换时间与断路器主触头动作时间配合良好，接触良好，接点无电弧烧损		
53		辅助开关应安装牢固，应能防止因多次操作松动变位		
54		辅助开关应转换灵活、切换可靠、性能稳定		
55	操动机构 检查验收	辅助开关与机构间的连接应松紧适当、转换灵活，并应能满足通电时间的要求。连接锁紧螺母应拧紧，并应采取放松措施		
56		就地、远方操作时，防跳回路均能可靠工作，在模拟手合于故障条件下断路器不会发生跳跃现象		
57		三相非联动断路器缺相运行时，所配置非全相装置能可靠动作，时间继电器经校验合格且动作时间满足整定值要求。带有试验按钮的非全相保护继电器应有警示标志		
58		断路器应装设不可复归的动作计数器，其位置应便于读数，分相操作的断路器应分相装设		
59		液压油标号选择正确，适合设备运行地域环境要求，油位满足设备厂家要求，并应设置明显的油位观察窗，方便在运行状态检查油位情况		
60		液压机构连接管路应清洁、无渗漏，压力表计指示正常且其安装位置应便于观察		
61		油泵运转正常，无异常，欠电压时能可靠启动，压力建立时间符合要求。若配有过电流保护元件，整定值应符合产品技术要求		
62		液压系统油压不足时，机械、电气防止慢分装置应可靠工作		

序号	验收项目	验收方法及标准	验收结论（√或×）	备注
63		具备慢分、慢合操作条件的机构，在进行慢分、慢合操作时，工作缸活塞杆的运动应无卡阻现象，其行程应符合产品技术文件		
64		液压机构电动机或油泵应能满足 60s 内从重合闸闭锁油压打压到额定油压和 5min 内从零压充到额定压力的要求。机构打压超时应报警，时间应符合产品技术要求		
65		微动开关、接触器的动作应准确可靠、接触良好。电接点压力表、安全阀、压力释放器应经检验合格，动作可靠，关闭应严密		
66		联动闭锁压力值应按产品技术文件要求予以整定，液压回路压力不足时能按设定值可靠报警或闭锁断路器操作，并上传信号		
67	操动机构检查验收	液压机构 24h 内保压试验无异常，24h 压力泄漏量满足产品技术文件要求，频繁打压时能可靠上传报警信号		《电气装置安装工程高压电器施工及验收规范》（GB 50147—2010）
68		采用氮气储能的机构，储压筒的预充氮气压力，应符合产品技术文件要求，测量时应记录环境温度。补充的氮气应采用微水含量小于 $5\mu L/L$ 的高纯氮气作为气源		
69		储压筒应有足够的容量，在降压至闭锁压力前应能进行"分－0.3s－合分"或"合分－3min－合分"的操作		
70		对于设有漏氮报警装置的储压器，需检查漏氮报警装置功能可靠		
71		断路器交接试验中，应对机构二次回路中的防跳继电器非全相继电器进行传动，防跳继电器动作时间应小于辅助开关切换时间，并保证在模拟手合于故障时不发生跳跃现象		
72		检查防慢分装置卡位正确，装置无松动脱落，弹簧状态良好，卡销安装正确		
73	接地系统验收	断路器接地采用双引下线接地，接地铜排、镀锌扁钢截面面积满足设计要求。接地引下线应有专用的色标。紧固螺钉或螺栓应使用热镀锌工艺，其直径不应小于 12mm，接地引下线无锈蚀、损伤、变形。与接地网连接部位其搭接长度及焊接处理符合要求：扁钢（截面面积不小于 $100mm^2$）为其宽度的 2 倍且至少 3 个棱边焊接。圆钢（直径不小于 8mm）为其直径的 6 倍，详见《电气装置安装工程 接地装置施工及验收规范》（GB 50169）。焊接处应做防腐处理		

序号	验收项目	验收方法及标准	验收结论（√或×）	备注
74	接地系统验收	机构箱接地良好，有专用的色标，螺栓压接紧固。箱门与箱体之间的接地连接铜线截面面积不小于 4mm²		
75		由断路器本体机构箱至就地端子箱之间的二次电缆的屏蔽层应在就地端子箱处可靠连接至等电位接地网的铜排上，在本体机构箱内不接地		
76		二次电缆绝缘层无变色、老化、损坏		
77	辅助系统等检查验收	断路器机构箱、汇控柜中应有完善的加热、驱潮装置，并根据温湿度自动控制，必要时也能进行手动投切，其设定值满足安装地点环境要求		
78		机构箱、汇控柜内所有的加热元件应是非暴露型的。加热驱潮装置及控制元件的绝缘应良好，加热器与各元件、电缆及电线的距离应大于 50mm。加热驱潮装置电源与电动机电源要分开		
79		寒冷地域装设的加热带能正常工作		
80		断路器机构箱、汇控柜应装设照明装置，且工作正常		
81		引线无散股、扭曲、断股现象。引线对地和相间符合电气安全距离要求，引线松紧适当，无明显过松过紧现象，导线的弧垂须满足设计规范		
82		铝设备线夹，在可能出现冰冻的地区朝上 30°～90°安装时，应设置滴水孔		
83		设备线夹连接宜采用热镀锌螺栓		
84		设备线夹与压线板是不同材质时，应采用面间过渡安装方式而不应使用铜铝对接过渡线夹		
85	试验验收	测量绝缘拉杆的绝缘电阻：在常温下测量的绝缘拉杆绝缘电阻不应低于 10000MΩ		《±800kV 直流系统电气设备交接验收试验》（Q/GDW 275—2009）
86		测量导电回路的电阻：与出厂值进行对比，不得超过 120％出厂值		

序号	验收项目	验收方法及标准	验收结论 (√或×)	备注
87	试验验收	交流耐压试验： （1）35～500kV SF$_6$ 断路器： 1）在 SF$_6$ 气压为额定值时进行，试验电压按出厂试验电压的 80％，试验时间为 60s。 2）110kV 以下电压等级应进行合闸对地和断口间耐压试验。 3）罐式断路器应进行合闸对地和断口间耐压试验。 4）500kV 定开距瓷柱式断路器只进行断口耐压试验。 （2）750kV SF$_6$ 断路器： 1）主回路交流耐压试验： a. 试验前应用 5000V 绝缘电阻表测量每相导体对地绝缘电阻。 b. 在充入额定压力的 SF$_6$ 气体，其他各项交接试验项目完成并合格后进行，断路器应在合闸状态。 c. 试验电压值为出厂试验电压值的 90％，试验电压频率在 10～300Hz 范围内。 d. 试验前可进行低电压下的老炼试验，施加试验电压值和时间可与厂家协商确定。 2）断口交流耐压试验： a. 主回路交流耐压试验完成后应进行断口交流耐压试验。 b. 试验电压值为出厂试验电压值的 90％，试验电压频率在 10～300Hz 范围内。 c. 试验时断路器断开，断口一端施加试验电压，另一端接地		《±800kV 直流系统电气设备交接验收试验》（Q/GDW 275—2009）
88		测量断路器的分合闸速度和时间：速度测量在必要时进行，应在额定操作电压、气压或液压下进行，实测数值应符合产品技术条件的规定。时间测量应在额定操作电压和气压下进行，实测值应符合产品技术条件的规定		
89		测量分、合闸线圈的绝缘电阻和直流电阻：使用 1000V 绝缘电阻表进行测试，实测分、合闸线圈的绝缘电阻值不应低于 10MΩ，直流电阻值与出厂试验值相比，应无明显差别		
90		操动机构试验：合闸操作试验：分闸装置在额定电源电压的 65％～110％（直流）或 85％～110％（交流）范围内，应可靠动作，当此电压小于额定值的 30％时，不应分闸。操动机构的脱扣操作试验：分闸电磁铁在其线圈端子处测得的电压大于额定值的 65％时，应可靠分闸，当此电压小于额定值的 30％时，不应分闸。附装失压脱扣器的，其动作特性应符合《±800kV 直流系统电气设备交接验收试验》（Q/GDW 275—2009）中第 11.8.2 条的规定。附装过电流脱扣器的，其额定电流不应小于 2.5A，脱扣电流的等级范围及其准确度应符合《±800kV 直流系统电气设备交接验收试验》（Q/GDW 275—2009）第 11.8.2 条的规定。操动机构的模拟操动试验：当具有可调电源时，可在不同电压、液压条件下，对断路器进行就地或远控操作，每次操作均应正确、可靠地动作，其联锁及闭锁装置回路的动作应符合产品及设计要求。当无可调电源时，只在额定电压下进行试验。操动试验：液压机构的操动试验应符合《±800kV 直流系统电气设备交接验收试验》（Q/GDW 275—2009）中第 11.8.3 条的规定		

序号	验收项目	验收方法及标准	验收结论 (√或×)	备注
91		断路器内 SF₆ 气体的微水含量测定：应符合下列规定：与灭弧室相通的气室应小于 150×10^{-6}。不与灭弧室相通的气室应小于 500×10^{-6}。微量水含量的测定应在断路器充气 24h 后进行		《±800kV 直流系统电气设备交接验收试验》（Q/GDW 275—2009）
92		密封性试验：采用灵敏度不低于 1×10^{-6}（体积比）的检漏仪对开关各密封部位、管道接头等处进行检测时，检漏仪不应报警。采用收集法进行气体泄漏试验时，以 24h 的漏气量换算，年漏气率不应大于 0.5%。密封性试验应在开关充气 24h 后进行		
93	试验验收	气体密度继电器、压力表和压力动作阀的校验：使用气体密度继电器校验仪进行，气体密度继电器及压力动作阀的动作值，应符合产品技术条件的规定。压力表指示值的误差及其变差，均应在产品相应等级的允许误差范围内		
94		应对断路器主触头与合闸电阻触头的时间配合关系进行测试，并进行合闸电阻阻值的测量		《国家电网有限公司十八项电网重大反事故措施（修订版）》
95		应进行行程曲线测试，并同时测量分/合闸线圈电流波形		
96		罐式断路器局部放电量检测：罐式断路器可在耐压过程中进行局部放电检测工作，1.2 倍额定相电压下局部放电量应满足设备厂家技术要求		
97		断路器均压电容器（如配置）的试验（绝缘电阻、电容量、介质损耗）应符合有关规定。 (1) 断路器均压电容器的极间绝缘电阻不应低于 5000MΩ。 (2) 断路器均压电容器的介质损耗角正切值应符合产品技术条件的规定。 (3) 20℃时，电容值的偏差应在额定电容值的 ±5% 范围内。 (4) 罐式断路器的均压电容器试验可按制造厂的规定进行		

3.4.4 验收检查记录表格

在工作中对于重要的内容进行检查记录并留档保存。断路器外观验收检查记录表见表 3-4-4，断路器试验验收检查记录表见表 3-4-5，断路器伴热带检查记录见表 3-4-6，断路器跳闸检查记录见表 3-4-7。

表 3-4-4　　　　　　　　　　　　　　　　　　　　　断路器外观验收检查记录表

设备名称	验收项目						验收人
	断路器本体外观检查	极柱及瓷套管、复合套管验收	SF_6 气体系统检查	操动机构检查验收	接地系统验收	辅助系统等检查验收	
5611							
5612							
……							

表 3-4-5　　　　　　　　　　　　　　　　　　　　　断路器试验验收检查记录表

设备名称	验收项目											验收人
	测量绝缘拉杆的绝缘电阻	测量导电回路的电阻	交流耐压试验	测量断路器的分合闸速度和时间	测量分、合闸线圈的绝缘电阻和直流电阻	操动机构试验	断路器内 SF_6 气体的微水含量测定	密封性试验	气体密度继电器、压力表和压力动作阀的校验	罐式断路器局部放电量检测	断路器均压电容器的试验（如配置）	
5611												
5612												
……												

表 3-4-6　　　　　　　　　　　　　　　　　　　　　断路器伴热带检查记录

设备名称	验收项目					验收人
	调整第一挡温控器定值使其能够正常启动、停止	手动强制投入第一挡、第二挡伴热带正常	试验信号核对正常	端子号	电流	
5611						
5612						
……						

表 3-4-7　　　　　　　　　　　　　　　　　断路器跳闸检查记录

序号	试验回路	试验地点	试验方法	验收结论（√或×）	验收人
1	母线差动保护跳 5081、5082、5611 5612、5613、5614、5615 开关回路 1	AFP1A 第一大组 交流滤波器 保护 A	投入"投母线差动保护"功能压板，模拟母线差动保护动作，投入跳 5081 开关三相出口 1，开关锁定 1、2		
2			模拟母线差动保护动作，投入跳 5082 开关三相出口 1，开关锁定 1、2		
3			模拟母线差动保护动作，投入跳 5611 开关三相出口 1，开关锁定 1、2		
4			模拟母线差动保护动作，投入跳 5615 开关三相出口 1，开关锁定 1、2		
5	5611 小组保护跳 5611 开关回路 1	AFP1A	投入"5611 小组保护投入"功能压板，模拟 5611 滤波器保护动作，投入跳 5611 开关三相出口 1，开关锁定 1、2		
...	......				

3.4.5　检查评价表格

对工作中检查出的问题进行汇总记录，并进行验收评价，留档保存。断路器外观检查评价表见表 3-4-8。

表 3-4-8　　　　　　　　　　　　　　　　　断路器外观检查评价表

检查人	×××		检查日期	××××年××月××日
存在问题汇总				

3.5　隔离开关及接地开关检查验收标准作业卡

3.5.1　验收范围说明

本验收作业卡适用于换流站验收工作，验收范围包括：交流滤波器场隔离开关及接地开关交接。

3.5.2　验收准备工作

各阶段验收工作开展前，运检人员应当提前明确验收的时间、人员、车辆机具、仪器工具、图纸资料等，并至少在验收开展的前

一天完成准备工作的确认。

隔离开关及接地开关检查验收准备工作见表 3-5-1，隔离开关及接地开关检查验收工器具清单见表 3-5-2。

表 3-5-1 隔离开关及接地开关检查验收准备工作表

序号	项目	工作内容	实施标准	负责人	备注
1	时间安排	验收工作开展前，应当组织业主、厂家、施工、监理、运检人员现场联合勘查，在各方均认为现场满足验收条件后方可开展	交流滤波器设备安装工作已完成，完成现场清理工作		
2	人员安排	（1）如人员、车辆充足可组织多个验收组同时开展工作。 （2）每个验收组建议至少安排运检人员 2 人，厂家人员 2 人，监理 1 人，平台车专职驾驶员 1 人（厂家或施工单位人员）	验收前成立临时专项验收组，组织运检、施工、厂家、监理人员共同开展验收工作		
3	车辆工具安排	验收工作开展前，准备好验收所需车辆机具、仪器仪表、工器具、安全防护用品、验收记录材料、相关图纸及相关技术资料	（1）车辆机具、仪器仪表、工器具、安全防护用品应试验合格，满足本次施工的要求。 （2）验收记录材料、相关图纸及相关技术资料齐全并符合现场实际情况		
4	验收交底	根据本次作业内容和性质确定好检修人员，并组织学习本作业卡	要求所有工作人员明确本次工作的作业内容、进度要求、作业标准及安全注意事项		

表 3-5-2 隔离开关及接地开关检查验收工器具清单

序号	名称	型号	数量	备注
1	高空作业车	—	1 辆	
2	万用表	—	1 套	
3	安全带	—	每人 1 套	
4	车辆接地线	—	1 根	
5	力矩扳手	—	1 套	

序号	名称	型号	数量	备注
6	对讲机	—	1对	
7	百洁布	—	1套	
8	无水乙醇	—	1瓶	
9	导电膏	—	1瓶	
10	游标卡尺	—	1把	
11	回路电阻测试仪	—	1台	
12	绝缘子超声波探伤仪	—	1台	
13	绝缘电阻表	—	1台	

3.5.3 验收检查记录

隔离开关及接地开关验收检查记录表见表 3-5-3。

表 3-5-3　　　　　　　　　隔离开关及接地开关验收检查记录表

序号	验收项目	验收方法及标准	验收结论（√或×）	备注
1	外观检查	操动机构、传动装置、辅助开关及闭锁装置应安装牢固、动作灵活可靠、位置指示正确，各元件功能标志正确，引线固定牢固，设备线夹应有排水孔		
2		三相联动的隔离开关、接地开关触头接触时，同期数值应符合产品技术文件要求，最大值不得超过 20mm		
3		相间距离及分闸时触头打开角度和距离，应符合产品技术文件要求		
4		触头接触应紧密良好，接触尺寸应符合产品技术文件要求。导电接触检查可用 0.05mm×10mm 的塞尺进行检查。对于线接触应塞不进去，对于面接触其塞入深度：在接触表面宽度为 50mm 及以下时不应超过 4mm，在接触表面宽度为 60mm 及以上时不应超过 6mm		
5		隔离开关分合闸限位应正确		
6		垂直连杆应无扭曲变形		

序号	验收项目	验收方法及标准	验收结论（√或×）	备注
7		螺栓紧固力矩应达到产品技术文件和相关标准要求		
8		油漆应完整、相色标志正确，设备应清洁		
9		隔离开关、接地开关底座与垂直连杆、接地端子及操动机构箱应接地可靠，软连接导电带紧固良好，无断裂、损伤		
10		220kV 及以上具有分相操作功能的隔离开关，位置节点要分相上送，机构操作电源应分开、独立		
11		隔离开关及构架、机构箱安装应牢靠，连接部位螺栓压接牢固，满足力矩要求，平垫、弹簧垫齐全、螺栓外露长度符合要求，用于法兰连接紧固的螺栓，紧固后螺纹一般应露出螺母 2～3 圈，各螺栓、螺纹连接件应按要求涂胶并紧固、划标志线		
12	外观检查	采用垫片安装（厂家调节垫片除外）调节隔离开关水平的，支架或底架与基础的垫片不宜超过 3 片，总厚度不应大于 10mm，且各垫片间应焊接牢固		《电气装置安装工程高压电器施工及验收规范》（GB 50147—2010）
13		底座与支架、支架与主地网的连接应满足设计要求，接地应牢固可靠，紧固螺钉或螺栓的直径不应小于 12mm		
14		接地引下线无锈蚀、损伤、变形。接地引下线应有专用的色标标志		
15		隔离开关构支架应有两点与主地网连接，接地引下线规格满足设计规范，连接牢固		
16		架构底部的排水孔设置合理，满足要求		
17		绝缘子清洁，无裂纹，无掉瓷，爬电比距符合污秽等级要求		
18		金属法兰、连接螺栓无锈蚀、无表层脱落现象		
19		金属法兰与瓷件的胶装部位涂以性能良好的防水密封胶，胶装后露砂高度 10～20mm 且不得小于 10mm		
20		逐个进行绝缘子超声波探伤，探伤结果合格		
21		有特殊要求不满足防污闪要求的，瓷质绝缘子喷涂防污闪涂层，应采用差色喷涂工艺，涂层厚度不小于 2mm，无破损、起皮、开裂等情况。增爬伞裙无塌陷变形，表面牢固		

序号	验收项目	验收方法及标准	验收结论 (√或×)	备注
22	外观检查	引线无散股、扭曲、断股现象。引线对地和相间符合电气安全距离要求，引线松紧适当，无明显过松过紧现象，导线的弧垂须满足设计规范		
23		压接式铝设备线夹，朝上30°～90°安装时，应设置排水孔		
24		设备线夹压接应采用热镀锌螺栓，采用双螺母或蝶形垫片等防松措施		
25		设备线夹与压线板是不同材质时，不应使用对接式铜铝过渡线夹		
26	联锁检查	隔离开关与其所配的接地开关间有可靠的机械闭锁和电气闭锁措施，可以实现远方/就地操作的电气闭锁		《2021年9月换流站运行重点问题分析及处理措施报告》
27		机构把手上应设置机械"五防"锁具的锁孔，锁具无锈蚀、变形现象		
28		操动机构电动和手动操作转换时，应有相应的闭锁		
29		触头表面镀银层完整，无损伤，导电回路主触头镀银层厚度不应小于20μm，硬度不小于120HV。固定接触面均匀涂抹电力复合脂，接触良好		
30		带有引弧装置的应动作可靠，不会影响隔离开关的正常分合		
31	机构箱检查	机构箱密封良好，无变形、水迹、异物，密封条良好，门把手完好		
32		二次接线布置整齐，无松动、损坏，二次电缆绝缘层无损坏现象，二次接线排列整齐，接头牢固、无松动，编号清楚		
33		箱内端子排、继电器、辅助开关等无锈蚀		
34		由隔离开关本体机构箱至就地端子箱之间的二次电缆的屏蔽层应在就地端子箱处可靠连接至等电位接地网的铜排上		
35		操作电动机"电动/手动"切换把手外观无异常，"远方/就地""合闸/分闸"把手外观无异常，操作功能正常，手动、电动操作正常		
36		机构箱中应装有加热、驱潮装置，并根据温湿度自动控制，必要时也能进行手动投切，其设定值满足安装地点环境要求。加热器应接成三相平衡的负荷，且与电机电源要分开		
37		寒冷地域装设的加热带能正常工作		
38		加热器、驱潮装置及控制元件的绝缘应良好，加热器与各元件、电缆及电线的距离应大于50mm		
39		机构箱、汇控柜应装设照明装置，且工作正常		

序号	验收项目	验收方法及标准	验收结论（√或×）	备注
40		用压降法测量导电回路的电阻：实测导电回路的电阻值应符合产品技术条件的规定		
41		用绝缘电阻表测量二次回路交流耐压试验：施加工频电压 2kV，持续时间 1min		《±800kV 直流系统电气设备交接验收试验》（Q/GDW 275—2009）
42	试验验收	操动机构试验：分、合闸时间符合产品技术条件。隔离开关的主闸刀和接地开关能可靠地合闸和分闸。分、合闸位置指示正确。机械或电气闭锁装置应准确可靠		
43		瓷套、复合绝缘子：使用 2500V 绝缘电阻表测量，绝缘电阻不应低于 1000MΩ，复合绝缘子应进行憎水性测试		
44		瓷柱探伤试验：①隔离开关、接地开关绝缘子应在设备安装完好并完成所有的连接后逐支进行超声探伤检测；②逐个进行绝缘子超声波探伤，探伤结果合格		
45		校核动、静触头开距试验：在额定、最低（85%U_n，U_n 为额定电压）和最高（110%U）操作电压下进行 3 次空载合、分试验，并测量分合闸时间，检查闭锁装置的性能和分合位置指示的正确性		
46		控制及辅助回路的工频耐压试验：隔离开关（接地开关）操动机构辅助和控制回路绝缘交接试验应采用 2500V 绝缘电阻表，绝缘电阻应大于 10MΩ		

3.5.4 验收检查记录表格

在工作中对于重要的内容进行检查记录并留档保存。隔离开关及接地开关外观验收检查记录表见表 3-5-4，隔离开关及接地开关试验验收检查记录表见表 3-5-5。

表 3-5-4　　　　　　　　　　　　　　　隔离开关及接地开关外观验收检查记录表

设备名称	验收项目			验收人
	外观检查	联锁检查	机构箱检查	
5611 间隔				
5612 间隔				

设备名称	验收项目			验收人
	外观检查	联锁检查	机构箱检查	
5613 间隔				
5614 间隔				
……				

表 3-5-5   **隔离开关及接地开关试验验收检查记录表**

设备名称	验收项目							验收人
	导电回路的电阻测量	二次回路交流耐压试验	操动机构试验	瓷套、复合绝缘子	瓷柱探伤试验	校核动、静触头开距试验	控制及辅助回路的工频耐压试验	
5611 间隔								
5612 间隔								
5613 间隔								
5614 间隔								
……								

以第一大组第 1 小组交流滤波器为例，开展隔离开关及接地开关软件联锁与电气联锁验证，并留档保存。隔离开关及接地开关试验验收检查记录表见表 3-5-6。

表 3-5-6   **隔离开关及接地开关试验验收检查记录表**

第一大组滤波器开关设备联锁功能验证			
操作对象	状态或条件	要求	验收结论（√ 或 ×）
第一大组滤波器	远方操作时，该大组所有开关控制方式为"远控"位置，隔离开关、接地开关控制方式为"遥控三相联动"位置	—	系统 A/B

161

第一大组滤波器开关设备联锁功能验证				
操作对象		状态或条件	要求	验收结论（√或×）
56111	合闸	5611 分，561117 分，561127 分，5617 分，507367 分	能操作	
		5611 合，561117 分，561127 分，5617 分，507367 分	不能操作	
		5611 分，561117 合，561127 分，5617 分，507367 分	不能操作	
		5611 分，561117 分，561127 合，5617 分，507367 分	不能操作	
		5611 分，561117 分，561127 分，5617 合，507367 分	不能操作	
		5611 分，561117 分，561127 分，5617 分，507367 合	不能操作	
		测试"远/近控"切换装置与隔离开关操作相对应、OWS 事件正确	对应正确	
	分闸	5611 分	能操作	
		5611 合	不能操作	
561117	合闸	56111 合	不能操作	
		56111 分	能操作	
		测试"远/近控"切换装置与接地开关操作相对应、OWS 事件正确	对应正确	
561127	合闸	56111 合	不能操作	
		56111 分（无延时）	不能操作	
		56111 分（已拉开 7min）	能操作	
		测试"远/近控"切换装置与接地开关操作相对应、OWS 事件正确	对应正确	

注 交流滤波器开关设备远方汇控操作，分别在 A/B 系统下，在不同的设备状态组合下验证其是否能操作，这样的操作能同时验证其软件联锁与电气联锁。

3.5.5 检查评价表格

对工作中检查出的问题进行汇总记录，并进行验收评价，留档保存。滤波器隔离开关及接地开关检查评价表见表 3-5-7。

表 3-5-7 　　　　　　　　　　　　滤波器隔离开关及接地开关检查评价表

检查人	×××	检查日期	××××年××月××日
存在问题汇总			

3.6 常规 TA 检查验收标准作业卡

3.6.1 验收范围说明

本验收作业卡适用于换流站验收工作，验收范围包括：交流滤波器场常规 TA 交接。

3.6.2 验收准备工作

各阶段验收工作开展前，运检人员应当提前明确验收的时间、人员、车辆机具、仪器工具、图纸资料等，并至少在验收开展的前一天完成准备工作的确认。

常规 TA 检查验收准备工作表见表 3-6-1，常规 TA 检查验收工器具清单见表 3-6-2。

表 3-6-1   常规 TA 检查验收准备工作表

序号	项目	工作内容	实施标准	负责人	备注
1	时间安排	验收工作开展前，应当组织业主、厂家、施工、监理、运检人员现场联合勘查，在各方均认为现场满足验收条件后方可开展	交流滤波器设备安装工作已完成，完成现场清理工作		
2	人员安排	（1）如人员、车辆充足可组织多个验收组同时开展工作。 （2）每个验收组建议至少安排运检人员 2 人，厂家人员 2 人，监理 1 人，平台车专职驾驶员 1 人（厂家或施工单位人员）	验收前成立临时专项验收组，组织运检、施工、厂家、监理人员共同开展验收工作		
3	车辆工具安排	验收工作开展前，准备好验收所需车辆机具、仪器仪表、工器具、安全防护用品、验收记录材料、相关图纸及相关技术资料	（1）车辆机具、仪器仪表、工器具、安全防护用品应试验合格，满足本次施工的要求。 （2）验收记录材料、相关图纸及相关技术资料齐全并符合现场实际情况		
4	验收交底	根据本次作业内容和性质确定好检修人员，并组织学习本作业卡	要求所有工作人员明确本次工作的作业内容、进度要求、作业标准及安全注意事项		

表 3-6-2   常规 TA 检查验收工器具清单

序号	名称	型号	数量	备注
1	高空作业车	—	1 辆	
2	万用表	—	1 套	
3	安全带	—	每人 1 套	
4	车辆接地线	—	1 根	
5	力矩扳手	—	1 套	
6	对讲机	—	1 对	
7	相序表	—	1 台	
8	回路电阻测试仪	—	1 台	
9	自动电桥测试仪	—	1 台	
10	变比测试仪	—	1 台	
11	极性测试仪	—	1 台	
12	工频试验电源	—	1 套	

3.6.3 验收检查记录

常规 TA 验收检查记录表见表 3-6-3。

表 3-6-3   常规 TA 验收检查记录表

序号	验收项目	验收方法及标准	验收结论 （√或×）	备注
1	常规 TA 外观检查	瓷套、底座、阀门和法兰等部位应无渗漏油现象		
2		金属膨胀器视窗位置指示清晰，无渗漏，油位在规定的范围内。不宜过高或过低，绝缘油无变色		
3		无明显污渍、无锈迹，油漆无剥落、无褪色，并达到防污要求		
4		复合绝缘干式电流互感器表面无损伤、无裂纹，油漆应完整		

164

序号	验收项目	验收方法及标准	验收结论（√或×）	备注
5	常规TA外观检查	电流互感器膨胀器保护罩顶部应为防积水的凸面设计，能够有效防止雨水聚集		
6		瓷套不存在缺损、脱釉、落砂，法兰胶装部位涂有合格的防水胶		
7		硅橡胶套管不存在龟裂、起泡和脱落		
8		相色标志正确，零电位进行标志		
9		均压环安装水平、牢固，且方向正确，安装在环境温度零度及以下地区的均压环，宜在均压环最低处打排水孔		
10		金属膨胀器固定装置已拆除		
11		应保证有两根与主接地网不同地点连接的接地引下线		
12		电容型绝缘的电流互感器，其一次绕组末屏的引出端子、铁芯引出接地端子应接地牢固可靠		
13		互感器的外壳接地牢固可靠。二次线穿管端部应封堵良好，上端与设备的底座和金属外壳良好焊接，下端就近与主接地网良好焊接		
14		三相并列安装的互感器中心线应在同一直线上，同一组互感器的极性方向应与设计图纸相符。基础螺栓应紧固		
15		SF_6止回阀（气体绝缘）无泄漏、本体额定气压值（20℃）指示无异常		
16		防爆膜（气体绝缘）防爆膜完好，防雨罩无破损		
17		密度继电器（气体绝缘）应压力正常、标志明显、清晰。校验合格，报警值（接点）正常。密度继电器应设有防雨罩。密度继电器满足不拆卸校验要求，表计朝向巡视通道		
18		使用便携式检漏仪对电流互感器本体、法兰、SF_6监测装置管路对接处、密度继电器根部等位置进行检漏，确保SF_6气回路无渗漏。如怀疑渗漏可使用红外检漏仪、泡沫液等方法验证确定漏点		
19	互感器各侧出线	出线端及各附件连接部位连接牢固可靠，并有螺栓防松措施		
20		线夹不应采用铜铝对接过渡线夹		

序号	验收项目	验收方法及标准	验收结论（√或×）	备注
21	互感器各侧出线	在可能出现冰冻的地区，线径为 400mm² 及以上的、压接孔向上 30°～90°的压接线夹，应打排水孔		
22		引线无散股、扭曲、断股现象。引线对地和相间符合电气安全距离要求，引线松紧适当，无明显过松过紧现象，导线的弧垂须满足设计规范		
23		设备固定和导电部位使用 8.8 级及以上热镀锌螺栓		《国家电网公司十八项电网重大反事故措施（修订版）》
24	二次系统验收	二次端子的接线牢固，并有防松功能，装蝶形垫片及防松螺母		
25		二次端子不应开路，单点接地。暂时不用的二次端子应短路接地		
26		二次端子标志明晰		
27		电缆加装固定头，如无，应由内向外电缆孔洞封堵		
28		符合防尘、防水要求，内部整洁		
29		接地、封堵良好		
30		备用的二次绕组应短接并接地		
31		二次电缆备用芯应该使用绝缘帽，并用绝缘材料进行绑扎		
32		一次绕组串并联端子与二次绕组抽头应符合运行要求		
33	试验验收	绝缘电阻测量：测量一次绕组对二次绕组及外壳、各二次绕组间及其对外壳的绝缘电阻，实测绝缘电阻值与出厂试验值比较，应无明显差别		
34		一次绕组工频耐压试验：在一次侧加入工频试验源进行一次绕组工频耐压试验，试验电压为出厂试验电压值的 80%，持续时间 1min。试验后对一次绕组充分放电。充气式电流互感器安装后应进行现场老练试验，试验结束后进行耐压试验。试验电压为出厂试验值的 80%		《±800kV 直流系统电气设备交接验收试验》（Q/GDW 275—2009）
35		二次绕组之间及其对外壳的工频耐压试验：使用绝缘电阻表测量二次绕组之间及其对外壳的工频耐压试验，试验电压 2kV，持续时间 1min。试验后对一次绕组充分放电		

序号	验收项目	验收方法及标准	验收结论（√或×）	备注
36	试验验收	一次绕组的介质损耗因数测量：采用自动电桥测试仪的正接线方式测量（没有末屏端子的采用反接法）一次绕组的介质损耗因数（tanδ），实测值与出厂试验值比较，应无明显差别		
37		变比测量：使用变比测试仪连接一、二次绕组测量变比，实测值应与铭牌值相符		
38		极性检查：使用极性测试仪连接一、二次绕组检查极性，应与标志相符		

3.6.4 验收检查记录表格

在工作中对于重要的内容进行检查记录并留档保存。常规 TA 外观验收检查记录表见表 3-6-4，常规 TA 试验验收检查记录表见表 3-6-5。

表 3-6-4　　　　　　　　　　　　　　　　**常规 TA 外观验收检查记录表**

设备名称	验收项目			验收人
	常规 TA 外观检查	各侧出线检查	二次系统检查	
5611 间隔				
5612 间隔				
5613 间隔				
5614 间隔				
……				

表 3-6-5　　　　　　　　　　　　　　　　**常规 TA 试验验收检查记录表**

设备名称	验收项目						验收人
	绝缘电阻测量	一次绕组工频耐压试验	二次绕组之间及其对外壳的工频耐压试验	一次绕组的介质损耗因数测量	变比测量	极性检查	
5611 间隔							

设备名称	验收项目						验收人
	绝缘电阻测量	一次绕组工频耐压试验	二次绕组之间及其对外壳的工频耐压试验	一次绕组的介质损耗因数测量	变比测量	极性检查	
5612 间隔							
5613 间隔							
5614 间隔							
……							

3.6.5 检查评价表格

对工作中检查出的问题进行汇总记录，并进行验收评价，留档保存。滤波器常规 TA 检查评价表见表 3-6-6。

表 3-6-6 滤波器常规 TA 检查评价表

检查人	×××		检查日期	××××年××月××日
存在问题汇总				

3.7 电压互感器检查验收标准作业卡

3.7.1 验收范围说明

本验收作业卡适用于换流站验收工作，验收范围包括：交流滤波器场电压互感器交接。

3.7.2 验收准备工作

各阶段验收工作开展前，运检人员应当提前明确验收的时间、人员、车辆机具、仪器工具、图纸资料等，并至少在验收开展的前一天完成准备工作的确认。

电压互感器检查验收准备工作表见表 3-7-1，电压互感器检查验收工器具清单见表 3-7-2。

表 3-7-1 电压互感器检查验收准备工作表

序号	项目	工作内容	实施标准	负责人	备注
1	时间安排	验收工作开展前，应当组织业主、厂家、施工、监理、运检人员现场联合勘查，在各方均认为现场满足验收条件后方可开展	交流滤波器设备安装工作已完成，完成现场清理工作		
2	人员安排	（1）如人员、车辆充足可组织多个验收组同时开展工作。 （2）每个验收组建议至少安排运检人员2人，厂家人员2人，监理1人，平台车专职驾驶员1人（厂家或施工单位人员）	验收前成立临时专项验收组，组织运检、施工、厂家、监理人员共同开展验收工作		
3	车辆工具安排	验收工作开展前，准备好验收所需车辆机具、仪器仪表、工器具、安全防护用品、验收记录材料、相关图纸及相关技术资料	（1）车辆机具、仪器仪表、工器具、安全防护用品应试验合格，满足本次施工的要求。 （2）验收记录材料、相关图纸及相关技术资料齐全并符合现场实际情况		
4	验收交底	根据本次作业内容和性质确定好检修人员，并组织学习本作业卡	要求所有工作人员明确本次工作的作业内容、进度要求、作业标准及安全注意事项		

表 3-7-2 电压互感器检查验收工器具清单

序号	名称	型号	数量	备注
1	高空作业车	—	1辆	
2	万用表	—	1套	
3	安全带	—	每人1套	
4	车辆接地线	—	1根	
5	力矩扳手	—	1套	
6	对讲机	—	1对	
7	相序表	—	1台	
8	电阻测试仪	—	1台	

序号	名称	型号	数量	备注
9	极性测试仪	—	1台	
10	相对介质损耗及电容量测试仪	—	1台	
11	超声波局部放电检测仪	—	1台	
12	互感器综合测试仪	—	1台	

3.7.3 验收检查记录

电压互感器验收检查记录表见表 3-7-3。

表 3-7-3 **电压互感器验收检查记录表**

序号	验收项目	验收方法及标准	验收结论 （√或×）	备注
1		铭牌标志完整清晰，无锈蚀且位于易于观察的同一侧		
2		瓷套、底座、阀门和法兰等部位应无渗漏油现象		
3		油位正常		
4		油漆无剥落、无褪色		
5		外观无明显的锈迹、无明显污渍		
6	电压互感器外观检查	瓷套不存在缺损、脱釉、落砂，铁瓷接合部涂有合格的防水胶。瓷套达到防污等级要求		
7		复合绝缘干式电压互感器表面无损伤、无裂纹		
8		相色标志正确		
9		电容式电压互感器中间变压器高压侧不应装设氧化锌避雷器		
10		均压环安装水平、牢固，且方向正确，安装在环境温度零度及以下地区的均压环，宜在均压环最低处打排水孔		

序号	验收项目	验收方法及标准	验收结论（√或×）	备注
11	电压互感器外观检查	安装牢固，垂直度应符合要求，本体各连接部位应牢固可靠		
12		同一组互感器三相间应排列整齐，极性方向一致		
13		电容式电压互感器中间变压器接地端应可靠接地		
14		对于220kV及以上电压等级电容式电压互感器，电容器单元安装时必须按照出厂时的编号以及上下顺序进行安装，严禁互换		《国家电网公司十八项电网重大反事故措施（修订版）》
15		检查阻尼器是否接入的二次剩余绕组端子		
16		110(66)kV及以上电压互感器构支架应有两点与主地网不同点连接，接地引下线规格满足设计要求，导通良好		
17	电压互感器各侧出线	螺母应有双螺栓连接等防松措施		
18		线夹不应采用铜铝对接过渡线夹		
19		在可能出现冰冻的地区，线径为400mm² 及以上的、压接孔向上30°～90°的压接线夹，应打排水孔		
20		引线无散股、扭曲、断股现象。引线对地和相间符合电气安全距离要求，引线松紧适当，无明显过松过紧现象，导线的弧垂须满足设计规范		
21	二次系统检查	二次端子的接线牢固、整齐并有防松功能，装蝶形垫片及防松螺母。二次端子不应短路，单点接地。控制电缆备用芯应加装保护帽		
22		二次电缆穿线管端部应封堵良好，并将上端与设备的底座和金属外壳良好焊接，下端就近与主接地网良好焊接		
23		二次端子标志明晰		
24		电缆如未加装固定头，应由内向外电缆孔洞封堵		
25		二次接线盒符合防尘、防水要求、内部整洁。接地、封堵良好		

序号	验收项目	验收方法及标准	验收结论（√或×）	备注
26	试验验收	绝缘电阻测量：用 2500V 绝缘电阻表，负极性加压，正极性加压线接另外一端。测量一次绕组对二次绕组及外壳、各二次绕组间及其对外壳的绝缘电阻：绝缘电阻值不宜低于 1000MΩ；测量电压互感器接地端（N）对外壳（地）的绝缘电阻，绝缘电阻值不宜小于 1000MΩ。若末屏对地绝缘电阻小于 1000MΩ 时，应测量其 tanδ		
27		35kV 及以上电压互感器的介质损耗角正切值 tanδ 测量：互感器的绕组 tanδ 测量电压应在 10kV 测量，tanδ 不应大于标准规范相关要求。当对绝缘性能有怀疑时，可采用高压法进行试验，在 $(0.5-1)\,U_m\sqrt{3}$ 范围内进行，tanδ 变化量不应大于 0.2%，电容变化量不应大于 0.5%。末屏 tanδ 测量电压为 2kV		
28		局部放电试验：电压等级为 35～110kV 互感器的局部放电测量可按 10% 进行抽测，若局部放电量达不到规定要求应增大抽测比例。局部放电测量时，应在高压侧（包括电压互感器感应电压）监测施加的一次电压。局部放电测量的测量电压及视在放电量应该满足表 9.0.4［详见《电气装置安装工程 电气设备交接试验标准》（GB 50150—2016）］中的规定		
29		交流耐压试验：试验电源频率和试验电压时间参照《电气装置安装工程 电气设备交接试验标准》（GB 50150—2016）中第 7.0.13 条第 4 款规定执行。感应耐压试验时，应在高压端测量电压值。电压等级 220kV 以上的 SF_6 气体绝缘互感器（特别是电压等级为 500kV 的互感器）宜在安装完毕的情况下进行交流耐压试验。二次绕组之间及其对外壳的工频耐压试验电压标准应为 2kV。电压等级 110kV 及以上的电压互感器接地端（N）对地的工频耐压试验电压标准应为 3kV		《电气装置安装工程 电气设备交接试验标准》（GB 50150—2016）
30		绕组的直流电阻：一次绕组直流电阻测量值，与换算到同一温度下的出厂值比较，相差不宜大于 10%。二次绕组直流电阻测量值，与换算到同一温度下的出厂值比较，相差不宜大于 15%		
31		接线组别和极性试验：必须符合设计要求，并应与铭牌和标志相符		

序号	验收项目	验收方法及标准	验收结论（√或×）	备注
32	试验验收	误差测量：用于非关口计量，电压等级 35kV 及以上的互感器，宜进行误差测量。用于非关口计量，电压等级 35kV 及以上的互感器，检查互感器变比，应与制造厂铭牌相符。对多抽头的互感器，可只检查使用分接头的变比。非计量用绕组应进行变比检查		
33		电容式电压互感器（CVT）的检测：CVT 电容分压器电容量和介质损耗角 tanδ 的测量结果：电容量与出厂值比较其变化量超过—5% 或 10% 时要引起注意，tanδ 不应大于 0.5%。条件许可时测量单节电容器在 10kV 至额定电压范围内，电容量的变化量大于 1% 时判为不合格。CVT 误差试验应在支架（柱）上进行。如果电磁单元结构许可，电磁单元检查包括中间变压器的励磁曲线测量、补偿电抗器感抗测量、阻尼器和限幅器的性能检查，交流耐压试验参照电磁式电压互感器，施加电压按出厂试验的 80% 执行		《电气装置安装工程电气设备交接试验标准》（GB 50150—2016）
34		铁芯夹紧螺栓的绝缘电阻测量：使用绝缘电阻表测量，在做器身检查时，应对外露的或可接触到的铁芯夹紧螺栓进行测量，试验时间为 1min，应无闪络及击穿现象		
35		试验后检查末屏接地良好		

3.7.4 验收检查记录表格

在工作中对于重要的内容进行检查记录并留档保存。电压互感器外观验收检查记录表见表 3-7-4，电压互感器试验验收检查记录表见表 3-7-5。

表 3-7-4　　　　　　　　　　　　　　　　　　　　　　**电压互感器外观验收检查记录表**

设备名称	验收项目			验收人
	电压互感器外观检查	电压互感器各侧出线	二次系统检查	
交流滤波器 61 号母线电压互感器				
交流滤波器 62 号母线电压互感器 T11				

设备名称	验收项目			验收人
	电压互感器外观检查	电压互感器各侧出线	二次系统检查	
交流滤波器 63 号母线电压互感器				
交流滤波器 64 号母线电压互感器				
......				

表 3-7-5　　　　　　　　　　　　　　　　　　电压互感器试验验收检查记录表

设备名称	验收项目										验收人
	绝缘电阻测量	35kV 及以上电压互感器的介质损耗角正切值 tanδ 测量	局部放电试验	交流耐压试验	绕组的直流电阻	接线组别和极性试验	误差测量	电容式电压互感器（CVT）的检测	铁芯夹紧螺栓的绝缘电阻测量	末屏接地良好	
交流滤波器 61 号母线电压互感器											
交流滤波器 62 号母线电压互感器 T11											
交流滤波器 63 号母线电压互感器											
交流滤波器 64 号母线电压互感器											
......											

3.7.5　检查评价表格

对工作中检查出的问题进行汇总记录，并进行验收评价，留档保存。滤波器场电压互感器检查评价表见表 3-7-6。

表 3-7-6　　　　　　　　　　　　　　　　　　　　滤波器场电压互感器检查评价表

检查人	×××	检查日期	××××年××月××日
存在问题汇总			

3.8　避雷器检查验收标准作业卡

3.8.1　验收范围说明

本验收作业卡适用于换流站验收工作，验收范围包括：交流滤波器场避雷器交接。

3.8.2　验收准备工作

各阶段验收工作开展前，运检人员应当提前明确验收的时间、人员、车辆机具、仪器工具、图纸资料等，并至少在验收开展的前一天完成准备工作的确认。

避雷器检查验收准备工作表见表 3-8-1，避雷器检查验收工器具清单见表 3-8-2。

表 3-8-1　　　　　　　　　　　　　　　　　　　　避雷器检查验收准备工作表

序号	项目	工作内容	实施标准	负责人	备注
1	时间安排	验收工作开展前，应当组织业主、厂家、施工、监理、运检人员现场联合勘查，在各方均认为现场满足验收条件后方可开展	交流滤波器设备安装工作已完成，完成现场清理工作		
2	人员安排	（1）如人员、车辆充足可组织多个验收组同时开展工作。 （2）每个验收组建议至少安排运检人员 2 人，厂家人员 2 人，监理 1 人，平台车专职驾驶员 1 人（厂家或施工单位人员）	验收前成立临时专项验收组，组织运检、施工、厂家、监理人员共同开展验收工作		
3	车辆工具安排	验收工作开展前，准备好验收所需车辆机具、仪器仪表、工器具、安全防护用品、验收记录材料、相关图纸及相关技术资料	（1）车辆机具、仪器仪表、工器具、安全防护用品应试验合格，满足本次施工的要求。 （2）验收记录材料、相关图纸及相关技术资料齐全并符合现场实际情况		

序号	项目	工作内容	实施标准	负责人	备注
4	验收交底	根据本次作业内容和性质确定好检修人员，并组织学习本作业卡	要求所有工作人员明确本次工作的作业内容、进度要求、作业标准及安全注意事项		

表 3-8-2 避雷器检查验收工器具清单

序号	名称	型号	数量	备注
1	高空作业车	—	1 辆	
2	万用表	—	1 台	
3	安全带	—	每人 1 套	
4	车辆接地线	—	1 根	
5	力矩扳手	—	1 套	
6	对讲机	—	1 对	
7	避雷器带电测试仪	—	1 台	
8	避雷器计数器测试仪	—	1 台	
9	回路电阻测试仪	—	1 台	
10	直流高压发生器	—	1 台	
11	绝缘电阻表	—	1 台	

3.8.3 验收检查记录

避雷器验收检查记录表见表 3-8-3。

表 3-8-3　　　　　　　　　　　　　　　　　　避雷器验收检查记录表

序号	验收项目	验收方法及标准	验收结论（√或×）	备注
1	避雷器外观检查	参照直流避雷器验收作业指导书		
2	试验验收	参考电压测量：在避雷器两端施加参考电压，按厂家规定的直流参考电流值，对整只避雷器进行测量，其参考电压值不得低于合同规定值。应符合《交流无间隙金属氧化物避雷器》（GB 11032）或产品技术条件的规定		
3		持续电流测量：在直流的持续运行电压下，测量整只或整节避雷器的直流电流。实测值与出厂试验值相比，应无明显差别。测量金属氧化物避雷器持续运行电压下的持续电流，其阻性电流或总电流值应符合产品技术条件的规定		
4		绝缘电阻测量：使用 5000V 绝缘电阻表测量绝缘电阻不小于 2500MΩ		
5		基座绝缘电阻：使用绝缘电阻表测量基座绝缘电阻不低于 5MΩ		《±800kV 高压直流设备交接试验》（DL/T 274—2012）
6		直流参考电压和 0.75 倍直流参考电压下的泄漏电流测量：将直流高压发生器的高压出线与避雷器的高压端相连接，避雷器的低压端接微安表，然后接地。测值与制造厂家规定值比较，变化不应大于±5%。0.75 倍直流参考电压下的泄漏电流值不应大于 50μA，或符合产品技术条件的规定。试验时若整流回路中的波纹系数大于 1.5%时，应加装滤波电容器，可为 0.01～0.1μF，试验电压应在高压侧测量		
7		检查放电计数器的动作是否可靠：将雷击计数器校验器充电后，对计数器放电。放电计数器的动作应可靠，避雷器监视电流表指示应良好		
8		工频放电电压试验：工频放电电压，应符合产品技术条件的规定		

3.8.4　验收检查记录表格

在工作中对于重要的内容进行检查记录并留档保存。交流滤波器避雷器验收检查记录表见表 3-8-4。

表 3-8-4 交流滤波器避雷器验收检查记录表

设备名称	验收项目								验收人
	避雷器外观检查	避雷器参考电压测量	持续电流测量	绝缘电阻测量	基座绝缘电阻	直流参考电压和0.75倍直流参考电压下的泄漏电流测量	检查放电计数器的动作是否可靠	工频放电电压试验	
5611 间隔									
5612 间隔									
5613 间隔									
5614 间隔									
……									

3.8.5 检查评价表格

对工作中检查出的问题进行汇总记录，并进行验收评价，留档保存。滤波器避雷器检查评价表见表 3-8-5。

表 3-8-5 滤波器避雷器检查评价表

检查人	×××	检查日期	××××年××月××日
存在问题汇总			

3.9 电容器检查验收标准作业卡

3.9.1 验收范围说明

本验收作业卡适用于换流站验收工作，验收范围包括：交流滤波器电容器检查。

3.9.2 验收准备工作

各阶段验收工作开展前，运检人员应当提前明确验收的时间、人员、车辆机具、仪器工具、图纸资料等，并至少在验收开展的前一天完成准备工作的确认。

电容器检查验收准备工作表见表 3-9-1，电容器检查验收工器具清单见表 3-9-2。

表 3-9-1   电容器检查验收准备工作表

序号	项目	工作内容	实施标准	负责人	备注
1	时间安排	验收工作开展前，应当组织业主、厂家、施工、监理、运检人员现场联合勘查，在各方均认为现场满足验收条件后方可开展	交流滤波器设备安装工作已完成，完成现场清理工作		
2	人员安排	（1）如人员、车辆充足可组织多个验收组同时开展工作。 （2）每个验收组建议至少安排运检人员 2 人，厂家人员 2 人，监理 1 人，平台车专职驾驶员 1 人（厂家或施工单位人员）	验收前成立临时专项验收组，组织运检、施工、厂家、监理人员共同开展验收工作		
3	车辆工具安排	验收工作开展前，准备好验收所需车辆机具、仪器仪表、工器具、安全防护用品、验收记录材料、相关图纸及相关技术资料	（1）车辆机具、仪器仪表、工器具、安全防护用品应试验合格，满足本次施工的要求。 （2）验收记录材料、相关图纸及相关技术资料齐全并符合现场实际情况		
4	验收交底	根据本次作业内容和性质确定好检修人员，并组织学习本作业卡	要求所有工作人员明确本次工作的作业内容、进度要求、作业标准及安全注意事项		

表 3-9-2   电容器检查验收工器具清单

序号	名称	型号	数量	备注
1	高空作业车	—	1 辆	
2	万用表	—	1 台	
3	安全带	—	每人 1 套	
4	车辆接地线	—	1 根	
5	力矩扳手	—	1 套	
6	对讲机	—	1 对	

序号	名称	型号	数量	备注
7	超声波探伤仪	—	1台	
8	电容电感测试仪	—	1台	
9	电容器组智能配平测试仪	—	1台	
10	回路电阻测试仪	—	1台	
11	电容表	—	1台	
12	绝缘电阻表	—	1台	

3.9.3 验收检查记录

电容器验收检查记录表见表3-9-3。

表 3-9-3 电容器验收检查记录表

序号	验收项目	验收方法及标准	验收结论 (√或×)	备注
1	电容器塔外观检查	电容器上无异物、鸟窝等		
2		电容器表面应清洁、外绝缘无损伤		
3		电容器无变形、鼓肚及漏油现象		
4		电容器型号需一致，铭牌清晰		
5		电容器外壳无划痕或防锈漆被磨掉		
6		瓷套、底座、阀门和法兰等部位应无渗漏油现象		
7		安装牢固，垂直度应符合要求，本体各连接部位应牢固可靠		
8		架构底部的排水孔设置合理，满足要求		
9		电容器表面应清洁、外绝缘无损伤。清洁绝缘子积尘和污垢，必要时可用清洁剂，然后用清洁水清洗并擦拭干净		
10		检查铭牌及油漆应完好，电容器铭牌如丢失或严重不清晰，重新安装铭牌。电容器外壳如有划痕或防锈漆被磨掉，要进行补漆，补漆与原颜色要一致，涂抹要均匀		

序号	验收项目	验收方法及标准	验收结论（√或×）	备注
11		电容器无变形、鼓肚及漏油现象，影响运行的，予以更换		
12		电容器组构架外观良好，螺栓连接应紧固，无锈蚀，必要时做防腐处理。固定电容器的螺丝松动导致电容器不稳固，要进行紧固		
13		电容器套管外观应完好无弯曲、破损，所有接缝处不应有裂缝		
14		电容器套管引出端子连接应牢固，受力均衡，力矩应符合厂家要求，垫圈螺母齐全		
15		整组电容器塔安装完成后，应逐个对电容器接头进行紧固，确保接头和连接导线接触完好，避免运行时发热		
16		套管出线端子应采用软导线连接，接线应整齐美观，无散股、扭曲、断股现象，母线及分支线应连接牢靠，力矩应符合厂家要求，接头及连接线应装有绝缘护套，满足防鸟害措施，防鸟帽卡扣固定牢固		
17	电容器塔外观检查	电容器支柱绝缘子应清洁、无裂纹。瓷件与法兰胶合处应黏合牢固、无缝隙，防水胶层完整		
18		电容器支架层间的均压环安装应牢固，表面应光洁、无变形和毛刺，冰冻地区的均压环底部应钻不大于 $\phi 8$ 的泄水孔；支架层间的均压环上下排列及三相排列应整齐一致，间距符合设计要求		
19		电容器的铭牌应面向通道一侧，应在支架的对应位置标志醒目的顺序编号		
20		电容器组的支柱绝缘子接地应可靠，接地引下线应符合热稳定校核的要求，便于定期进行检查测试，接地标识应清晰		
21		电容器连接线应有足够的硬度，防止连接线因变形、下垂与电容器身、均压环、层架的绝缘距离发生变化，导致连接线与电容器外壳或均压环放电		
22		安装时，必须按产品技术规定的相别、层号进行吊装。支架和电容器分离供货时，现场必须按相别、层号、位置编号的组合要求对每层电容器进行组装（随工验收）		

序号	验收项目	验收方法及标准	验收结论 (√或×)	备注
23	试验验收	电容器电容量测量：解开该组电容器的低压引出线，对每一台电容器、每一个电容器桥臂和整组电容器的电容量进行测量，高压电容器三相电容量最大与最小的差值不应超过三相平均值的 5%，并应符合设计要求。电容器组电容与额定值相差不应超过±1%，各串联段的最大与最小电容之比不应大于 1.05		
24		电容器端子间电阻：使用万用表对装有内置放电电阻的电容器，进行端子间电阻的测量，测量结果与出厂值相比应无明显差别		
25		绝缘电阻测量：用 2500V 绝缘电阻表测量每台电容器端子对外壳的绝缘电阻，每只电容器极对壳的绝缘电阻一般不应低于 5000MΩ		《±800kV 高压直流设备交接试验》(DL/T 274—2012)
26		支柱绝缘子绝缘电阻测量：用 2500V 绝缘电阻表测量层间支柱绝缘子和底座对地支柱绝缘子的绝缘电阻，绝缘电阻值不应低于 5000MΩ		
27		电容器支柱绝缘子超声波探伤试验：试验结果应满足要求		

3.9.4 验收检查记录表格

在工作中对于重要的内容进行检查记录并留档保存。交流滤波器电容器验收检查记录表见表 3-9-4。

表 3-9-4 交流滤波器电容器验收检查记录表

设备名称	验收项目						验收人
	电容器塔外观检查	电容器电容量测量	电容器端子间电阻的测量	电容器极对壳绝缘电阻测量	电容器支柱绝缘子绝缘电阻测量	电容器支柱绝缘子超声波探伤试验	
5611 间隔							
5612 间隔							
5613 间隔							
5614 间隔							
……							

3.9.5 检查评价表格

对工作中检查出的问题进行汇总记录，并进行验收评价，留档保存。滤波器电容器检查评价表见表3-9-5。

表 3-9-5　　　　　　　　　　　　　　　　滤波器电容器检查评价表

检查人	×××	检查日期	××××年××月××日
存在问题汇总			

3.10 电抗器检查验收标准作业卡

3.10.1 验收范围说明

本验收作业卡适用于换流站验收工作，验收范围包括：交流滤波器场电抗器交接。

3.10.2 验收准备工作

各阶段验收工作开展前，运检人员应当提前明确验收的时间、人员、车辆机具、仪器工具、图纸资料等，并至少在验收开展的前一天完成准备工作的确认。

电抗器检查验收准备工作表见表3-10-1，电抗器检查验收工器具清单见表3-10-2。

表 3-10-1　　　　　　　　　　　　　　　　电抗器检查验收准备工作表

序号	项目	工作内容	实施标准	负责人	备注
1	时间安排	验收工作开展前，应当组织业主、厂家、施工、监理、运检人员现场联合勘查，在各方均认为现场满足验收条件后方可开展	交流滤波器设备安装工作已完成，完成现场清理工作		
2	人员安排	（1）如人员、车辆充足可组织多个验收组同时开展工作。 （2）每个验收组建议至少安排运检人员2人，厂家人员2人，监理1人，平台车专职驾驶员1人（厂家或施工单位人员）	验收前成立临时专项验收组，组织运检、施工、厂家、监理人员共同开展验收工作		

183

序号	项目	工作内容	实施标准	负责人	备注
3	车辆工具安排	验收工作开展前，准备好验收所需车辆机具、仪器仪表、工器具、安全防护用品、验收记录材料、相关图纸及相关技术资料	（1）车辆机具、仪器仪表、工器具、安全防护用品应试验合格，满足本次施工的要求。 （2）验收记录材料、相关图纸及相关技术资料齐全并符合现场实际情况		
4	验收交底	根据本次作业内容和性质确定好检修人员，并组织学习本作业卡	要求所有工作人员明确本次工作的作业内容、进度要求、作业标准及安全注意事项		

表 3-10-2   电抗器检查验收工器具清单

序号	名称	型号	数量	备注
1	高空作业车	—	1辆	
2	万用表	—	1台	
3	安全带	—	每人1套	
4	车辆接地线	—	1根	
5	力矩扳手	—	1套	
6	对讲机	—	1对	
7	回路电阻测试仪	—	1台	
8	直流电阻测试仪	—	1台	
9	全自动电感测试仪	—	1台	
10	噪声测试仪	—	1台	

3.10.3 验收检查记录

电抗器验收检查记录表见表 3-10-3。

表 3-10-3　　　　　　　　　　　　　　　　　　　电抗器验收检查记录表

序号	验收项目	验收方法及标准	验收结论（√或×）	备注
1	电抗器外观检查	电抗器线圈外部的绝缘涂层应完好，各部位油漆应完整，设备相序标识应清晰		
2		电抗器线圈本体应清洁，无损伤和变形，风道应通畅		
3		电抗器防雨降噪装置应安装牢固，相应的泄水孔畅通		
4		电抗器支柱绝缘子应清洁、无裂纹。瓷件与法兰胶合处应黏合牢固、无缝隙，防水胶层完整。支柱绝缘子的外观尺寸、形位公差、爬电比距等技术参数应满足要求		
5		电抗器设备铭牌应安装在明显可见位置，参数齐全，字体应用耐久的方法制出（如用蚀制、雕刻和打印法）		
6		电抗器支柱绝缘子的接地线与主接地网的连接不应形成闭合回路，接地线宜采用铜材，接地连接应可靠，接地标识应清晰		
7		电抗器各线夹及接线板完好无开裂接头连接可靠，必要时涂上导电膏		
8		包封外表面应有防污和防紫外线措施，外露金属部位应有良好的防腐蚀涂层		
9		检查引出线长度应适中，无虚焊、松股、断股、扭结、变色或其他损伤、腐蚀等		《2022年3月换流站运行重点问题分析及处理措施报告》
10	试验验收	电抗器绕组直流电阻测量：将直流电阻测试仪通过测试线与被测绕组可靠连接，上下出线头处、仪器均接地，实测直流电阻值与同温下出厂试验值相比，其变化不应大于2%		《±800kV高压直流设备交接试验》（DL/T 274—2012）
11		电抗器电感量测量：将全自动电感测试仪通过测试线与被测绕组可靠连接，上下出线头处、仪器均接地，实测值与出厂试验值相比，变化不应大于2%		
12		电抗器支柱绝缘子绝缘电阻：应用2500V绝缘电阻表测量层间支柱绝缘子和底座对地支柱绝缘子的绝缘电阻，绝缘电阻值不应小于5000MΩ		
13		电抗器支柱绝缘子超声波探伤试验：试验结果应满足要求		

3.10.4　验收检查记录表格

在工作中对于重要的内容进行检查记录并留档保存。交流滤波器电抗器验收检查记录表见表 3-10-4。

表 3-10-4   交流滤波器电抗器验收检查记录表

设备名称	验收项目					验收人
	电抗器外观检查	电抗器绕组直流电阻测量	电抗器电感量测量	电抗器支柱绝缘子绝缘电阻	电抗器支柱绝缘子超声波探伤试验	
5611 间隔						
5612 间隔						
5613 间隔						
5614 间隔						
......						

3.10.5 检查评价表格

对工作中检查出的问题进行汇总记录，并进行验收评价，留档保存。滤波器电抗器检查评价表见表 3-10-5。

表 3-10-5   滤波器电抗器检查评价表

检查人	×××	检查日期	××××年××月××日
存在问题汇总			

3.11 电阻器检查验收标准作业卡

3.11.1 验收范围说明

本验收作业卡适用于换流站验收工作，验收范围包括：交流滤波器场电阻器检查验收。

3.11.2 验收准备工作

各阶段验收工作开展前，运检人员应当提前明确验收的时间、人员、车辆机具、仪器工具、图纸资料等，并至少在验收开展的前一天完成准备工作的确认。

电阻器检查验收准备工作表见表 3-11-1，电阻器检查验收工器具清单见表 3-11-2。

表 3-11-1 电阻器检查验收准备工作表

序号	项目	工作内容	实施标准	负责人	备注
1	时间安排	验收工作开展前，应当组织业主、厂家、施工、监理、运检人员现场联合勘查，在各方均认为现场满足验收条件后方可开展	交流滤波器设备安装工作已完成，完成现场清理工作		
2	人员安排	（1）如人员、车辆充足可组织多个验收组同时开展工作。 （2）每个验收组建议至少安排运检人员 2 人，厂家人员 2 人，监理 1 人，平台车专职驾驶员 1 人（厂家或施工单位人员）	验收前成立临时专项验收组，组织运检、施工、厂家、监理人员共同开展验收工作		
3	车辆工具安排	验收工作开展前，准备好验收所需车辆机具、仪器仪表、工器具、安全防护用品、验收记录材料、相关图纸及相关技术资料	（1）车辆机具、仪器仪表、工器具、安全防护用品应试验合格，满足本次施工的要求。 （2）验收记录材料、相关图纸及相关技术资料齐全并符合现场实际情况		
4	验收交底	根据本次作业内容和性质确定好检修人员，并组织学习本作业卡	要求所有工作人员明确本次工作的作业内容、进度要求、作业标准及安全注意事项		

表 3-11-2 电阻器检查验收工器具清单

序号	名称	型号	数量	备注
1	高空作业车	—	1 辆	
2	万用表	—	1 台	
3	安全带	—	每人 1 套	
4	车辆接地线	—	1 根	
5	力矩扳手	—	1 套	
6	对讲机	—	1 对	

序号	名称	型号	数量	备注
7	回路电阻测试仪	—	1台	
8	绝缘电阻表	—	1台	

3.11.3 验收检查记录

电阻器验收检查记录表见表 3-11-3。

表 3-11-3 电阻器验收检查记录表

序号	验收项目	验收方法及标准	验收结论 (√或×)	备注
1	电阻器外观检查	电阻器内外无异物、鸟窝等		
2		电阻器外观无变形、表面清洁		
3		电阻器应安装防雨罩防止雨水进入，防雨罩顶部应有坡度防止雨水聚集，电阻器风道应通畅		
4		电阻器线夹抱箍应无裂纹，一次引线应无散股、断股现象，引线应连接可靠，力矩应符合厂家要求		
5		电阻器支柱绝缘子应清洁、无裂纹。瓷件与法兰胶合处应黏合牢固、无缝隙，防水胶层完整		
6		电阻器设备铭牌应安装在明显可见位置，参数齐全应符合技术规范要求，字体应用耐久的方法制出（如用蚀制、雕刻和打印法）		
7		电阻器支柱绝缘子接地应可靠，接地引下线应符合热稳定校核的要求，便于定期进行检查测试，接地标识应清晰		
8		电阻器各线夹及接线板完好、无开裂，接头连接可靠		
9	试验验收	电阻器绕组直流电阻：用压降法测量，实测值与同温下初值差相比，变化不应超过±5%		《±800kV 高压直流设备交接试验》（DL/T 274—2012）
10		电阻器绝缘电阻：使用绝缘电阻表测量，实测绝缘电阻值与出厂试验值相比，应无明显差别		

3.11.4 验收检查记录表格

在工作中对于重要的内容进行检查记录并留档保存。交流滤波器电阻器验收检查记录表见表 3-11-4。

表 3-11-4　　　　　　　　　　　　　　交流滤波器电阻器验收检查记录表

设备名称	验收项目			验收人
	电阻器外观检查	电阻器绕组直流电阻测量	电阻器绝缘电阻测量	
5611 间隔				
5612 间隔				
5613 间隔				
5614 间隔				
……				

3.11.5 检查评价表格

对工作中检查出的问题进行汇总记录，并进行验收评价，留档保存。滤波器场电阻器检查评价表见表 3-11-5。

表 3-11-5　　　　　　　　　　　　　　滤波器场电阻器检查评价表

检查人	×××	检查日期	××××年××月××日
存在问题汇总			

3.12 母线及绝缘子检查验收标准作业卡

3.12.1 验收范围说明

本验收作业卡适用于换流站验收工作，验收范围包括：交流滤波器场母线及绝缘子。

3.12.2 验收准备工作

各阶段验收工作开展前，运检人员应当提前明确验收的时间、人员、车辆机具、仪器工具、图纸资料等，并至少在验收开展的前一天完成准备工作的确认。

母线及绝缘子检查验收准备工作表见表3-12-1，母线及绝缘子检查验收工器具清单见表3-12-2。

表 3-12-1 母线及绝缘子检查验收准备工作表

序号	项目	工作内容	实施标准	负责人	备注
1	时间安排	验收工作开展前，应当组织业主、厂家、施工、监理、运检人员现场联合勘查，在各方均认为现场满足验收条件后方可开展	交流滤波器设备安装工作已完成，完成现场清理工作		
2	人员安排	（1）如人员、车辆充足可组织多个验收组同时开展工作。 （2）每个验收组建议至少安排运检人员2人，厂家人员2人，监理1人，平台车专职驾驶员1人（厂家或施工单位人员）	验收前成立临时专项验收组，组织运检、施工、厂家、监理人员共同开展验收工作		
3	车辆工具安排	验收工作开展前，准备好验收所需车辆机具、仪器仪表、工器具、安全防护用品、验收记录材料、相关图纸及相关技术资料	（1）车辆机具、仪器仪表、工器具、安全防护用品应试验合格，满足本次施工的要求。 （2）验收记录材料、相关图纸及相关技术资料齐全并符合现场实际情况		
4	验收交底	根据本次作业内容和性质确定好检修人员，并组织学习本作业卡	要求所有工作人员明确本次工作的作业内容、进度要求、作业标准及安全注意事项		

表 3-12-2 母线及绝缘子检查验收工器具清单

序号	名称	型号	数量	备注
1	高空作业车	—	1辆	
2	万用表	—	1台	
3	安全带	—	每人1套	

序号	名称	型号	数量	备注
4	车辆接地线	—	1根	
5	力矩扳手	—	1套	
6	对讲机	—	1对	
7	回路电阻测试仪	—	1台	
8	绝缘电阻表	—	1台	
9	游标卡尺	—	1套	

3.12.3 验收检查记录

母线及绝缘子验收检查记录表见表 3-12-3。

表 3-12-3 　　　　　　　　　　　　　　　　母线及绝缘子验收检查记录表

序号	验收项目	验收方法及标准	验收结论（√或×）	备注
1	封闭母线外观检查	支座安装牢固，放置正确，外壳的纵向间隙应分配均匀		
2		外壳内及绝缘子清洁，外壳内不得有遗留物		
3		橡胶伸缩套的连接头、穿墙处的连接法兰、外壳和底座之间、外壳各连接部位的螺栓应使用合适的力矩紧固，各接合面应封闭良好		
4		外壳的相间短路板应位置正确，连接良好，相间支撑板应安装牢固，分段绝缘的外壳应做好绝缘措施		
5		电流导体紧固件应采用非导磁材料		
6		封闭母线与设备的螺栓连接，应在封闭母线绝缘电阻测量和工频耐压试验合格后进行		
7	软母线外观检查	表面光滑，无裂纹、毛刺、伤痕、砂眼、锈蚀、滑扣等缺陷，锌层不应剥落		
8		线夹船型压板与导线接触面应光滑平整，悬垂线夹的转动部分应灵活		
9		导线切面应整齐、无毛刺，并应与线股轴线垂直，钢芯铝绞线切割铝线时，不得伤及钢芯		

序号	验收项目	验收方法及标准	验收结论（√或×）	备注
10	软母线外观检查	软母线、悬式绝缘子和金具完好，不得有扭股、松股、断股、腐蚀或其他明显损伤		
11		扩径导线不得有明显凹陷和变形，同一截面处损伤面积不得超过导电部分总截面的 5%		
12		母线两端应做相色标志，相色涂刷应均匀，不易脱落，不得有起层、皱皮等缺陷，应整齐一致		
13		不采用铜铝对接过渡线夹，引线接触良好、连接可靠，引线无散股、扭曲、断股现象		
14		室外易积水的线夹应设置排水孔		
15		压接型设备线夹，朝上 30°～90° 装配应钻直径 6mm 的排水孔		
16	硬母线外观检查	管形母线的坡口应光滑、均匀、无毛刺		
17		管形、棒形母线应采用专用连接金具连接，不得采用内螺纹管接头及锡焊搭接		
18		母线平置时，螺栓应由下往上穿，螺母应在上方，其余情况螺母应置于维护侧		
19		丝扣的氧化膜应除净，螺母接触面平整，螺母与母线之间应加铜质搪锡平垫圈，并应有锁紧螺母，但不得加装弹垫		
20		铝及铝合金材质的管形母线、槽形母线、金属封闭母线及重型母线应采用氩弧焊		
21		330kV 及以上电压等级焊缝应呈圆弧形，不应有毛刺、凹凸不平的缺陷。引下线母线采用搭接焊时，焊缝的长度不应小于母线宽度的 2 倍		
22		焊接接头表面应无可见的裂纹、未熔合、气孔、夹渣等缺陷		
23		母线对接焊口距母线支持器夹板边缘距离不应小于 50mm		
24		母线表面光洁平整，不应有裂纹、折皱、夹杂物、变形和扭曲现象		
25		相同布置的主母线、分支母线、引下线及设备连接线应对称一致、横平竖直、整齐美观		
26		母线伸缩接头不得有裂纹、软连接不得有断股（片）和折皱现象		
27		同相管段轴线应处于同一垂直面上，三相母线管段轴线应互相平行		
28		铝合金管形母线安装防电晕装置，其表面应光滑、无毛刺或凹凸不平		
29		按照制造长度供应的铝合金管，弯曲度应符合相关技术协议要求		

序号	验收项目	验收方法及标准	验收结论（√或×）	备注
30	矩形母线外观检查	母线两端应做相色标志，相色涂刷应均匀，不易脱落，不得有起层、皱皮等缺陷，应整齐一致		
31		各片母线的弯曲度、间距应一致		
32		矩形母线采用螺栓固定搭接时，连接处距支柱绝缘子的支持夹板边缘不应小于50mm。上片母线端头与下片母线平弯开始处距离不应小于50mm		
33		硬母线的连接应采用焊接、贯穿螺栓连接或夹板及夹持螺栓搭接		
34	支柱绝缘子验收	在同一平面或垂直面上的支柱绝缘子的顶面，应位于同一平面上，其中心线位置应符合设计要求		
35		支柱绝缘子安装时，其底座或法兰盘不得埋入混凝土或抹灰层内，紧固件应齐全，固定应牢固		
36		支柱绝缘子叠装时，中心线应一致		
37		绝缘子底座水平误差不大于5mm。叠装支柱绝缘子垂直误差不大于2mm。纯瓷绝缘子与金属接触面间垫圈厚度不小于1.5mm		
38		支柱绝缘子及瓷护套的外表面及法兰封装处无裂纹、防污闪涂层完好，厚度不小于0.3mm，无破损、起皮、开裂等情况，绝缘子固定螺栓齐全，紧固。增爬伞裙无塌陷变形，表面牢固		
39	悬吊绝缘子串	绝缘子串组合时，连接金具的螺栓、销钉及紧锁销等应完整，且其穿向应一致		
40		均压环最低处应打排水孔		
41		耐张绝缘子串的碗口应向下，绝缘子串的球头挂环、碗头挂板及紧锁销等应互相匹配		
42		弹簧销应有足够的弹性，闭口销应分开，并不得有折断或裂纹，不得用线材代替，放松螺丝紧固		
43		均压环、屏蔽环等保护金具应安装牢固，位置应正确		
44		悬式绝缘子串允许倾斜角度（无特殊设计时）不大于5°		
45		瓷铁黏合应牢固，应涂有合格的防水硅橡胶		
46		防污闪涂层完好，无破损、起皮、开裂等情况		
47	试验验收	用2500V绝缘电阻表测量支柱绝缘子的绝缘电阻，绝缘电阻值不应低于5000MΩ		

3.12.4 验收检查记录表格

在工作中对于重要的内容进行专项检查记录并留档保存。母线及绝缘子验收检查记录表见表 3-12-4。

表 3-12-4　　　　　　　　　　　　　母线及绝缘子验收检查记录表

设备名称	验收项目							验收人
	封闭母线外观检查	软母线外观检查	硬母线外观检查	矩形母线外观检查	支柱绝缘子验收	悬吊绝缘子串检查	绝缘子绝缘电阻测量	
第一大组交流滤波器								
第二大组交流滤波器								
第三大组交流滤波器								
第四大组交流滤波器								
……								

3.12.5 检查评价表格

对工作中检查出的问题进行汇总记录，并进行验收评价，留档保存。滤波器场母线及绝缘子检查评价表见表 3-12-5。

表 3-12-5　　　　　　　　　　　　　滤波器场母线及绝缘子检查评价表

检查人	×××	检查日期	××××年××月××日
存在问题汇总			

3.13 交流滤波器整组试验检查验收标准作业卡

3.13.1 验收范围说明

本验收作业卡适用于换流站验收工作，验收范围包括：交流滤波器整组试验交接。

3.13.2 验收准备工作

各阶段验收工作开展前，运检人员应当提前明确验收的时间、人员、车辆机具、仪器工具、图纸资料等，并至少在验收开展的前一天完成准备工作的确认。

整组试验检查验收准备工作表见表3-13-1，整组试验检查验收工器具清单见表3-13-2。

表 3-13-1 　　　　　　　　　　　　　　　　　　　整组试验检查验收准备工作表

序号	项目	工作内容	实施标准	负责人	备注
1	时间安排	验收工作开展前，应当组织业主、厂家、施工、监理、运检人员现场联合勘查，在各方均认为现场满足验收条件后方可开展	交流滤波器设备安装工作已完成，完成现场清理工作		
2	人员安排	（1）如人员、车辆充足可组织多个验收组同时开展工作。 （2）每个验收组建议至少安排运检人员1人，厂家人员1人，施工单位2人，监理1人，平台车专职驾驶员1人（厂家或施工单位人员）	验收前成立临时专项验收组，组织运检、施工、厂家、监理人员共同开展验收工作		
3	车辆工具安排	验收工作开展前，准备好验收所需车辆机具、仪器仪表、工器具、安全防护用品、验收记录材料、相关图纸及相关技术资料	（1）车辆机具、仪器仪表、工器具、安全防护用品应试验合格，满足本次施工的要求。 （2）验收记录材料、相关图纸及相关技术资料齐全并符合现场实际情况		
4	验收交底	根据本次作业内容和性质确定好检修人员，并组织学习本作业卡	要求所有工作人员明确本次工作的作业内容、进度要求、作业标准及安全注意事项		

表 3-13-2 　　　　　　　　　　　　　　　　　　　整组试验检查验收工器具清单

序号	名称	型号	数量	备注
1	高空作业车	—	1辆	
2	便携式直阻仪	—	1台	

序号	名称	型号	数量	备注
3	安全带	—	每人 1 套	
4	车辆接地线	—	1 根	
5	滤波器综合测试仪	—	1 台	

3.13.3 验收检查记录

整组试验验收检查记录表见表 3-13-3。

表 3-13-3 　　　　　　　　　　　　　　　　整组试验验收检查记录表

序号	验收项目	验收方法及标准	验收结论（√或×）	备注
1	交流滤波器调谐试验检查	直流滤波器调谐试验：直流滤波器安装后应进行调谐试验，现场调谐频率与设计调谐频率的误差应控制在 1% 以内		《国家电网有限公司十八项电网重大反事故措施（修订版）》
2	电容器组不平衡电流校正	电容器组不平衡电流校正：校正时不平衡电流值小于告警整定值的 50%（折算至额定电压值）		

3.13.4 试验验收专项记录表格

在工作中对于重要的内容进行专项检查记录并留档保存。交流滤波器整组试验验收专项记录表见表 3-13-4。

表 3-13-4 　　　　　　　　　　　　　　交流滤波器整组试验验收专项记录表

设备名称	验收项目		验收人
	交流滤波器调谐试验	电容器组不平衡电流校正	
5611 间隔			
5612 间隔			
5613 间隔			
5614 间隔			
……			

3.13.5 检查评价表格

对工作中检查出的问题进行汇总记录，并进行验收评价，留档保存。交流滤波器整组试验检查评价表见表3-13-5。

表 3-13-5　　　　　　　　　　　　　　　　　　　交流滤波器整组试验检查评价表

检查人	×××	检查日期	××××年××月××日
存在问题汇总			

3.14 主通流回路检查验收标准作业卡

3.14.1 验收范围说明

本验收作业卡适用于换流站验收工作，验收范围包括：交流滤波器场主通流回路交接。

3.14.2 验收准备工作

各阶段验收工作开展前，运检人员应当提前明确验收的时间、人员、车辆机具、仪器工具、图纸资料等，并至少在验收开展的前一天完成准备工作的确认。

主通流回路检查验收准备工作表见表3-14-1，主通流回路检查验收工器具清单见表3-14-2。

表 3-14-1　　　　　　　　　　　　　　　　　　　主通流回路检查验收准备工作表

序号	项目	工作内容	实施标准	负责人	备注
1	时间安排	验收工作开展前，应当组织业主、厂家、施工、监理、运检人员现场联合勘查，在各方均认为现场满足验收条件后方可开展	交流滤波器设备安装工作已完成，完成现场清理工作		
2	人员安排	（1）如人员、车辆充足可组织多个验收组同时开展工作。 （2）每个验收组建议至少安排运检人员1人，厂家人员1人，施工单位2人，监理1人，平台车专职驾驶员1人（厂家或施工单位人员）	验收前成立临时专项验收组，组织运检、施工、厂家、监理人员共同开展验收工作		

序号	项目	工作内容	实施标准	负责人	备注
3	车辆工具安排	验收工作开展前，准备好验收所需车辆机具、仪器仪表、工器具、安全防护用品、验收记录材料、相关图纸及相关技术资料	（1）车辆机具、仪器仪表、工器具、安全防护用品应试验合格，满足本次施工的要求。 （2）验收记录材料、相关图纸及相关技术资料齐全并符合现场实际情况		
4	验收交底	根据本次作业内容和性质确定好检修人员，并组织学习本作业卡	要求所有工作人员明确本次工作的作业内容、进度要求、作业标准及安全注意事项		

表 3-14-2　　　　　　　　　　　　　　　　　主通流回路检查验收工器具清单

序号	名称	型号	数量	备注
1	高空作业车	—	1辆	
2	便携式直阻仪	MEGGER MOM2	1台	
3	安全带	—	每人1套	
4	车辆接地线	—	1根	
5	力矩扳手	满足力矩检查要求	1套	
6	棘轮扳手	—	1套	
7	签字笔	红色、黑色	1套	
8	无水乙醇	—	1瓶	
9	百洁布	—	1套	
10	导电膏	—	1瓶	
11	回路电阻测试仪	—	1台	
12	游标卡尺	—	1套	
13	绝缘电阻表	—	1台	

3.14.3　验收检查记录

主通流回路验收检查记录表见表 3-14-3。

表 3-14-3　　　　　　　　　　　　　　　主通流回路验收检查记录表

序号	验收项目	验收方法及标准	验收结论（√或×）	备注
1	主通流回路结构和安装情况检查	核对接头材质、有效接触面积、载流密度、螺栓标号、力矩要求等与设计文件一致，通流回路连接螺栓具有防松动措施（防松动措施包括使用弹片、叠帽、平弹一体垫片、防松螺栓等方式）		
2		检查安装阶段螺丝紧固后应进行的档案和记录		
3	主通流回路外观检查	检查通流回路外观良好，连接可靠接触良好，无变形、无变色、无锈蚀、无破损		
4		检查力矩双线标识清晰且划在螺母侧，力矩线需连续、清晰、与螺母垂直，且母排、垫片、螺母、螺栓均需划到		
5		检查软连接完好，无散股、断股现象		
6		若螺栓采用平弹一体结构，应当检查平弹一体垫片是否装反		
7	主通流回路搭接面螺栓力矩复查	力矩检查工作由施工人员执行、厂家人员监督、运检和监理见证记录，四方共同开展		
8		确认接头接触电阻测量和力矩检查结果满足技术要求（参照表 3-14-5），使用 80％力矩检查螺栓紧固到位后画线标记，并建立档案，做好记录。运维单位应按不小于 1/3 的数量进行力矩和接触电阻抽查		
9		力矩扳手每次调整后均应由验收人员、厂家人员、施工人员共同检查设置的力矩值是否正确		
10		对于检查工作中发现松动或力矩线偏移的螺栓，使用 100％力矩进行复紧，使用酒精擦除原力矩线后重新画线，并再次使用 80％力矩检查		
11		对于发生滑丝、跟转等问题的螺栓进行更换		
12		对于不在现场安装的阀组件内部搭接面可不进行复紧，只检查力矩线，但须厂家提供厂内验收报告		
13	主通流回路搭接面接触电阻测试	正确使用回路电阻测试仪，并设置试验电流不小于 100A		
14		将夹子夹在待测搭接面两端，启动仪器后读取测量数据并记录		
15		设备搭接面接触电阻不大于 $20\mu\Omega$，同位置横向对比不超过 $10\mu\Omega$		
16		对于发现有接触电阻超标的搭接面，应当按照"十步法"进行处理并记录		

3.14.4 验收检查记录表格

在工作中对于重要的内容进行专项检查记录并留档保存。主通流回路验收检查记录表见表 3-14-4，主通流回路"十步法"处理记录表见表 3-14-5。

表 3-14-4　　　　　　　　　　　　　　　　　　主通流回路验收检查记录表

设备名称	验收项目				验收人
	主通流回路结构和安装情况检查	主通流回路外观检查	主通流回路搭接面螺栓力矩复查	主通流回路搭接面接触电阻测试	
5611 间隔					
5612 间隔					
5613 间隔					
5614 间隔					
……					

表 3-14-5　　　　　　　　　　　　　　　　　　主通流回路"十步法"处理记录表

序号	接头位置及名称	检修前接触电阻			评价	检修处理工艺控制					检修后接触电阻测量			验收
		检修前接触电阻	接触电阻测量人	是否小于 $20\mu\Omega$	是否需要处理	工艺要求	螺栓规格	力矩标准	力矩是否紧固	作业人	检修后接触电阻	测量人	接触电阻是否合格	
1	电容器塔进线接头 A													
2	电容器塔进线接头 B													
…	……													

3.14.5 检查评价表格

对工作中检查出的问题进行汇总记录，并进行验收评价，留档保存。滤波器主通流回路检查评价表见表 3-14-6。

表 3-14-6 滤波器主通流回路检查评价表

检查人	×××		检查日期	××××年××月××日
存在问题汇总				

3.15 投运前检查验收标准作业卡

3.15.1 验收范围说明

本验收作业卡适用于换流站验收工作，验收范围包括：交流滤波器场设备投运前检查。

3.15.2 验收准备工作

各阶段验收工作开展前，运检人员应当提前明确验收的时间、人员、车辆机具、仪器工具、图纸资料等，并至少在验收开展的前一天完成准备工作的确认。

投运前检查验收准备工作表见表 3-15-1，投运前检查验收工器具清单见表 3-15-2。

表 3-15-1　　投运前检查验收准备工作表

序号	项目	工作内容	实施标准	负责人	备注
1	时间安排	验收工作开展前，应当组织业主、厂家、施工、监理、运检人员现场联合勘查，在各方均认为现场满足验收条件后方可开展	交流滤波器设备安装工作已完成，完成现场清理工作，验收工作已完成		
2	人员安排	（1）如人员、车辆充足可组织多个验收组同时开展工作。 （2）每个验收组建议至少安排运检人员 1 人，厂家人员 1 人，施工单位 2 人，监理 1 人，平台车专职驾驶员 1 人（厂家或施工单位人员）	验收前成立临时专项验收组，组织运检、施工、厂家、监理人员共同开展验收工作		
3	车辆工具安排	验收工作开展前，准备好验收所需车辆机具、仪器仪表、工器具、安全防护用品、验收记录材料、相关图纸及相关技术资料	（1）车辆机具、仪器仪表、工器具、安全防护用品应试验合格，满足本次施工的要求。 （2）验收记录材料、相关图纸及相关技术资料齐全并符合现场实际情况		

序号	项目	工作内容	实施标准	负责人	备注
4	验收交底	根据本次作业内容和性质确定好检修人员，并组织学习本作业卡	要求所有工作人员明确本次工作的作业内容、进度要求、作业标准及安全注意事项		

表 3-15-2　　　　　　　　　　　　　投运前检查验收工器具清单

序号	名称	型号	数量	备注
1	高空作业车	—	1辆	
2	安全带	—	每人1套	
3	车辆接地线	—	1根	
4	力矩扳手	满足力矩检查要求	1套	
5	签字笔	红色、黑色	1套	
6	无水乙醇	—	1瓶	
7	百洁布	—	1套	

3.15.3　验收检查记录

投运前验收检查记录表见表 3-15-3。

表 3-15-3　　　　　　　　　　　　　投运前验收检查记录表

序号	验收项目	验收方法及标准	验收结论（√或×）	备注
1		检查断路器 SF_6 气体压力正常		
2		断路器汇控柜电机电源、控制电源开关在合上位置		
3	外观检查	断路器汇控柜远近控把手置"远方"，解联锁把手在"联锁"位置		
4		滤波器母线 TV 空气开关均在投上位置		
5		刀闸机构箱控制方式为"三相联动""远方"控制方式。控制把手在"自动"位置		

序号	验收项目	验收方法及标准	验收结论（√或×）	备注
6		刀闸机构箱电动机电源、控制电源开关在合上位置		
7		设备区无遗留物		
8		设备及构架基础与地坪之间变形缝设置合理、嵌缝规范，底座支架牢固，设备安装应垂直，垂直度应符合制造厂要求		
9		检查滤波器围栏内所有设备无明显变形，外表无锈蚀、破损及渗漏，电容器接头防鸟帽无脱落		
10		围栏接地可靠，无松动及明显锈蚀、接地不应构成闭合环路		
11	外观检查	温控器自动投入正常		
12		端子箱清洁干燥，状态良好		
13		端子箱无进水受潮情况		
14		五防锁具功能正常，机械挂锁加挂正常		
15		检查各部件无破损、松动、脱落，无异常现象		
16		运行编号标识齐全、清晰可识别		
17		接地引下线应连接良好		
18	动作次数抄录	对避雷器动作次数和泄漏电流进行现场抄录		
19	监测后台检查	检查后台无报警信号		
20		一体化监测后台避雷器动作次数、泄漏电流、断路器 SF_6 气室压力数据正常、且与现场保持一致		

3.15.4 验收检查记录表格

投运前应对交流滤波器内设备接线盒开展专项检查工作，并留档保存。交流滤波器二次接线盒专项检查表见表 3-15-4。

表 3-15-4 交流滤波器二次接线盒专项检查表

序号	相别	接线盒位置	接线盒引线安装牢固	接线盒盖有密封圈	接线盒盖安装牢固	接线盒装有防雨罩	格兰头封堵良好无脱落	验收人
1	5611 间隔	常规 TA						

序号	相别	接线盒位置	接线盒引线安装牢固	接线盒盖有密封圈	接线盒盖安装牢固	接线盒装有防雨罩	格兰头封堵良好无脱落	验收人
1	5611 间隔	电压互感器						
		······						
2	5611 间隔	常规 TA						
		电压互感器						
		······						
...	······							

3.15.5 检查评价表格

对工作中检查出的问题进行汇总记录，并进行验收评价，留档保存。滤波器投运前验收检查评价表见表 3-15-5。

表 3-15-5　　　　　　　　　　　　　　　滤波器投运前验收检查评价表

检查人	×××	检查日期	××××年××月××日
存在问题汇总			

第四章　直流滤波器场设备

4.1　应用范围

适用于换流站直流滤波器场设备交接试验和竣工验收工作，部分验收项目需根据实际情况提前安排，通过随工验收、资料检查等方式开展，旨在指导并规范现场验收工作。

4.2　规范依据

本作业指导书的编制依据并不限于以下文件：

《国家电网有限公司十八项电网重大反事故措施（修订版）》

《国家电网有限公司防止直流换流站事故措施及释义（修订版）》

《电气装置安装工程高压电器施工及验收规范》（GB 50147—2010）

《换流站设备验收规范　第 11 部分：交直流滤波器》（Q/GDW 11652.11—2016）

《±800kV 直流系统电气设备交接验收试验》（Q/GDW 275—2009）

《±800kV 高压直流设备交接试验》（DL/T 274—2012）

《国家电网公司直流换流站验收管理规定》

《国家电网公司全过程技术监督精益化管理实施细则》

《国家电网有限公司换流站运行重点问题分析及处理措施报告》

4.3　验收方法

4.3.1　验收流程

直流滤波器场设备专项验收工作应参照表 4-3-1 验收项目内容顺序开展，并在验收工作中把握关键时间节点。备注：直流滤波器中高压隔离开关、电流互感器、避雷器应单独使用验收作业指导书开展验收。

表 4-3-1   直流滤波器场设备专项验收标准流程表

验收项目	主要工作内容	参考工时	开展验收需满足的条件
直流滤波器外观检查验收	(1) 直流滤波器整体外观检查验收。 (2) 电容器外观检查验收。 (3) 电抗器外观检查验收。 (4) 电阻器外观检查验收。 (5) 常规 TA 外观检查验收	10h/滤波器	直流滤波器设备安装完成，绝缘子完成 PRTV 喷涂工作
直流滤波器试验验收	(1) 电容器试验验收。 (2) 电抗器试验验收。 (3) 电阻器试验验收。 (4) 常规 TA 试验验收。 (5) 直流滤波器整组试验验收	8h/滤波器	直流滤波器设备安装完成，绝缘子完成 PRTV 喷涂工作
主通流回路检查验收	(1) 主通流回路结构和安装情况检查。 (2) 主通流回路外观检查。 (3) 主通流回路搭接面螺栓力矩复查。 (4) 主通流回路搭接面接触电阻测试	4h/滤波器	直流滤波器设备安装完成，绝缘子完成 PRTV 喷涂工作
投运前检查	(1) 外观检查。 (2) 安全围栏检查	1h/滤波器	直流滤波器设备安装完成，绝缘子完成 PRTV 喷涂工作

4.3.2 验收问题记录清单

对于验收过程中发现的隐患和缺陷，应当按照表 4-3-2 进行记录，并由专人负责跟踪闭环进度。

表 4-3-2   直流滤波器场设备验收问题记录清单

序号	设备名称	问题描述	发现人	发现时间	整改情况
1	极Ⅰ直流滤波器	……	×××	××××年××月××日	……
…	……				

4.4 直流滤波器外观检查验收标准作业卡

4.4.1 验收范围说明

本验收作业卡适用于换流站验收工作，验收范围包括：极Ⅰ/极Ⅱ直流滤波器外观检查。

4.4.2 验收准备工作

各阶段验收工作开展前，运检人员应当提前明确验收的时间、人员、车辆机具、仪器工具、图纸资料等，并至少在验收开展的前一天完成准备工作的确认。

直流滤波器外观检查验收准备工作表见表 4-4-1，直流滤波器外观检查验收工器具清单见表 4-4-2。

表 4-4-1　　　　　　　　　　　　　　　直流滤波器外观检查验收准备工作表

序号	项目	工作内容	实施标准	负责人	备注
1	时间安排	验收工作开展前，应当组织业主、厂家、施工、监理、运检人员现场联合勘查，在各方均认为现场满足验收条件后方可开展	直流滤波器场设备已安装完成		
2	人员安排	（1）如人员、车辆充足可组织多个验收组同时开展工作。（2）每个验收组建议至少安排运检人员 2 人，厂家人员 2 人，监理 1 人，平台车专职驾驶员 1 人（厂家或施工单位人员）	验收前成立临时专项验收组，组织运检、施工、厂家、监理人员共同开展验收工作		
3	车辆工具安排	验收工作开展前，准备好验收所需车辆机具、仪器仪表、工器具、安全防护用品、验收记录材料、相关图纸及相关技术资料	（1）车辆机具、仪器仪表、工器具、安全防护用品应试验合格，满足本次施工的要求。（2）验收记录材料、相关图纸及相关技术资料齐全并符合现场实际情况		
4	验收交底	根据本次作业内容和性质确定好检修人员，并组织学习本作业卡	要求所有工作人员明确本次工作的作业内容、进度要求、作业标准及安全注意事项		

表 4-4-2 直流滤波器外观检查验收工器具清单

序号	名称	型号	数量	备注
1	高空作业车	—	1辆	
2	万用表	—	1台	
3	安全带	—	每人1套	
4	车辆接地线	—	1根	
5	力矩扳手	—	1套	
6	对讲机	—	1对	
7	超声波探伤仪	—	1台	

4.4.3 验收检查记录

直流滤波器外观验收检查记录表见表 4-4-3。

表 4-4-3 直流滤波器外观验收检查记录表

序号	验收项目	验收方法及标准	验收结论 (√或×)	备注
1	直流滤波器整体外观检查验收	电容器组组内所有设备无明显变形，外表无锈蚀、破损及渗漏		
2		电容器组整体容量、接线方式等铭牌参数应与设计要求相符		
3		电容器应从高压入口侧依次进行编号，电容器编号清晰、标示项目醒目、面向巡视侧		
4		电容器组四周装设常设封闭式围栏并可靠闭锁，接地良好，单片围栏间应有等电位线连接牢固。围栏高度符合安规要求并悬挂标示牌，安全距离符合要求		
5		电容器组围栏完整，高度应在 1.7m 以上。如使用金属围栏则应留有防止产生感应电流的间隙。安全距离符合要求		
6		电容器围栏底部应有排水孔		
7		相序标识清晰正确		
8		对地绝缘的电容器外壳应和构架一起连接到规定电位上，接线应牢固可靠		
9		框架无变形、防腐良好，紧固件齐全，全部采用热镀锌		

序号	验收项目	验收方法及标准	验收结论 (√或×)	备注
10	直流滤波器整体外观检查验收	围栏内地面应进行硬化处理，防止杂草或灌木接触设备导致设备接地放电。围栏内地面应留有排水孔		
11		采用支撑方式安装的电容器组其地脚螺栓规格和支撑方式应符合设计图纸和产品技术要求		
12		采用悬挂方式安装的电容器组其悬挂结构符合设计和产品的技术要求		
13		设备及构架基础外观表面平整、光滑，棱角分明，颜色一致，无蜂窝麻面，倒角顺直，无气泡、修补		
14		设备及构架基础与地坪之间变形缝设置合理、嵌缝规范，底座支架牢固，设备安装应垂直，垂直度应符合制造厂要求		
15	电容器外观检查验收	电容器表面应清洁、外绝缘无损伤。清洁绝缘子积尘和污垢，必要时可用清洁剂，然后用清洁水清洗并擦拭干净		
16		检查铭牌及油漆应完好，电容器铭牌如丢失或严重不清晰，重新安装铭牌。电容器外壳如有划痕或防锈漆被磨掉，要进行补漆，补漆与原颜色要一致，涂抹要均匀		
17		电容器无变形、鼓肚及漏油现象，影响运行的，予以更换		
18		电容器组构架外观良好，螺栓连接应紧固，无锈蚀，必要时做防腐处理。固定电容器的螺丝松动导致电容器不稳固，要进行紧固		
19		电容器套管外观应完好无弯曲、破损，所有接缝处不应有裂缝		
20		电容器套管引出端子连接应牢固，受力均衡，力矩应符合厂家要求，垫圈螺母齐全		
21		整组电容器塔安装完成后，应逐个对电容器接头进行紧固，确保接头和连接导线接触完好，避免运行时发热		
22		套管出线端子应采用软导线连接，接线应整齐美观，无散股、扭曲、断股现象，母线及分支线应连接牢靠，力矩应符合厂家要求，接头及连接线应装有绝缘护套，满足防鸟害措施，防鸟帽卡扣固定牢固		
23		电容器支柱绝缘子应清洁、无裂纹。瓷件与法兰胶合处应黏合牢固、无缝隙，防水胶层完整		

序号	验收项目	验收方法及标准	验收结论 （√或×）	备注
24	电容器外观检查验收	电容器支架层间的均压环安装应牢固，表面应光洁、无变形和毛刺，冰冻地区的均压环底部应有泄水孔；支架层间的均压环上下排列及三相排列应整齐一致，间距符合设计要求		
25		电容器的铭牌应面向通道一侧，应在支架的对应位置标志醒目的顺序编号		
26		电容器组的支柱绝缘子接地应可靠，接地引下线应符合热稳定校核的要求，便于定期进行检查测试，接地标识应清晰		
27		电容器连接线应有足够的硬度，防止连接线因变形、下垂与电容器身、均压环、层架的绝缘距离发生变化，导致连接线与电容器外壳或均压环放电		
28		安装时，必须按产品技术规定的相别、层号进行吊装。支架和电容器分离供货时，现场必须按相别、层号、位置编号的组合要求对每层电容器进行组装（随工验收）		
29	电抗器外观检查验收	电抗器线圈外部的绝缘涂层应完好，各部位油漆应完整，设备相序标识应清晰		
30		电抗器线圈本体应清洁，无损伤和变形，风道应通畅		
31		电抗器防雨降噪装置应安装牢固，相应的泄水孔畅通		
32		电抗器支柱绝缘子应清洁、无裂纹。瓷件与法兰胶合处应黏合牢固、无缝隙，防水胶层完整。支柱绝缘子的外观尺寸、形位公差、爬电比距等技术参数应满足要求		
33		电抗器设备铭牌应安装在明显可见位置，参数齐全，字体应用耐久的方法制出（如用蚀制、雕刻和打印法）		
34		电抗器支柱绝缘子的接地线与主接地网的连接不应形成闭合回路，接地线宜采用铜材，接地连接应可靠，接地标识应清晰		
35		电抗器各线夹及接线板完好无开裂接头连接可靠，必要时涂上导电膏		
36		包封外表面应有防污和防紫外线措施，外露金属部位应有良好的防腐蚀涂层		
37		检查引出线长度应适中，无虚焊、松股、断股、扭结、变色或其他损伤、腐蚀等		
38	电阻器外观检查验收	电阻器内外无异物、鸟窝等		
39		电阻器外观无变形、表面清洁		
40		电阻器应安装防雨罩防止雨水进入，防雨罩顶部应有坡度防止雨水聚集，电阻器风道应通畅		

序号	验收项目	验收方法及标准	验收结论（√或×）	备注
41	电阻器外观检查验收	电阻器线夹抱箍应无裂纹，一次引线应无散股、断股现象，引线应连接可靠，力矩应符合厂家要求		
42		电阻器支柱绝缘子应清洁、无裂纹。瓷件与法兰胶合处应黏合牢固、无缝隙，防水胶层完整		
43		电阻器设备铭牌应安装在明显可见位置，参数齐全应符合技术规范要求，字体应用耐久的方法制出（如用蚀制、雕刻和打印法）		
44		电阻器支柱绝缘子接地应可靠，接地引下线应符合热稳定校核的要求，便于定期进行检查测试，接地标识应清晰		
45		电阻器各线夹及接线板完好、无开裂，接头连接可靠		
46	常规 TA 外观检查验收	瓷套、底座、阀门和法兰等部位应无渗漏油现象		
47		金属膨胀器视窗位置指示清晰，无渗漏，油位在规定的范围内。不宜过高或过低，绝缘油无变色		
48		无明显污渍、无锈迹，油漆无剥落、无褪色，并达到防污要求		
49		复合绝缘干式电流互感器表面无损伤、无裂纹，油漆应完整		
50		电流互感器膨胀器保护罩顶部应为防积水的凸面设计，能够有效防止雨水聚集		
51		瓷套不存在缺损、脱釉、落砂，法兰胶装部位涂有合格的防水胶		
52		硅橡胶套管不存在龟裂、起泡和脱落		
53		相色标志正确，零电位进行标志		
54		均压环安装水平、牢固，且方向正确，安装在环境温度零度及以下地区的均压环，宜在均压环最低处打排水孔		
55		金属膨胀器固定装置已拆除		
56		应保证有两根与主接地网不同地点连接的接地引下线		
57		电容型绝缘的电流互感器，其一次绕组末屏的引出端子、铁芯引出接地端子应接地牢固可靠		
58		互感器的外壳接地牢固可靠。二次线穿管端部应封堵良好，上端与设备的底座和金属外壳良好焊接，下端就近与主接地网良好焊接		

序号	验收项目	验收方法及标准	验收结论 （√或×）	备注
59	常规 TA 外观检查验收	三相并列安装的互感器中心线应在同一直线上，同一组互感器的极性方向应与设计图纸相符。基础螺栓应紧固		
60		SF_6 止回阀（气体绝缘）无泄漏、本体额定气压值（20℃）指示无异常		
61		防爆膜（气体绝缘）防爆膜完好，防雨罩无破损		
62		密度继电器（气体绝缘）应压力正常、标志明显、清晰。校验合格，报警值（接点）正常。密度继电器应设有防雨罩。密度继电器满足不拆卸校验要求，表计朝向巡视通道		
63		使用便携式检漏仪对电流互感器本体、法兰、SF_6 监测装置管路对接处、密度继电器根部等位置进行检漏，确保 SF_6 气回路无渗漏。如怀疑渗漏可使用红外检漏仪、泡沫液等方法验证确定漏点		
64		出线端及各附件连接部位连接牢固可靠，并有螺栓防松措施		
65		线夹不应采用铜铝对接过渡线夹		
66		在可能出现冰冻的地区，线径为 $400mm^2$ 及以上的、压接孔向上 30°～90° 的压接线夹，应打排水孔		
67		引线无散股、扭曲、断股现象。引线对地和相间符合电气安全距离要求，引线松紧适当，无明显过松过紧现象，导线的弧垂须满足设计规范		
68		参照《国家电网公司十八项电网重大反事故措施（修订版）》中要求，设备固定和导电部位使用 8.8 级及以上热镀锌螺栓		
69		二次端子的接线牢固，并有防松功能，装蝶形垫片及防松螺母		
70		二次端子不应开路，单点接地。暂时不用的二次端子应短路接地		
71		二次端子标志明晰		
72		电缆加装固定头，如无，应由内向外电缆孔洞封堵		
73		符合防尘、防水要求，内部整洁		
74		接地、封堵良好		
75		备用的二次绕组应短接并接地		
76		二次电缆备用芯应该使用绝缘帽，并用绝缘材料进行绑扎		
77		一次绕组串并联端子与二次绕组抽头应符合运行要求		

4.4.4 验收检查记录表格

在工作中对于重要的内容进行专项检查记录并留档保存。直流滤波器外观验收检查记录表见表4-4-4，直流滤波器二次接线盒专项检查表见表4-4-5。

表 4-4-4　　　　　　　　　　　　　　　　　　直流滤波器外观验收检查记录表

设备名称	验收项目					验收人
	直流滤波器整体外观检查验收	电容器外观检查验收	电抗器外观检查验收	电阻器外观检查验收	常规 TA 外观检查验收	
极Ⅰ直流滤波器						
极Ⅱ直流滤波器						
……						

表 4-4-5　　　　　　　　　　　　　　　　　　直流滤波器二次接线盒专项检查表

序号	相别	接线盒位置	接线盒引线安装牢固	接线盒盖有密封圈	接线盒盖安装牢固	接线盒装有防雨罩	格兰头封堵良好无脱落	检查人员	检查时间	存在的问题
1	极Ⅰ直流滤波器	常规 TA								
		……								
…	……									

4.4.5 检查评价表格

对工作中检查出的问题进行汇总记录，并进行验收评价，留档保存。直流滤波器外观检查评价表见表4-4-6。

表 4-4-6　　　　　　　　　　　　　　　　　　直流滤波器外观检查评价表

检查人	×××	检查日期	××××年××月××日
存在问题汇总			

4.5 直流滤波器试验验收标准作业卡

4.5.1 验收范围说明

本验收作业卡适用于换流站验收工作，验收范围包括：极Ⅰ/极Ⅱ直流滤波器试验交接。

4.5.2 验收准备工作

各阶段验收工作开展前，运检人员应当提前明确验收的时间、人员、车辆机具、仪器工具、图纸资料等，并至少在验收开展的前一天完成准备工作的确认。

直流滤波器试验验收准备工作表见表 4-5-1，直流滤波器试验验收工器具清单见表 4-5-2。

表 4-5-1　　　　　　　　　　　　　　　　　直流滤波器试验验收准备工作表

序号	项目	工作内容	实施标准	负责人	备注
1	时间安排	验收工作开展前，应当组织业主、厂家、施工、监理、运检人员现场联合勘查，在各方均认为现场满足验收条件后方可开展	直流滤波器场设备已安装完成，外观检查已完毕		
2	人员安排	（1）如人员、车辆充足可组织多个验收组同时开展工作。 （2）每个验收组建议至少安排运检人员 2 人，厂家人员 2 人，监理 1 人，平台车专职驾驶员 1 人（厂家或施工单位人员）	验收前成立临时专项验收组，组织运检、施工、厂家、监理人员共同开展验收工作		
3	车辆工具安排	验收工作开展前，准备好验收所需车辆机具、仪器仪表、工器具、安全防护用品、验收记录材料、相关图纸及相关技术资料	（1）车辆机具、仪器仪表、工器具、安全防护用品应试验合格，满足本次施工的要求。 （2）验收记录材料、相关图纸及相关技术资料齐全并符合现场实际情况		
4	验收交底	根据本次作业内容和性质确定好检修人员，并组织学习本作业卡	要求所有工作人员明确本次工作的作业内容、进度要求、作业标准及安全注意事项		

表 4-5-2　　　　　　　　　　　　　　　　　直流滤波器试验验收工器具清单

序号	名称	型号	数量	备注
1	高空作业车	—	1辆	
2	万用表	—	1台	
3	安全带	—	每人1套	
4	车辆接地线	—	1根	
5	力矩扳手	—	1套	
6	对讲机	—	1对	
7	超声波探伤仪	—	1台	
8	直流电阻测试仪	—	1台	
9	电容电感测试仪	—	1台	
10	滤波器综合测试仪	—	1台	
11	噪声测试仪	—	1台	
12	电容器组智能配平测试仪	—	1台	
13	电容表	—	1台	
14	绝缘电阻表	—	1台	

4.5.3　验收检查记录

直流滤波器试验验收检查记录表见表 4-5-3。

表 4-5-3　　　　　　　　　　　　　　　　直流滤波器试验验收检查记录表

序号	验收项目	验收方法及标准	验收结论 (√或×)	备注
1	电容器试验验收	电容器电容量测量：解开该组电容器的低压引出线，对每一台电容器、每一个电容器桥臂和整组电容器的电容量进行测量，高压电容器三相电容量最大与最小的差值不应超过三相平均值的5%，并应符合设计要求。电容器组电容与额定值相差不应超过±1%，各串联段的最大与最小电容之比不应大于1.05		

序号	验收项目	验收方法及标准	验收结论（√或×）	备注
2	电容器试验验收	电容器端子间电阻：使用万用表对装有内置放电电阻的电容器，进行端子间电阻的测量，测量结果与出厂值相比应无明显差别		
3		绝缘电阻测量：用2500V绝缘电阻表测量每台电容器端子对外壳的绝缘电阻，每只电容器极对壳的绝缘电阻一般不应低于5000MΩ		《±800kV高压直流设备交接试验》（DL/T 274—2012）
4		支柱绝缘子绝缘电阻测量：用2500V绝缘电阻表测量层间支柱绝缘子和底座对地支柱绝缘子的绝缘电阻，绝缘电阻值不应低于5000MΩ		
5		电容器支柱绝缘子超声波探伤试验：试验结果应满足要求		
6	电抗器试验验收	电抗器绕组直流电阻测量：将直流电阻测试仪通过测试线与被测绕组可靠连接，上下出线头处、仪器均接地，实测直流电阻值与同温下出厂试验值相比，其变化不应大于2%		《±800kV高压直流设备交接试验》（DL/T 274—2012）
7		电抗器电感量测量：将全自动电感测试仪通过测试线与被测绕组可靠连接，上下出线头处、仪器均接地，实测值与出厂试验值相比，应无明显差别		
8		电抗器支柱绝缘子绝缘电阻：应用2500V绝缘电阻表测量层间支柱绝缘子和底座对地支柱绝缘子的绝缘电阻，绝缘电阻值不应小于5000MΩ		
9		电抗器支柱绝缘子超声波探伤试验：试验结果应满足要求		
10	电阻器试验验收	电阻器绕组直流电阻：用压降法测量，实测值与同温下初值差相比，变化不应超过±5%		《±800kV高压直流设备交接试验》（DL/T 274—2012）
11		电阻器绝缘电阻：使用绝缘电阻表测量，实测绝缘电阻值与出厂试验值相比，应无明显差别		
12	常规TA试验验收	绝缘电阻测量：测量一次绕组对二次绕组及外壳、各二次绕组间及其对外壳的绝缘电阻，实测绝缘电阻值与出厂试验值比较，应无明显差别		《±800kV直流系统电气设备交接验收试验》（Q/GDW 275—2009）
13		一次绕组工频耐压试验：在一次侧加入工频试验源进行一次绕组工频耐压试验，试验电压为出厂试验电压值的80%，持续时间1min。试验后对一次绕组充分放电。充气式电流互感器安装后应进行现场老练试验，试验结束后进行耐压试验。试验电压为出厂试验值的80%		

序号	验收项目	验收方法及标准	验收结论（√或×）	备注
14	常规 TA 试验验收	二次绕组之间及其对外壳的工频耐压试验：使用绝缘电阻表测量二次绕组之间及其对外壳的工频耐压试验，试验电压 2kV，持续时间 1min。试验后对一次绕组充分放电		
15		一次绕组的介质损耗因数测量：采用自动电桥测试仪的正接线方式测量（没有末屏端子的采用反接法）一次绕组的介质损耗因数（tanδ），实测值与出厂试验值比较，应无明显差别		
16		变比测量：使用变比测试仪连接一、二次绕组测量变比，实测值应与铭牌值相符		
17		极性检查：使用极性测试仪连接一、二次绕组检查极性，应与标志相符		
18	直流滤波器整组试验验收	直流滤波器调谐试验：直流滤波器安装后应进行调谐试验，现场调谐频率与设计调谐频率的误差应控制在 1% 以内		《国家电网有限公司十八项电网重大反事故措施（修订版）》
19		电容器组不平衡电流校正：校正时不平衡电流值小于告警整定值的 50%（折算至额定电压值）		

4.5.4 试验验收专项记录表格

在工作中对于重要的内容进行专项检查记录并留档保存。电容器试验验收专项记录表见表 4-5-4，电抗器试验验收专项记录表见表 4-5-5，电阻器试验验收专项记录表见表 4-5-6，常规 TA 试验验收专项记录表见表 4-5-7，直流滤波器整组试验验收专项记录表见表 4-5-8。

表 4-5-4　　　　　　　　　　　　　　　　　　　电容器试验验收专项记录表

设备名称	验收项目					验收人
	电容量测量	端子间电阻的测量	绝缘电阻测量	支柱绝缘子绝缘电阻测量	电容器支柱绝缘子超声波探伤试验	
极 I 直流滤波器						
……						

表 4-5-5   电抗器试验验收专项记录表

设备名称	验收项目				验收人
	绕组直流电阻测量	电感量测量	支柱绝缘子绝缘电阻	支柱绝缘子超声波探伤试验	
极Ⅰ直流滤波器					
……					

表 4-5-6   电阻器试验验收专项记录表

设备名称	验收项目		验收人
	绕组直流电阻测量	绝缘电阻测量	
极Ⅰ直流滤波器			
……			

表 4-5-7   常规 TA 试验验收专项记录表

设备名称	验收项目						验收人
	绝缘电阻测量	一次绕组工频耐压试验	二次绕组之间及其对外壳的工频耐压试验	一次绕组的介质损耗因数测量	变比测量	极性检查	
极Ⅰ直流滤波器							
……							

表 4-5-8   直流滤波器整组试验验收专项记录表

设备名称	验收项目		验收人
	直流滤波器调谐试验	电容器组不平衡电流校正	
极Ⅰ直流滤波器			
……			

4.5.5 检查评价表格

对工作中检查出的问题进行汇总记录，并进行验收评价，留档保存。直流滤波器试验检查评价表见表4-5-9。

表 4-5-9 直流滤波器试验检查评价表

检查人	×××		检查日期	××××年××月××日
存在问题汇总				

4.6 主通流回路检查验收标准作业卡

4.6.1 验收范围说明

本验收作业卡适用于换流站验收工作，验收范围包括：极Ⅰ/极Ⅱ直流滤波器主通流回路。

4.6.2 验收准备工作

各阶段验收工作开展前，运检人员应当提前明确验收的时间、人员、车辆机具、仪器工具、图纸资料等，并至少在验收开展的前一天完成准备工作的确认。

主通流回路检查验收准备工作表见表4-6-1，主通流回路检查验收工器具清单见表4-6-2。

表 4-6-1 主通流回路检查验收准备工作表

序号	项目	工作内容	实施标准	负责人	备注
1	时间安排	验收工作开展前，应当组织业主、厂家、施工、监理、运检人员现场联合勘查，在各方均认为现场满足验收条件后方可开展	直流滤波器设备安装工作已完成，试验工作已完成，完成现场清理工作		
2	人员安排	（1）如人员、车辆充足可组织多个验收组同时开展工作。 （2）每个验收组建议至少安排运检人员1人，厂家人员1人，施工单位2人，监理1人，平台车专职驾驶员1人（厂家或施工单位人员）	验收前成立临时专项验收组，组织运检、施工、厂家、监理人员共同开展验收工作		

序号	项目	工作内容	实施标准	负责人	备注
3	车辆工具安排	验收工作开展前，准备好验收所需车辆机具、仪器仪表、工器具、安全防护用品、验收记录材料、相关图纸及相关技术资料	（1）车辆机具、仪器仪表、工器具、安全防护用品应试验合格，满足本次施工的要求。 （2）验收记录材料、相关图纸及相关技术资料齐全并符合现场实际情况		
4	验收交底	根据本次作业内容和性质确定好检修人员，并组织学习本作业卡	要求所有工作人员明确本次工作的作业内容、进度要求、作业标准及安全注意事项		

表 4-6-2 主通流回路检查验收工器具清单

序号	名称	型号	数量	备注
1	高空作业车	—	1辆	
2	回路电阻测试仪	—	1台	
3	安全带	—	每人1套	
4	车辆接地线	—	1根	
5	力矩扳手	满足力矩检查要求	1套	
6	棘轮扳手	—	1套	
7	无水乙醇	—	1瓶	
8	百洁布	—	1套	
9	导电膏	—	1瓶	
10	游标卡尺	—	1套	
11	绝缘电阻表	—	1台	

4.6.3 验收检查记录

主通流回路验收检查记录表见表 4-6-3。

表 4-6-3　　　　　　　　　　　　　　　　　　　　主通流回路验收检查记录表

序号	验收项目	验收方法及标准	验收结论 (√或×)	备注
1	主通流回路结构和安装情况检查	核对接头材质、有效接触面积、载流密度、螺栓标号、力矩要求等与设计文件一致，通流回路连接螺栓具有防松动措施（防松动措施包括使用弹片、叠帽、平弹一体垫片、防松螺栓等方式）		
2		检查安装阶段螺丝紧固后应进行的档案和记录		
3	主通流回路外观检查	检查通流回路外观良好，连接可靠接触良好，无变形、无变色、无锈蚀、无破损		
4		检查力矩双线标识清晰且划在螺母侧，力矩线需连续、清晰、与螺母垂直，且母排、垫片、螺母、螺栓均需划到		
5		检查软连接完好，无散股、断股现象		
6		若螺栓采用平弹一体结构，应当检查平弹一体垫片是否装反		
7	主通流回路搭接面螺栓力矩复查	力矩检查工作由施工人员执行、厂家人员监督、运检和监理见证记录，四方共同开展		
8		确认接头接触电阻测量和力矩检查结果满足技术要求（参照表 4-6-5），使用 80％力矩检查螺栓紧固到位后画线标记，并建立档案，做好记录。运维单位应按不小于 1/3 的数量进行力矩和接触电阻抽查		
9		力矩扳手每次调整后均应由验收人员、厂家人员、施工人员共同检查设置的力矩值是否正确		
10		对于检查工作中发现松动或力矩线偏移的螺栓，使用 100％力矩进行复紧，使用酒精擦除原力矩线后重新画线，并再次使用 80％力矩检查		
11		对于发生滑丝、跟转等问题的螺栓进行更换		
12		对于不在现场安装的内部搭接面可不进行复紧，只检查力矩线，但须厂家提供厂内验收报告		
13	主通流回路搭接面接触电阻测试	正确使用回路电阻测试仪，并设置试验电流不小于 100A		
14		将夹子夹在待测搭接面两端，启动仪器后读取测量数据并记录		
15		设备搭接面接触电阻不大于 15μΩ，同位置横向对比不超过 5μΩ		
16		对于发现有接触电阻超标的搭接面，应当按照"十步法"进行处理并记录		

4.6.4 验收检查记录表格

在工作中对于重要的内容进行专项检查记录并留档保存。直流滤波器主通流回路验收检查记录表见表 4-6-4，主通流回路"十步法"处理记录表见表 4-6-5。

表 4-6-4　　　　　　　　　　　　　　　　直流滤波器主通流回路验收检查记录表

设备名称	验收项目				验收人
	主通流回路结构和安装情况检查	主通流回路外观检查	主通流回路搭接面螺栓力矩复查	主通流回路搭接面接触电阻测试	
极Ⅰ直流滤波器					
……					

表 4-6-5　　　　　　　　　　　　　　　　主通流回路"十步法"处理记录表

序号	接头位置及名称	检修前接触电阻			评价	检修处理工艺控制					检修后接触电阻测量			验收人
		检修前接触电阻	接触电阻测量人	是否小于15μΩ	是否需要处理	工艺要求	螺栓规格	力矩标准	力矩是否紧固	作业人	检修后接触电阻	测量人	接触电阻是否合格	
1	电容器塔进线接头 A													
2	电容器塔进线接头 B													
…	……													

4.6.5 检查评价表格

对工作中检查出的问题进行汇总记录，并进行验收评价，留档保存。直流滤波器主通流回路检查评价表见表 4-6-6。

表 4-6-6　　　　　　　　　　　　　　　　直流滤波器主通流回路检查评价表

检查人	×××	检查日期	××××年××月××日
存在问题汇总			

4.7 投运前检查验收标准作业卡

4.7.1 验收范围说明

本验收作业卡适用于换流站验收工作，验收范围包括：极Ⅰ/极Ⅱ直流滤波器投运前检查。

4.7.2 验收准备工作

各阶段验收工作开展前，运检人员应当提前明确验收的时间、人员、车辆机具、仪器工具、图纸资料等，并至少在验收开展的前一天完成准备工作的确认。

投运前检查验收准备工作表见表 4-7-1，投运前检查验收工器具清单见表 4-7-2。

表 4-7-1 投运前检查验收准备工作表

序号	项目	工作内容	实施标准	负责人	备注
1	时间安排	验收工作开展前，应当组织业主、厂家、施工、监理、运检人员现场联合勘查，在各方均认为现场满足验收条件后方可开展	设备安装调试工作已完成，交接试验项目、报告和相关文件资料应齐全		
2	人员安排	（1）如人员、车辆充足可组织多个验收组同时开展工作。 （2）每个验收组建议至少安排运检人员 1 人，厂家人员 1 人，施工单位 2 人，监理 1 人，平台车专职驾驶员 1 人（厂家或施工单位人员）	验收前成立临时专项验收组，组织运检、施工、厂家、监理人员共同开展验收工作		
3	车辆工具安排	验收工作开展前，准备好验收所需车辆机具、仪器仪表、工器具、安全防护用品、验收记录材料、相关图纸及相关技术资料	（1）车辆机具、仪器仪表、工器具、安全防护用品应试验合格，满足本次施工的要求。 （2）验收记录材料、相关图纸及相关技术资料齐全并符合现场实际情况		
4	验收交底	根据本次作业内容和性质确定好检修人员，并组织学习本作业卡	要求所有工作人员明确本次工作的作业内容、进度要求、作业标准及安全注意事项		

表 4-7-2　　　　　　　　　　　　　　　　投运前检查验收工器具清单

序号	名称	型号	数量	备注
1	高空作业车	—	1 辆	
2	安全带	—	每人 1 套	
3	车辆接地线	—	1 根	
4	无水乙醇	—	1 瓶	
5	百洁布	—	1 套	

4.7.3　验收检查记录

投运前验收检查记录表见表 4-7-3。

表 4-7-3　　　　　　　　　　　　　　　　投运前验收检查记录表

序号	验收项目	验收方法及标准	验收结论（√或×）	备注
1	外观检查	检查各处螺栓连接紧固，无松动现象		
2		检查各部件无破损、松动、脱落，无异常现象		
3		降噪装置外观应完好、防护罩（应能有效防鸟）或遮雨格栅应无破损		
4		运行编号标识齐全、清晰可识别		
5		设备上方无遗留物件		
6	安全围栏检查	围栏接地可靠，无松动及明显锈蚀、接地不应构成闭合环路		
7		检查围栏内有无遗留物件		

4.7.4　检查评价表格

对工作中检查出的问题进行汇总记录，并进行验收评价，留档保存。直流滤波器投运前验收检查评价表见表 4-7-4。

表 4-7-4　　　　　　　　　　　　　　　　直流滤波器投运前验收检查评价表

检查人	×××		检查日期	××××年××月××日
存在问题汇总				

第五章　干式平波电抗器

5.1　应用范围

适用于换流站干式平波电抗器交接试验和竣工验收工作，部分验收项目需根据实际情况提前安排，通过随工验收、资料检查等方式开展，旨在指导并规范现场验收工作。

5.2　规范依据

本作业指导书的编制依据并不限于以下文件：

《国家电网有限公司十八项电网重大反事故措施（修订版）》

《国家电网有限公司防止直流换流站事故措施及释义（修订版）》

《±800kV 高压直流设备交接试验》（DL/T 274—2012）

《高压直流输电系统用±800kV 干式平波电抗器通用技术规范》（Q/GDW 149—2006）

《直流换流站高压直流电气设备交接试验规程》（Q/GDW 111—2004）

《国家电网有限公司直流换流站验收管理规定》

《国家电网公司全过程技术监督精益化管理实施细则》

5.3　验收方法

5.3.1　验收流程

干式平波电抗器设备专项验收工作应参照表 5-3-1 验收项目内容顺序开展，并在验收工作中把握关键时间节点。

表 5-3-1　　　　　　　　　　　　　　　　　干式平波电抗器设备专项验收标准流程表

序号	验收项目	主要工作内容	参考工时	开展验收需满足的条件
1	干式平波电抗器外观检查验收	（1）电抗器本体线圈、降噪装置、防雨罩、防鸟罩（防鸟格栅）外观验收。 （2）避雷器外观验收。 （3）支撑绝缘子外观验收。 （4）均压环、引出线及端子板、连接螺栓（含地脚螺栓）外观验收	1h/干式平波电抗器	干式平波电抗器安装完成
2	试验验收	（1）绕组直流电阻测量。 （2）电感量测量。 （3）直流避雷器试验	4h/干式平波电抗器	干式平波电抗器安装完成
3	主通流回路检查验收	（1）主通流回路搭接面螺栓力矩检查。 （2）主通流回路搭接面直阻检查	2h/干式平波电抗器	干式平波电抗器安装完成
4	投运前检查	（1）遗留物件清查。 （2）外观、外绝缘及安全围栏检查	0.5h/干式平波电抗器	（1）所有验收完成后。 （2）干式平波电抗器带电前

5.3.2　验收问题记录清单

对于验收过程中发现的隐患和缺陷，应当按照表 5-3-2 进行记录，并由专人负责跟踪闭环进度。

表 5-3-2　　　　　　　　　　　　　　　　　干式平波电抗器设备验收问题记录清单

序号	设备名称	问题描述	发现人	发现时间	整改情况
1	极Ⅰ极母线平波电抗器 L1	……	×××	××××年××月××日	……
…	……				

5.4　干式平波电抗器外观验收标准作业卡

5.4.1　验收范围说明

本验收作业卡适用于换流站验收工作，验收范围包括：极Ⅰ/极Ⅱ极母线、中性母线平波电抗器外观交接。

5.4.2 验收准备工作

各阶段验收工作开展前，运检人员应当提前明确验收的时间、人员、车辆机具、仪器工具、图纸资料等，并至少在验收开展的前一天完成准备工作的确认。

干式平波电抗器外观验收准备工作表见表 5-4-1，干式平波电抗器外观验收工器具清单见表 5-4-2。

表 5-4-1　　　　　　　　　　　　　　　　干式平波电抗器外观验收准备工作表

序号	项目	工作内容	实施标准	负责人	备注
1	时间安排	验收工作开展前，应当组织业主、厂家、施工、监理、运检人员现场联合勘查，在各方均认为现场满足验收条件后方可开展	平波电抗器安装工作已完成		
2	人员安排	（1）如人员、车辆充足可组织多个验收组同时开展工作。 （2）每个验收组建议至少安排验收人员1人，厂家人员1人，施工单位1人，监理1人，平台车专职驾驶员1人（厂家或施工单位人员）	验收前成立临时专项验收组，组织验收、施工、厂家、监理人员共同开展验收工作		
3	车辆工具安排	验收工作开展前，准备好验收所需车辆机具、仪器仪表、工器具、安全防护用品、验收记录材料、相关图纸及相关技术资料	（1）车辆机具、仪器仪表、工器具、安全防护用品应试验合格，满足本次施工的要求。 （2）验收记录材料、相关图纸及相关技术资料齐全并符合现场实际情况		
4	验收交底	根据本次作业内容和性质确定好检修人员，并组织学习本作业卡	要求所有工作人员明确本次工作的作业内容、进度要求、作业标准及安全注意事项		

表 5-4-2　　　　　　　　　　　　　　　　干式平波电抗器外观验收工器具清单

序号	名称	型号	数量	备注
1	高空作业车	—	1辆	
2	望远镜/照相机	—	1个	

序号	名称	型号	数量	备注
3	安全带	—	每人1套	
4	车辆接地线	—	1根	

5.4.3 验收检查记录

干式平波电抗器外观验收检查记录表见表 5-4-3。

表 5-4-3   **干式平波电抗器外观验收检查记录表**

序号	验收项目	验收方法及标准	验收结论（√或×）	备注
1	干式平波电抗器整体外观检查	检查电抗器降噪装置、防雨罩、防鸟罩、防鸟格栅完好，各拼接面经过密封处理		
2		检查电抗器表面无树枝状放电、表面绝缘层无龟裂		
3		检查电抗器电气连接部位牢固		
4		干式电抗器本体外部绝缘涂层、其他部位油漆应完好。本体风道应清洁无杂物，线圈绝缘完好，无异味及烧焦、流胶现象，线圈无倾斜现象		
5		检查铭牌参数齐全、正确且安装在便于查看的位置上，铭牌材质应为防锈材料，无锈蚀		
6		包封间及干式平波电抗器本体上无异物		
7		在距离干式平波电抗器中心为2倍直径的周边及垂直位置内，无金属闭环存在		
8	避雷器、支柱绝缘子、均压环、接地装置外观检查	检查避雷器表面清洁，外绝缘无损伤，喷口盖板完整无裂纹		
9		检查支柱绝缘子外绝缘无损伤		
10		检查均压环表面无变形，无毛刺，连接可靠，无松动，排列整齐，渗水孔通畅，位于均压环最下端		
11		支座两点接地，支柱绝缘子的接地线不应构成闭合环路，与主地网连接，牢固，导通良好，截面符合热稳定要求。接地端子及构架可靠接地，无伤痕及锈蚀，接地引下线采用黄绿相间的色漆或色带标示		

序号	验收项目	验收方法及标准	验收结论（√或×）	备注
12	引出线及端子板、连接螺栓外观检查	检查设备接线端子板采用非磁性金属材料制成的不锈钢螺栓，螺栓、螺母和垫圈应满足防锈、防腐、防磁要求，平垫弹垫配置齐全满足防振要求。螺栓采用双螺母或单螺母加弹垫固定等防松措施，螺栓力矩标识线清晰、可见		
13		检查引线松紧适当，无散股、扭曲、断股现象，引线弧度合适、绝缘间距满足设计文件要求		
14		检查接线端子无裂纹且不应采用铜铝对接过渡线夹，载流密度满足技术规范要求		
15		检查线夹应有排水孔，防止水结冰膨胀造成线夹爆裂		
16		加强安装工艺质量管控，严格按照设计单位提供的方案采购金具，严禁金具在装配现场开孔，确保金具质量合格〔《国家电网有限公司防止直流换流站事故措施及释义（修订版）》〕		

5.4.4 验收检查记录表格

在工作中对于重要的内容进行专项检查记录并留档保存。干式电抗器外观验收检查记录表见表 5-4-4。

表 5-4-4　　　　　　　　　　　　　　　　干式电抗器外观验收检查记录表

设备名称	验收项目						验收人
	外观检查	支柱绝缘子检查	避雷器外观检查	接地检查	均压环检查	引线各侧接头连接检查	
极Ⅰ极母线干式平波电抗器 L1							
……							

5.4.5 检查评价表格

对工作中检查出的问题进行汇总记录，并进行验收评价，留档保存。干式平波电抗器外观检查评价表见表 5-4-5。

表 5-4-5　　　　　　　　　　　　　　　干式平波电抗器外观检查评价表

检查人	×××		检查日期	××××年××月××日
存在问题汇总				

5.5　干式平波电抗器试验验收标准作业卡

5.5.1　验收范围说明

本验收作业卡适用于换流站验收工作，验收范围包括：极Ⅰ/极Ⅱ极母线、中性母线平波电抗器试验交接。

5.5.2　验收准备工作

各阶段验收工作开展前，运检人员应当提前明确验收的时间、人员、车辆机具、仪器工具、图纸资料等，并至少在验收开展的前一天完成准备工作的确认。

干式平波电抗器试验验收准备工作表见表 5-5-1，干式平波电抗器试验验收检查车辆、工具清单见表 5-5-2。

表 5-5-1　　　　　　　　　　　　　　　干式平波电抗器试验验收准备工作表

序号	项目	工作内容	实施标准	负责人	备注
1	时间安排	验收工作开展前，应当组织电科院、业主、厂家、施工、监理、运检人员现场联合勘查，在各方均认为现场满足验收条件后方可开展	（1）干式电抗器安装已完成。 （2）检查确认干式平波电抗器应断的引线已断开		
2	人员安排	（1）试验前进行站班交底，明确工作内容及试验范围。 （2）验收组建议至少安排运检人员 1 人，干式平波电抗器厂家人员 1 人，监理 1 人，电科院 2 人	验收前成立临时专项验收组，组织运检、施工、厂家、监理人员共同开展验收工作		
3	车辆工具安排	验收工作开展前，准备好验收所需车辆机具、仪器仪表、工器具、安全防护用品、验收记录材料、相关图纸及相关技术资料	（1）车辆机具、仪器仪表、工器具、安全防护用品应试验合格，满足本次施工的要求。 （2）验收记录材料、相关图纸及相关技术资料齐全并符合现场实际情况		

序号	项目	工作内容	实施标准	负责人	备注
4	验收交底	根据本次作业内容和性质确定好检修人员，并组织学习本作业卡	要求所有工作人员明确本次工作的作业内容、进度要求、作业标准及安全注意事项		

表 5-5-2　　　　　　　　　　　　　干式平波电抗器试验验收检查车辆、工具清单

序号	名称	型号	数量	备注
1	高空作业车	—	1辆	
2	安全带	—	每人1套	
3	车辆接地线	—	1根	
4	全自动电感测试仪	—	1台	
5	直流电阻测试仪	—	1台	
6	电源盘	—	1个	
7	成套工具	—	1套	
8	高压绝缘垫	—	1个	
9	放电棒	—	1根	
10	温、湿度计	—	1块	
11	万用表	—	1块	

5.5.3　验收检查记录表

干式电抗器试验验收检查记录表见表 5-5-3。

表 5-5-3　　　　　　　　　　　　　干式电抗器试验验收检查记录表

序号	验收项目	验收标准	验收结论（√或×）	备注
1	绕组直流电阻测量	将直流电阻测试仪通过测试线与被测绕组可靠连接，上下出线头处、仪器均接地。实测直流电阻值与同温下出厂试验值相比，其变化不应大于2%		

序号	验收项目	验收标准	验收结论（√或×）	备注
2	电感测量	采用高频阻抗测量仪测量100～2500Hz各次谐波下的电感值，测试结果对出厂试验测量值的偏差范围不应超过±3%		《±800kV高压直流设备交接试验》（DL/T 274—2012）
3	匝间绝缘检测	符合设备厂家技术规范要求（现场结合实际情况开展）		《国家电网有限公司十八项电网重大反事故措施（修订版）》
4	金属附件对本体的电阻测量	用万用表测量金属附件与电抗器本体间的电阻值，电阻值应小于1Ω		《±800kV高压直流设备交接试验》（DL/T 274—2012）
5	直流避雷器（阻波电抗器并联避雷器）试验	将直流高压发生器的高压出线与避雷器的高压端相连接，避雷器的低压端接微安表，然后接地。直流1mA电压（U_{1mA}）初值差不超过±5% $0.75U_{1mA}$泄漏电流初值差小于或等于30%或小于或等于50μA（对厂家有特殊要求的避雷器，按厂家要求进行相应毫安下的直流参考电压测量，试验数据应同时满足厂家规定）		
6	试验数据的分析	横、纵向对比双极直流场平波电抗器试验数据无明显差异		

5.5.4　试验验收检查记录表格

在工作中对于重要的内容进行专项检查记录并留档保存。干式电抗器试验验收检查记录表见表5-5-4。

表 5-5-4　　　　　　　　　　　　　　干式电抗器试验验收检查记录表

设备名称	试验项目					验收人
	绕组直流电阻测量	电感测量	避雷器直流1mA电压（U_{1mA}）及$0.75U_{1mA}$下泄漏电流测量	匝间绝缘检测	金属附件对本体的电阻测量	
极Ⅰ极母线干式平波电抗器 L1						
…….						

5.5.5　检查评价表格

对工作中检查出的问题进行汇总记录，并进行验收评价，留档保存。平波电抗器试验检查评价表见表 5-5-5。

表 5-5-5　　　　　　　　　　　　　　　　　　　平波电抗器试验检查评价表

检查人	×××		检查日期	××××年××月××日
存在问题汇总				

5.6　干式平波电抗器主通流回路检查验收标准作业卡

5.6.1　验收范围说明

本验收作业卡适用于换流站验收工作，验收范围包括：极Ⅰ/极Ⅱ极母线、中性母线平波电抗器主通流回路检查。

5.6.2　验收准备工作

各阶段验收工作开展前，运检人员应当提前明确验收的时间、人员、车辆机具、仪器工具、图纸资料等，并至少在验收开展的前一天完成准备工作的确认。

干式平波电抗器主通流回路检查验收准备工作表见表 5-6-1，干式平波电抗器主通流回路检查验收工器具清单见表 5-6-2。

表 5-6-1　　　　　　　　　　　　　　　干式平波电抗器主通流回路检查验收准备工作表

序号	项目	工作内容	实施标准	负责人	备注
1	时间安排	验收工作开展前，应当组织业主、厂家、施工、监理、运检人员现场联合勘查，在各方均认为现场满足验收条件后方可开展	干式平波电抗器安装工作已完成，试验已完成		
2	人员安排	（1）如人员、车辆充足可组织多个验收组同时开展工作。	验收前成立临时专项验收组，组织运检、施工、厂家、监理人员共同开展验收工作		

序号	项目	工作内容	实施标准	负责人	备注
2	人员安排	（2）每个验收组建议至少安排运检人员1人，厂家人员1人，施工单位2人，监理1人，平台车专职驾驶员1人（厂家或施工单位人员）。 （3）验收组所有人员均在干式平波电抗器上开展工作。 （4）力矩检查工作建议由施工人员和厂家配合进行，运检、监理监督见证并记录数据。 （5）直阻测量工作建议由施工人员和厂家配合进行，运检、监理监督见证并记录数据	验收前成立临时专项验收组，组织运检、施工、厂家、监理人员共同开展验收工作		
3	车辆工具安排	验收工作开展前，准备好验收所需车辆机具、仪器仪表、工器具、安全防护用品、验收记录材料、相关图纸及相关技术资料	（1）车辆机具、仪器仪表、工器具、安全防护用品应试验合格，满足本次施工的要求。 （2）验收记录材料、相关图纸及相关技术资料齐全并符合现场实际情况		
4	验收交底	根据本次作业内容和性质确定好检修人员，并组织学习本作业卡	要求所有工作人员明确本次工作的作业内容、进度要求、作业标准及安全注意事项		

表 5-6-2　　　　　　　　　　干式平波电抗器主通流回路检查验收工器具清单

序号	名称	型号	数量	备注
1	高空作业车	—	1辆	
2	安全带	—	每人1套	
3	车辆接地线	—	1根	
4	力矩扳手	满足力矩检查要求	1套	
5	棘轮扳手	—	1套	
6	签字笔	红色、黑色	1套	
7	无水乙醇	—	1瓶	
8	百洁布	—	1套	
9	回路电阻测试仪	—	1台	

5.6.3 验收检查记录

平波电抗器主通流回路验收检查记录表见表 5-6-3。

表 5-6-3 　　　　　　　　　　　　　　**平波电抗器主通流回路验收检查记录表**

序号	验收项目	验收方法及标准	验收结论（√或×）	备注
1	主通流回路结构和安装情况检查	核对接头材质、有效接触面积、载流密度、螺栓标号、力矩要求等与设计文件一致，通流回路连接螺栓具有防松动措施（防松措施包括使用弹片、叠帽、平弹一体垫片、防松螺栓等方式）		
2		检查安装阶段螺丝紧固后应进行的档案和记录		
3	通流回路外观检查	检查通流回路外观良好，连接可靠接触良好，无变形、无变色、无锈蚀、无破损		
4		检查力矩双线标识清晰且划在螺母侧，力矩线需连续、清晰、与螺母垂直，且母排、垫片、螺母、螺栓均需划到		
5		检查软连接完好，无散股、断股现象		
6		若螺栓采用平弹一体结构，应当检查平弹一体垫片是否装反		
7	主通流回路搭接面螺栓力矩复查	力矩检查工作由施工人员执行、厂家人员监督、运检和监理见证记录，四方共同开展		
8		确认接头直阻测量和力矩检查结果满足技术要求（参照表 5-6-4），使用 80％力矩检查螺栓紧固到位后画线标记，并建立档案，做好记录。运维单位应按不小于 1/3 的数量进行力矩和直阻抽查		
9		力矩扳手每次调整后均应由验收人员、厂家人员、施工人员共同检查设置的力矩值是否正确		
10		对于检查工作中发现松动或力矩线偏移的螺栓，使用 100％力矩进行复紧，使用酒精擦除原力矩线后重新画线，并再次使用 80％力矩检查		
11		对于发生滑丝、跟转等问题的螺栓进行更换		
12	主通流回路搭接面接触电阻测试	正确使用回路电阻测试仪，并设置试验电流不小于 100A		
13		将夹子夹在待测搭接面两端，启动仪器后读取测量数据并记录		
14		平波电抗器设备搭接面接触电阻不大于 15μΩ，同位置横向对比不超过 5μΩ		
15		对于发现有接触电阻超标的搭接面，应当按照"十步法"进行处理并记录		

5.6.4 "十步法"处理记录

"十步法"处理记录见表 5-6-4。

表 5-6-4   "十步法"处理记录

序号	接头位置及名称	检修前直阻			评价	检修处理工艺控制					检修后直阻测量			验收
		检修前直阻	直阻测量人	是否小于 15μΩ	是否需要处理	工艺要求	螺栓规格	力矩标准	力矩是否紧固	作业人	检修后直阻	测量人	直阻是否合格	
1	极Ⅰ极母线干式平波电抗器 L1 高压侧接头													
2	极Ⅰ极母线干式平波电抗器 L1 低压侧接头													
3	……													

5.6.5 检查评价表格

对工作中检查出的问题进行汇总记录，并进行验收评价，留档保存。平波电抗器主通流回路验收检查评价表见表 5-6-5。

表 5-6-5   平波电抗器主通流回路验收检查评价表

检查人	×××	检查日期	××××年××月××日
存在问题汇总			

5.7 干式平波电抗器投运前检查标准作业卡

5.7.1 验收范围说明

本验收作业卡适用于换流站验收工作，验收范围包括：极Ⅰ/极Ⅱ极母线、中性母线平波电抗器投运前检查。

5.7.2 验收准备工作

各阶段验收工作开展前，运检人员应当提前明确验收的时间、人员、车辆机具、仪器工具、图纸资料等，并至少在验收开展的前一天完成准备工作的确认。

平波电抗器投运前检查准备工作表见表5-7-1，平波电抗器投运前检查工器具清单见表5-7-2。

表 5-7-1　　　　　　　　　　　　　　　　　平波电抗器投运前检查准备工作表

序号	项目	工作内容	实施标准	负责人	备注
1	时间安排	验收工作开展前，应当组织业主、厂家、施工、监理、运检人员现场联合勘查，在各方均认为现场满足验收条件后方可开展	平波电抗器安装结束，试验通过		
2	人员安排	（1）需提前沟通好直流场验收作业面，由两个作业面配合共同开展。 （2）验收组建议至少安排运检人员1人，平波电抗器厂家人员1人，监理1人，平台车专职驾驶员1人（厂家或施工单位人员）	验收前成立临时专项验收组，组织运检、施工、厂家、监理人员共同开展验收工作		
3	车辆工具安排	验收工作开展前，准备好验收所需车辆机具、仪器仪表、工器具、安全防护用品、验收记录材料、相关图纸及相关技术资料	（1）车辆机具、仪器仪表、工器具、安全防护用品应试验合格，满足本次施工的要求。 （2）验收记录材料、相关图纸及相关技术资料齐全并符合现场实际情况		
4	验收交底	根据本次作业内容和性质确定好检修人员，并组织学习本作业卡	要求所有工作人员明确本次工作的作业内容、进度要求、作业标准及安全注意事项		

表 5-7-2平波电抗器投运前检查工器具清单

序号	名称	型号	数量	备注
1	望远镜/照相机	—	1个	—

5.7.3 验收检查记录表

平波电抗器投运前验收检查记录表见表 5-7-3。

表 5-7-3 平波电抗器投运前验收检查记录表

序号	验收项目	验收方法及标准	验收结论（√或×）	备注
1	外观	检查各处螺栓连接紧固，无松动现象		
2		检查各部件无破损、松动、脱落，无异常现象		
3		降噪装置外观应完好、防护罩（应能有效防鸟）或遮雨格栅应无破损		
4		运行编号标识齐全、清晰可识别		
5	外绝缘	包封表面清洁，无放电痕迹或油漆脱落，以及流（滴）胶、裂纹现象		
6		检查电抗器本体及风道内无遗留物件		
7	电抗器安全围栏	电抗器围栏接地可靠，无松动及明显锈蚀、接地不应构成闭合环路		
8		检查电抗器围栏内无遗留物件		

5.7.4 检查评价表格

对工作中检查出的问题进行汇总记录，并进行验收评价，留档保存。平波电抗器投运前验收检查评价表见表 5-7-4。

表 5-7-4 平波电抗器投运前验收检查评价表

检查人	×××	检查日期	××××年××月××日
存在问题汇总			

第六章　直流隔离开关、接地开关

6.1　应用范围

适用于换流站隔离开关、接地开关交接试验和竣工验收工作，部分验收项目需根据实际情况提前安排，通过随工验收、资料检查等方式开展，旨在指导并规范现场验收工作。

6.2　规范依据

本作业指导书的编制依据并不限于以下文件：

《国家电网有限公司十八项电网重大反事故措施（修订版）》

《国家电网有限公司防止换流站事故措施及释义（修订版）》

《高压直流隔离开关和接地开关》（GB/T 25091—2010）

《高压直流设备验收试验》（DL/T 377—2010）

《高压开关设备和控制设备标准的共用技术要求》（DL/T 593—2016）

《换流站设备验收规范　第6部分：直流隔离开关》（Q/GDW 11652.6—2016）

《高压支柱瓷绝缘子技术监督导则》（Q/GDW 11083—2013）

《国家电网公司直流换流站验收管理规定　第6分册　直流隔离开关验收细则》

《直流隔离开关和接地开关全过程技术监督精益化管理实施细则》

6.3　验收方法

6.3.1　验收流程

直流隔离开关、接地开关专项验收工作应参照表 6-3-1 验收项目内容顺序开展，并在验收工作中把握关键时间节点。

表 6-3-1　直流隔离开关、接地开关专项验收标准流程表

序号	验收项目	主要工作内容	参考工时	开展验收需满足的条件
1	直流隔离开关、接地开关外观验收	(1) 直流隔离开关、接地开关外观检查。 (2) 直流隔离开关、接地开关支架及接地验收。 (3) 直流隔离开关、接地开关绝缘子验收。 (4) 直流隔离开关、接地开关安装要求检查验收。 (5) 直流隔离开关、接地开关一次引线验收。 (6) 直流隔离开关、接地开关接触部位检查。 (7) 二次电缆检查	1h/直流隔离开关、接地开关	一次设备安装完成，绝缘子完成 PRTV 喷涂工作
2	直流隔离开关、接地开关二次回路检查及功能验收	(1) 直流隔离开关、接地开关联锁装置检查验收。 (2) 直流隔离开关、接地开关机构箱检查。 (3) 直流隔离开关、接地开关辅助开关检查验收。 (4) 直流隔离开关、接地开关反措要求检查。 (5) 直流隔离开关、接地开关加热、驱潮装置检查验收。 (6) 直流隔离开关、接地开关照明装置验收	4h/直流隔离开关、接地开关	(1) 一次设备安装完成，绝缘子完成 PRTV 喷涂工作。 (2) 二次回路电缆敷设完成。
3	直流隔离开关、接地开关交接试验验收	(1) 校核动、静触头开距。 (2) 导电回路电阻值测量。 (3) 瓷套、复合绝缘子试验。 (4) 控制及辅助回路的工频耐压试验。 (5) 绝缘电阻测量。 (6) 瓷柱探伤试验	8h/直流隔离开关、接地开关	一次设备安装完成，设备验收完成
4	主通流回路检查验收	(1) 外观检查。 (2) 主通流回路搭接面螺栓力矩检查。 (3) 主通流回路搭接面回阻检查	1h/直流隔离开关、接地开关	(1) 一次设备安装完成。 (2) 待试设备处于停电检修状态。 (3) 设备上无各种外部作业。 (4) 待试主回路应处于闭合导通状态。 (5) 与仪器连接的部位应清洁
5	直流隔离开关、接地开关投运前检查	(1) 外观检查。 (2) 外绝缘检查。 (3) 监控后台检查	1h/直流隔离开关、接地开关	(1) 所有验收完成后。 (2) 直流隔离开关、接地开关带电前

6.3.2 验收问题记录清单

对于验收过程中发现的隐患和缺陷，应当按照表6-3-2格式进行记录，并由专人负责跟踪闭环进度。

表 6-3-2　　　　　　　　　　　　　直流隔离开关、接地开关验收问题记录清单

序号	设备名称	问题描述	发现人	发现时间	整改情况
1	直流隔离开关、接地开关	……	×××	××××年××月××日	……
…	……				

6.4　直流隔离开关、接地开关外观验收标准作业卡

6.4.1　验收范围说明

本验收作业卡适用于换流站验收工作，验收范围包括：直流隔离开关、接地开关外观交接。

6.4.2　验收准备工作

各阶段验收工作开展前，运检人员应当提前明确验收的时间、人员、车辆机具、仪器工具、图纸资料等，并至少在验收开展的前一天完成准备工作的确认。

直流隔离开关、接地开关外观准备工作表见表6-4-1，直流隔离开关、接地开关外观验收工器具清单见表6-4-2。

表 6-4-1　　　　　　　　　　　　　直流隔离开关、接地开关外观准备工作表

序号	项目	工作内容	实施标准	负责人	备注
1	时间安排	验收工作开展前，应当组织业主、厂家、施工、监理、运检人员现场联合勘查，在各方均认为现场满足验收条件后方可开展	交流滤波器设备安装工作已完成，完成现场清理工作		
2	人员安排	（1）如人员、车辆充足可组织多个验收组同时开展工作。 （2）每个验收组建议至少安排运检人员2人，厂家人员2人，监理1人，平台车专职驾驶员1人（厂家或施工单位人员）	验收前成立临时专项验收组，组织运检、施工、厂家、监理人员共同开展验收工作		

序号	项目	工作内容	实施标准	负责人	备注
3	车辆工具安排	验收工作开展前，准备好验收所需车辆机具、仪器仪表、工器具、安全防护用品、验收记录材料、相关图纸及相关技术资料	（1）车辆机具、仪器仪表、工器具、安全防护用品应试验合格，满足本次施工的要求。 （2）验收记录材料、相关图纸及相关技术资料齐全并符合现场实际情况		
4	验收交底	根据本次作业内容和性质确定好检修人员，并组织学习本作业卡	要求所有工作人员明确本次工作的作业内容、进度要求、作业标准及安全注意事项		

表 6-4-2   直流隔离开关、接地开关外观验收工器具清单

序号	名称	型号	数量	备注
1	高空作业车	—	1辆	
2	万用表	—	1套	
3	安全带	—	每人1套	
4	车辆接地线	—	1根	
5	力矩扳手	—	1套	
6	对讲机	—	1对	
7	百洁布	—	1套	
8	无水乙醇	—	1瓶	
9	导电膏	—	1瓶	
10	游标卡尺	—	1把	
11	回路电阻测试仪	—	1台	
12	绝缘子超声波探伤仪	—	1台	
13	绝缘电阻表	—	1台	

6.4.3 验收检查记录

直流隔离开关、接地开关外观验收检查记录表见表 6-4-3。

表 6-4-3 直流隔离开关、接地开关外观验收检查记录表

序号	验收项目	验收方法及标准	验收结论（√或×）	备注
1	直流隔离开关、接地开关外观检查	操动机构、传动装置、辅助开关及闭锁装置应安装牢固、动作灵活可靠、位置指示正确，各元件功能标识正确，引线固定牢固，设备线夹应有排水孔		
2		直流隔离开关、接地开关底座与垂直连杆、接地端子及操动机构箱应接地可靠		
3		设备间距及分闸时触头打开角度和距离，应符合产品技术文件要求		
4		触头接触应紧密良好，接触尺寸应符合产品技术文件要求。导电接触检查可用 0.05mm×10mm 的塞尺进行检查。对于线接触应塞不进去，对于面接触其塞入深度：在接触表面宽度为 50mm 及以下时不应超过 4mm，在接触表面宽度为 60mm 及以上时不应超过 6mm		
5		直流隔离开关分、合闸限位应正确，电动操作时，直流隔离开关分合到位后电动机应自动停止		
6		垂直连杆应无扭曲变形		
7		螺栓紧固力矩应达到产品技术文件和相关标准要求		
8		油漆应完整、标识正确，设备应清洁		
9		隔离开关、接地开关底座与垂直连杆、接地端子及操动机构箱应接地可靠，软连接导电带紧固良好，无断裂、损伤		
10		直流隔离开关带电部分及其传动部分的结构应能防止鸟类做巢		(1)《直流隔离开关和接地开关全过程技术监督精益化管理实施细则》。(2)《高压直流隔离开关和接地开关》(GB/T 25091—2010)
11		直流隔离开关上需经常润滑的部位应设有专门的润滑孔或润滑装置，在寒冷地区应采用防冻润滑剂		
12		检查操动机构箱内供检修及调整用的人力分、合闸装置完好		
13		操动机构的终点位置应有坚固的定位和限位装置，且在分、合闸位置应能将操作柄锁住		
14		操动机构箱应能防锈、防寒、防小动物、防尘、防潮、防雨、防护等级为 IP56		

序号	验收项目	验收方法及标准	验收结论（√或×）	备注
15	直流隔离开关、接地开关支架及接地	隔离开关及构架、机构箱安装应牢靠，连接部位螺栓压接牢固，满足力矩要求，平垫、弹簧垫齐全、螺栓外露长度符合要求，用于法兰连接紧固的螺栓，紧固后螺纹一般应露出螺母2～3圈，各螺栓、螺纹连接件应按要求涂胶并紧固划标志线		
16		采用垫片安装（厂家调节垫片除外）调节隔离开关水平的，支架或底架与基础的垫片不宜超过3片，总厚度不应大于10mm，且各垫片间应焊接牢固		
17		凡不属于主回路或辅助回路的且需要接地的所有金属部分都应接地（如爬梯等），外壳、构架等的相互电气连接宜采用紧固连接（如螺栓连接或焊接），以保证电气上连通，且接地回路导体应有足够的截面，具有通过接地短路电流的能力		
18		底座与支架、支架与主地网的连接应满足设计要求，接地应牢固可靠，紧固螺钉或螺栓的直径不应小于12mm，紧固螺栓应热镀锌或为不锈钢材料		
19		接地引下线无锈蚀、损伤、变形。接地引下线应有专用的色标标志		
20		一般铜质软连接的截面面积不小于50mm^2		
21		隔离开关构支架应有两点与主地网连接，接地引下线规格满足设计规范，连接牢固		
22		架构底部的排水孔设置合理，满足要求		
23	直流隔离开关、接地开关绝缘子验收	清洁，无裂纹，无掉瓷，爬电比距符合污秽等级要求（爬电比距满足要求：户内隔离开关瓷支柱绝缘子的爬电比距不应小于25mm/kV。户外支柱绝缘子爬距应满足污区图要求）		
24		金属法兰、连接螺栓无锈蚀、无表层脱落现象		
25		金属法兰与瓷件的胶装部位涂以性能良好的防水密封胶，胶装后露砂高度10～20mm且不得小于10mm		
26		逐个进行绝缘子超声波探伤，探伤结果合格		
27		有特殊要求不满足防污闪要求的，瓷质绝缘子喷涂防污闪涂层，应采用差色喷涂工艺，涂层厚度不小于2mm，无破损、起皮、开裂等情况，增爬伞裙无塌陷变形，表面牢固		

序号	验收项目	验收方法及标准	验收结论 (√或×)	备注
28	直流隔离开关、接地开关安装要求	直流隔离开关、接地开关导电管应合理设置排水孔,确保在分、合闸位置内部均不积水。垂直传动连杆应有防止积水的措施,水平传动连杆端部应密封		
29		传动连杆应采用装配式结构,不应在施工现场进行切焊配装。连杆应选用满足强度和刚度要求的热镀锌无缝钢管,无扭曲、变形、开裂		
30		检查传动摩擦部位磨损情况,补充适合当地条件的润滑脂		
31		单柱垂直伸缩式在合闸位置时,驱动拐臂应过死点		
32		定位螺钉应按产品的技术要求进行调整,并加以固定		
33		均压环无变形,安装方向正确		
34		检查破冰装置应完好		
35		杆端承球套与联接轴之间过盈配合公差应满足要求,联接力满足长期使用要求		
36	直流隔离开关、接地开关一次引线	引线无散股、扭曲、断股现象。引线对地和相间符合电气安全距离要求,引线松紧适当,无明显过松过紧现象,导线的弧垂须满足设计规范		
37		压接式铝设备线夹,朝上 $30°\sim90°$ 安装时,应设置滴水孔		
38		设备线夹压接应采用热镀锌螺栓,采用双螺母或蝶形垫片等防松措施		
39		设备线夹与压线板是不同材质时,不应使用对接式铜铝过渡线夹		
40	直流隔离开关、接地开关接触部位检查	触头表面镀银层完整,无损伤,导电回路主触头镀银层厚度不应小于 $20\,\mu m$,硬度不小于 $120HV$(建议现场进行硬度测试)。固定接触面均匀涂抹电力复合脂,接触良好		
41		带有引弧装置的应动作可靠,不会影响直流隔离开关的正常分合		
42	二次电缆检查	由一次设备(如变压器、断路器、隔离开关和电流、电压互感器等)直接引出的二次电缆的屏蔽层应使用截面面积不小于 $4mm^2$ 多股铜质软导线仅在就地端子箱处一点接地,在一次设备的接线盒(箱)处不接地,二次电缆经金属管从一次设备的接线盒(箱)引至电缆沟,并将金属管的上端与一次设备的底座或金属外壳良好焊接,金属管另一端应在距一次设备 $3\sim5m$ 之外与主接地网焊接		

6.4.4 验收检查记录表格

在工作中对于重要的内容进行专项检查记录并留档保。直流隔离开关、接地开关外观验收检查记录表见表6-4-4。

表6-4-4 直流隔离开关、接地开关外观验收检查记录表

设备名称	验收项目							验收人
	直流隔离开关、接地开关外观检查	直流隔离开关、接地开关支架及接地	直流隔离开关、接地开关绝缘子验收	直流隔离开关、接地开关安装要求	直流隔离开关、接地开关一次引线	直流隔离开关、接地开关接触部位检查	二次电缆检	
80111 隔离开关								
80116 隔离开关								
……								

6.4.5 检查评价表格

对工作中检查出的问题进行汇总记录，并进行验收评价，留档保存。直流隔离开关、接地开关外观检查评价表见表6-4-5。

表6-4-5 直流隔离开关、接地开关外观检查评价表

检查人	×××	检查日期	××××年××月××日
存在问题汇总			

6.5 直流隔离开关、接地开关二次回路检查及功能验收标准作业卡

6.5.1 验收范围说明

本验收作业卡适用于换流站验收工作，验收范围包括：直流隔离开关、接地开关二次回路检查及功能验收。

6.5.2 验收准备工作

各阶段验收工作开展前，运检人员应当提前明确验收的时间、人员、车辆机具、仪器工具、图纸资料等，并至少在验收开展的前一天完成准备工作的确认。

直流隔离开关、接地开关二次回路检查及功能验收准备工作表见表 6-5-1，直流隔离开关、接地开关二次回路检查及功能验收工器具清单见表 6-5-2。

表 6-5-1　　　　　　　　　　直流隔离开关、接地开关二次回路检查及功能验收准备工作表

序号	项目	工作内容	实施标准	负责人	备注
1	时间安排	验收工作开展前，应当组织业主、厂家、施工、监理、运检人员现场联合勘查，在各方均认为现场满足验收条件后方可开展	交流滤波器设备安装工作已完成，完成现场清理工作		
2	人员安排	（1）如人员、车辆充足可组织多个验收组同时开展工作。 （2）每个验收组建议至少安排运检人员 2 人，厂家人员 2 人，监理 1 人，平台车专职驾驶员 1 人（厂家或施工单位人员）	验收前成立临时专项验收组，组织运检、施工、厂家、监理人员共同开展验收工作		
3	车辆工具安排	验收工作开展前，准备好验收所需车辆机具、仪器仪表、工器具、安全防护用品、验收记录材料、相关图纸及相关技术资料	（1）车辆机具、仪器仪表、工器具、安全防护用品应试验合格，满足本次施工的要求。 （2）验收记录材料、相关图纸及相关技术资料齐全并符合现场实际情况		
4	验收交底	根据本次作业内容和性质确定好检修人员，并组织学习本作业卡	要求所有工作人员明确本次工作的作业内容、进度要求、作业标准及安全注意事项		

表 6-5-2　　　　　　　　　　直流隔离开关、接地开关二次回路检查及功能验收工器具清单

序号	名称	型号	数量	备注
1	高空作业车	—	1 辆	
2	万用表	—	1 套	

序号	名称	型号	数量	备注
3	安全带	—	每人1套	
4	车辆接地线	—	1根	
5	力矩扳手	—	1套	
6	对讲机	—	1对	
7	百洁布	—	1套	
8	无水乙醇	—	1瓶	
9	导电膏	—	1瓶	
10	游标卡尺	—	1把	
11	回路电阻测试仪	—	1台	
12	绝缘子超声波探伤仪	—	1台	
13	绝缘电阻表	—	1台	

6.5.3 验收检查记录

直流隔离开关、接地开关二次回路检查及功能验收检查记录表见表6-5-3。

表6-5-3　　　　　直流隔离开关、接地开关二次回路检查及功能验收检查记录表

序号	验收项目	验收方法及标准	验收结论（√或×）	备注
1	直流隔离开关、接地开关联锁装置检查验收	直流隔离开关与其所配的接地开关间有准确、可靠的机械闭锁和电气闭锁措施		
2		二次控制线圈和电磁闭锁装置：当其线圈接线端子的电压在其额定电压值的80%～110%范围内时保证隔离开关和接地开关可靠的合闸和分闸		

序号	验收项目	验收方法及标准	验收结论（√或×）	备注
3	直流隔离开关、接地开关机构箱检查	机构箱密封良好，无变形、水迹、异物，密封条良好，门把手完好		
4		二次接线布置整齐，无松动、损坏，二次电缆绝缘层无损坏现象，二次接线排列整齐，接头牢固、无松动，编号清楚		
5		箱内端子排、继电器、辅助开关等无锈蚀		
6		电动操动机构的电动机端子的电压在其额定电压值的85%～110%范围内，保证隔离开关和接地开关可靠的合闸和分闸		
7		由直流隔离开关本体机构箱至就地端子箱之间的二次电缆的屏蔽层应在就地端子箱处可靠连接至等电位接地网的铜排上		
8		操作电动机"电动/手动"切换把手外观无异常，"远方/就地""合闸/分闸"把手外观无异常，操作功能正常，手动、电动操作正常		
9	机械性能检查	在规定的最低电源电压和/或操作用压力源最低压力下进行五次合—分操作循环		
10		配备联锁的隔离开关和接地开关，应经受五次操作循环的操作来检查相关联锁的动作情况。在每次操作之前，联锁应置于试图阻止开关装置操作的位置		
11	直流隔离开关、接地开关辅助开关检查验收	辅助开关动作灵活可靠，位置正确，信号上传正确		
12	直流隔离开关、接地开关反措要求检查	应逐一进行隔离开关信号电源断电试验，检查保护是否误动作		
13		接入相互冗余的控制和保护系统的断路器、隔离开关辅助触点信号电源应相互独立，取自不同直流母线，并分别配置空气开关		
14	直流隔离开关、接地开关加热、驱潮装置检查验收	机构箱中应装有加热、驱潮装置，并根据温湿度自动控制，必要时也能进行手动投切，其设定值满足安装地点环境要求且与电动机电源要分开		
15		加热器、驱潮装置及控制元件的绝缘应良好，加热器与各元件、电缆及电线的距离应大于50mm		
16	直流隔离开关、接地开关照明装置验收	机构箱应装设照明装置，且工作正常		

6.5.4 验收检查记录表格

在工作中对于重要的内容进行专项检查记录并留档保存。直流隔离开关、接地开关外观验收检查记录表见表 6-5-4，直流隔离开关、接地开关遥控分、合操作验收检查记录表见表 6-5-5，设备联锁功能验证表见表 6-5-6，直流隔离开关、接地开关二次回路绝缘验收检查记录表见表 6-5-7。

表 6-5-4   **直流隔离开关、接地开关外观验收检查记录表**

设备名称	验收项目						验收人
	联锁功能检查	机构箱二次接线及元器件检查	机构箱加热装置检查	机构箱照明检查	机构箱驱潮装置检查	机构箱密封性检查	
80111 隔离开关							
80112 隔离开关							
……							

表 6-5-5   **直流隔离开关、接地开关遥控分、合操作验收检查记录表**

序号	隔离开关	验收结论（√或×）					
		近控		远控			
				A 系统	A 系统	B 系统	B 系统
		分	合	分	合	分	合
1	80111 隔离开关						
2	80112 隔离开关						
…	……						

表 6-5-6   **设备联锁功能验证表**

电气设备		状态或条件	要求	验收结论（√或×）
		操动机构箱上近/远控把手在远控位置	—	A/B
8011	合闸	无	能操作	

电气设备		状态或条件	要求	验收结论 （√或×）
		操动机构箱上近/远控把手在远控位置	—	A/B
8011	分闸	极Ⅰ高端阀组解锁指令分 8011	能操作	
		极Ⅰ高端阀组在隔离状态	能操作	
		极Ⅰ高端阀组未隔离且无极Ⅰ高端阀组解锁指令分 8011	不能操作	
		测试远/近控切换装置与开关操作相对应、OWS事件正确	对应正确	
80111	合闸	极Ⅰ极隔离且 801137、801147 在合闸状态	能操作	
		换流器已充电且 801137、801147 在分闸状态，8011、80116 在合闸状态	能操作	
		极Ⅰ极隔离且 801137、801147 任一在分闸状态，8011、80116 任一在分闸状态	不能操作	
		极Ⅰ极未隔离且换流器未充电	不能操作	
		极Ⅰ极未隔离且换流器已充电且 801137、801147 任一在合闸状态	不能操作	
		极Ⅰ极未隔离且换流器已充电且 801137、801147 在分闸状态，8011、80116 任一在分闸状态	不能操作	
		测试远/近控切换装置与开关操作相对应、OWS事件正确	对应正确	
	分闸	8011、80116 在合闸状态	能操作	
		极Ⅰ极隔离且 801137、801147 在合闸状态	能操作	
		极Ⅰ极未隔离且 8011、80116 任一在分闸状态	不能操作	
		极Ⅰ极隔离且 8011、80116 任一在分闸状态，801137、801147 任一在分闸状态	不能操作	
		测试远/近控切换装置与开关操作相对应、OWS事件正确	对应正确	
阀厅接地 开关 801137	合闸	8011 在合闸状态，80111、80112 在分闸状态，50712、50721 在分闸状态	能操作	
		8011 在分闸状态，80111、80112 在分闸状态，50712、50721 在分闸状态	不能操作	
		8011 在合闸状态，80111、80112 任一在合闸状态，50712、50721 在分闸状态	不能操作	
		8011 在合闸状态，80111、80112 在分闸状态，50712、50721 任一在合闸状态	不能操作	
		测试远/近控切换装置与开关操作相对应、OWS事件正确	对应正确	

电气设备		状态或条件	要求	验收结论（√或×）
		操动机构箱上近/远控把手在远控位置	—	A/B
阀厅接地开关 801137	分闸	8011 在分闸状态，阀厅大门已锁，阀厅紧急出口已锁	能操作	
		8011 在合闸状态，阀厅大门已锁，阀厅紧急出口已锁	不能操作	
		8011 在分闸状态，阀厅大门未锁，阀厅紧急出口已锁	不能操作	
		8011 在分闸状态，阀厅大门已锁，阀厅紧急出口未锁	不能操作	
		测试远/近控切换装置与开关操作相对应、OWS 事件正确	对应正确	
……				

表 6-5-7 　　　　　　　　　　　　直流隔离开关、接地开关二次回路绝缘验收检查记录表

操作回路	对应屏柜	对应端子	对应屏柜	对应端子	绝缘（MΩ）	发现问题
8011 断路器远方分闸控制公共端	CSI111A	−X303：3L	P1. WP-Q1. J	＋X1：601		
8011 断路器远方分闸		−X303：6L		＋X1：630		
8011 断路器远方合闸		−X303：7L		＋X1：610		
8011 断路器就地允许操作		−X303：8L		＋X1：602		
8011 断路器远方分闸负端		−X303：9L		＋X1：645		
8011 断路器远方合闸负端		−X303：10L		＋X1：625		
8011 断路器远方分闸控制公共端		−X303：11L		＋X1：607		
……						

6.5.5　检查评价表格

　　对工作中检查出的问题进行汇总记录，并进行验收评价，留档保存。直流隔离开关、接地开关二次回路检查及功能检查评价表见表 6-5-8。

表 6-5-8 　　　　　　　　　　　　直流隔离开关、接地开关二次回路检查及功能检查评价表

检查人	××××	检查日期	××××年××月××日
存在问题汇总			

6.6 直流隔离开关、接地开关交接试验验收

6.6.1 验收范围说明

本验收作业卡适用于换流站验收工作，验收范围包括：直流隔离开关、接地开关试验交接。

6.6.2 验收准备工作

各阶段验收工作开展前，运检人员应当提前明确验收的时间、人员、车辆机具、仪器工具、图纸资料等，并至少在验收开展的前一天完成准备工作的确认。

直流隔离开关、接地开关交接试验验收准备工作表见表 6-6-1，直流隔离开关、接地开关交接试验验收工器具清单见表 6-6-2。

表 6-6-1　　　　　　　　　　　　　　　　直流隔离开关、接地开关交接试验验收准备工作表

序号	项目	工作内容	实施标准	负责人	备注
1	时间安排	验收工作开展前，应当组织业主、厂家、施工、监理、运检人员现场联合勘查，在各方均认为现场满足验收条件后方可开展	交流滤波器设备安装工作已完成，完成现场清理工作		
2	人员安排	（1）如人员、车辆充足可组织多个验收组同时开展工作。 （2）每个验收组建议至少安排运检人员 2 人，厂家人员 2 人，监理 1 人，平台车专职驾驶员 1 人（厂家或施工单位人员）	验收前成立临时专项验收组，组织运检、施工、厂家、监理人员共同开展验收工作		
3	车辆工具安排	验收工作开展前，准备好验收所需车辆机具、仪器仪表、工器具、安全防护用品、验收记录材料、相关图纸及相关技术资料	（1）车辆机具、仪器仪表、工器具、安全防护用品应试验合格，满足本次施工的要求。 （2）验收记录材料、相关图纸及相关技术资料齐全并符合现场实际情况		
4	验收交底	根据本次作业内容和性质确定好检修人员，并组织学习本作业卡	要求所有工作人员明确本次工作的作业内容、进度要求、作业标准及安全注意事项		

表 6-6-2 **直流隔离开关、接地开关交接试验验收工器具清单**

序号	名称	型号	数量	备注
1	高空作业车	—	1辆	
2	万用表	—	1套	
3	安全带	—	每人1套	
4	车辆接地线	—	1根	
5	力矩扳手	—	1套	
6	对讲机	—	1对	
7	百洁布	—	1套	
8	无水乙醇	—	1瓶	
9	导电膏	—	1瓶	
10	游标卡尺	—	1把	
11	回路电阻测试仪	—	1台	
12	绝缘子超声波探伤仪	—	1台	
13	绝缘电阻表	—	1台	

6.6.3 验收检查记录

直流隔离开关、接地开关交接试验验收检查记录表见表 6-6-3。

表 6-6-3 **直流隔离开关、接地开关交接试验验收检查记录表**

序号	验收项目	验收方法及标准	验收结论 (√或×)	备注
1	校核动、静触头开距	隔离开关和接地开关及其操动机构应分别在额定、最高（110%U_n）、最低（80%U_n）操作电压下各操作5次，应能可靠合闸、分闸，分、合闸位置指示正确，分、合闸时间符合产品技术条件，机械或电气闭锁装置应准确可靠。U_n为额定电压		
2		校核动、静触头开距应符合产品技术规范要求		

序号	验收项目	验收方法及标准	验收结论（√或×）	备注
3	导电回路电阻值测量	采用电流不小于100A的直流压降法		
4		测试结果，不应大于出厂值的1.2倍		
5		有条件时测量触头夹紧压力		
6	瓷套、复合绝缘子	使用2500V绝缘电阻表测量，绝缘电阻不应低于1000MΩ		
7		复合绝缘子应进行憎水性测试		
8		耐压试验可随断路器设备一起进行		
9	控制及辅助回路的工频耐压试验	试验电压为2000V，持续时间1min。如果在每次试验中都未发生破坏性放电，则认为该辅助和控制回路通过了试验		
10	测量绝缘电阻	整体绝缘电阻值测量，应参照制造厂规定		
11	瓷柱探伤试验	直流隔离开关、接地开关绝缘子应在设备安装完好并完成所有的连接后逐支进行超声波探伤检测		
12		逐个进行绝缘子超声波探伤，探伤结果合格		

6.6.4 试验验收检查记录表格

在工作中对于重要的内容进行专项检查记录并留档保存。直流隔离开关、接地开关交接试验验收检查记录表见表6-6-4。

表6-6-4　　　　　　　　　　　　　　　直流隔离开关、接地开关交接试验验收检查记录表

设备名称	试验项目						验收人
	校核动、静触头开距	导电回路电阻值测量	瓷套、复合绝缘子	控制及辅助回路的工频耐压试验	测量绝缘电阻	瓷柱探伤试验	
极Ⅰ高端阀组高压侧刀闸80111							
极Ⅰ高端阀组旁通刀闸80116							
……							

6.6.5 检查评价表格

对工作中检查出的问题进行汇总记录，并进行验收评价，留档保存。直流隔离开关、接地开关交接试验检查评价表见表6-6-5。

表 6-6-5 直流隔离开关、接地开关交接试验检查评价表

检查人	×××	检查日期	××××年××月××日
存在问题汇总			

6.7 主通流回路检查验收标准作业卡

6.7.1 验收范围说明

本验收作业卡适用于换流站验收工作，验收范围包括：直流隔离开关、接地开关主通流回路检查。

6.7.2 验收准备工作

各阶段验收工作开展前，运检人员应当提前明确验收的时间、人员、车辆机具、仪器工具、图纸资料等，并至少在验收开展的前一天完成准备工作的确认。

主通流回路检查验收检查记录表见表6-7-1，主通流回路检查验收工器具清单见表6-7-2。

表 6-7-1 主通流回路检查验收检查记录表

序号	项目	工作内容	实施标准	负责人	备注
1	时间安排	验收工作开展前，应当组织业主、厂家、施工、监理、运检人员现场联合勘查，在各方均认为现场满足验收条件后方可开展	直流分压器安装工作已完成，试验已完成		
2	人员安排	（1）如人员、车辆充足可组织多个验收组同时开展工作。	验收前成立临时专项验收组，组织运检、施工、厂家、监理人员共同开展验收工作		

序号	项目	工作内容	实施标准	负责人	备注
2	人员安排	（2）每个验收组建议至少安排运检人员1人，厂家人员1人，施工单位2人，监理1人，平台车专职驾驶员1人（厂家或施工单位人员）。 （3）验收组所有人员均在直流分压器上开展工作。 （4）力矩检查工作建议由施工人员和厂家配合进行，运检、监理监督见证并记录数据。 （5）接触电阻测量工作建议由施工人员和厂家配合进行，运检、监理监督见证并记录数据	验收前成立临时专项验收组，组织运检、施工、厂家、监理人员共同开展验收工作		
3	车辆工具安排	验收工作开展前，准备好验收所需车辆机具、仪器仪表、工器具、安全防护用品、验收记录材料、相关图纸及相关技术资料	（1）车辆机具、仪器仪表、工器具、安全防护用品应试验合格，满足本次施工的要求。 （2）验收记录材料、相关图纸及相关技术资料齐全并符合现场实际情况		
4	验收交底	根据本次作业内容和性质确定好检修人员，并组织学习本作业卡	要求所有工作人员明确本次工作的作业内容、进度要求、作业标准及安全注意事项		

表 6-7-2　　　　　　　　　　　　　　　　主通流回路检查验收工器具清单

序号	名称	型号	数量	备注
1	高空作业车	—	1辆	
2	安全带	—	每人1套	
3	车辆接地线	—	1根	
4	力矩扳手	满足力矩检查要求	1套	
5	棘轮扳手	—	1套	
6	签字笔	—	1套	
7	无水乙醇	—	1瓶	
8	百洁布	—	1套	
9	回路电阻测试仪	—	1台	

6.7.3 验收检查记录

主通流回路检查验收检查记录表见表 6-7-3。

表 6-7-3 主通流回路检查验收检查记录表

序号	验收项目	验收方法及标准	验收结论（√或×）	备注
1	主通流回路结构和安装情况检查	核对接头材质、有效接触面积、载流密度、螺栓标号、力矩要求等与设计文件一致，通流回路连接螺栓具有防松动措施（防松动措施包括使用弹片、叠帽、平弹一体垫片、防松螺栓等方式）		
2		检查安装阶段螺丝紧固后应进行的档案和记录		
3	通流回路外观检查	检查通流回路外观良好，连接可靠接触良好，无变形、无变色、无锈蚀、无破损		
4		检查力矩双线标识清晰且画在螺母侧，力矩线需连续、清晰、与螺母垂直，且母排、垫片、螺母、螺栓均需划到		
5		检查软连接完好，无散股、断股现象		
6		若螺栓采用平弹一体结构，应当检查平弹一体垫片是否装反		
7	主通流回路搭接面螺栓力矩复查	力矩检查工作由施工人员执行、厂家人员监督、运检和监理见证记录，四方共同开展		
8		确认接头接触电阻测量和力矩检查结果满足技术要求（参照表 6-7-4），使用 80％力矩检查螺栓紧固到位后画线标记，并建立档案，做好记录。运维单位应按不小于 1/3 的数量进行力矩和接触电阻抽查		
9		力矩扳手每次调整后均应由验收人员、厂家人员、施工人员共同检查设置的力矩值是否正确		
10		对于检查工作中发现松动或力矩线偏移的螺栓，使用 100％力矩进行复紧，使用酒精擦除原力矩线后重新画线，并再次使用 80％力矩检查		
11		对于发生滑丝、跟转等问题的螺栓进行更换		
12	主通流回路搭接面接触电阻测试	正确使用回路电阻测试仪，并设置试验电流不小于 100A		
13		将夹子夹在待测搭接面两端，启动仪器后读取测量数据并记录		
14		设备搭接面接触电阻不大于 15μΩ，同位置横向对比不超过 5μΩ		
15		对于发现有接触电阻超标的搭接面，应当按照"十步法"进行处理并记录		

6.7.4 "十步法"处理记录

"十步法"处理记录见表6-7-4。

表 6-7-4 "十步法"处理记录

序号	接头位置及名称	检修前接触电阻			评价	检修处理工艺控制					检修后接触电阻测量			验收人
		检修前接触电阻	接触电阻测量人	是否小于15μΩ	是否需要处理	工艺要求	螺栓规格	力矩标准	力矩是否紧固	作业人	检修后接触电阻	测量人	接触电阻是否合格	
1	80111 隔离开关高压侧接头													
...	......													

6.7.5 检查评价表格

对工作中检查出的问题进行汇总记录，并进行验收评价，留档保存。主通流回路验收检查评价表见表6-7-5。

表 6-7-5 主通流回路验收检查评价表

检查人	×××	检查日期	××××年××月××日
存在问题汇总			

6.8 直流隔离开关、接地开关投运前检查标准作业卡

6.8.1 验收范围说明

本验收作业卡适用于换流站验收工作，验收范围包括：直流隔离开关、接地开关投运前检查。

6.8.2 验收准备工作

各阶段验收工作开展前，运检人员应当提前明确验收的时间、人员、车辆机具、仪器工具、图纸资料等，并至少在验收开展的前

一天完成准备工作的确认。

　　直流隔离开关、接地开关投运前检查验收准备工作表见表 6-8-1，直流隔离开关、接地开关投运前检查验收工器具清单见表 6-8-2。

表 6-8-1　　　　　　　　　　　　　　　　　　直流隔离开关、接地开关投运前检查验收准备工作表

序号	项目	工作内容	实施标准	负责人	备注
1	时间安排	验收工作开展前，应当组织业主、厂家、施工、监理、运检人员现场联合勘查，在各方均认为现场满足验收条件后方可开展	交流滤波器设备安装工作已完成，完成现场清理工作，验收工作已完成		
2	人员安排	（1）如人员、车辆充足可组织多个验收组同时开展工作。 （2）每个验收组建议至少安排运检人员 1 人，厂家人员 1 人，施工单位 2 人，监理 1 人，平台车专职驾驶员 1 人（厂家或施工单位人员）	验收前成立临时专项验收组，组织运检、施工、厂家、监理人员共同开展验收工作		
3	车辆工具安排	验收工作开展前，准备好验收所需车辆机具、仪器仪表、工器具、安全防护用品、验收记录材料、相关图纸及相关技术资料	（1）车辆机具、仪器仪表、工器具、安全防护用品应试验合格，满足本次施工的要求。 （2）验收记录材料、相关图纸及相关技术资料齐全并符合现场实际情况		
4	验收交底	根据本次作业内容和性质确定好检修人员，并组织学习本作业卡	要求所有工作人员明确本次工作的作业内容、进度要求、作业标准及安全注意事项		

表 6-8-2　　　　　　　　　　　　　　　　　　直流隔离开关、接地开关投运前检查验收工器具清单

序号	名称	型号	数量	备注
1	高空作业车	—	1 辆	
2	安全带	—	每人 1 套	
3	车辆接地线	—	1 根	
4	力矩扳手	满足力矩检查要求	1 套	
5	签字笔		1 套	

序号	名称	型号	数量	备注
6	无水乙醇	—	1瓶	
7	百洁布	—	1套	

6.8.3 验收检查记录

直流隔离开关、接地开关投运前验收检查记录表见表 6-8-3。

表 6-8-3　　　　　　　　　　　　　直流隔离开关、接地开关投运前验收检查记录表

序号	验收项目	验收方法及标准	验收结论（√或×）	备注
1	外观检查	直流隔离开关、接地开关机构箱控制方式为"自动""远方"控制方式		
2		直流隔离开关、接地开关机构箱电动机电源、控制电源开关在合上位置		
3		本体及机构箱无遗留物		
4		温控器自动投入正常		
5		端子箱清洁干燥，状态良好		
6		端子箱无进水受潮情况		
7		五防锁具功能正常，机械挂锁加挂正常		
8		瓷件及法兰：直流隔离开关瓷件及法兰无裂纹，瓷件无异常电晕现象		
9		传动部分：在直流隔离开关操作过程中各部动作无卡滞，传动位置正确		
10		检查运行编号标识齐全、清晰可识别		
11		检查连接螺栓齐全、紧固		
12	监控后台	检查断路器、隔离开关分合闸位置指示灯正常，光字牌指示正确与后台指示一致		
13		检查监控后台无异常告警信号		

6.8.4 检查评价表格

对工作中检查出的问题进行汇总记录，并进行验收评价，留档保存。直流隔离开关、接地开关投运前验收检查评价表见表 6-8-4。

表 6-8-4 直流隔离开关、接地开关投运前验收检查评价表

检查人	×××	检查日期	××××年××月××日
存在问题汇总			

第七章　直流断路器（含高速接地开关）

7.1　应用范围

本作业指导书适用于换流站直流断路器（含高速接地开关）交接试验和竣工验收工作，部分验收项目需根据实际情况提前安排，通过随工验收、资料检查等方式开展，旨在指导并规范现场验收工作。

7.2　规范依据

本作业指导书的编制依据并不限于以下文件：

《国家电网公司直流换流站验收管理规定　第 5 分册　直流转换开关验收细则》

《国家电网有限公司十八项电网重大反事故措施（修订版）》

《国家电网有限公司防止直流换流站事故措施及释义（修订版）》

《换流站设备验收规范　第 5 部分：直流断路器》（Q/GDW 11652.5—2016）

《±800kV 高压直流设备交接试验》（DL/T 274—2012）

《高压直流输电直流转换开关运行规范》（Q/GDW 1962—2013）

《高压直流转换开关》（GB/T 25309—2010）

《高压直流输电直流转换开关技术规范》（Q/GDW 1964—2013）

《换流站运行重点问题分析及处理措施报告》

7.3　验收方法

7.3.1　验收流程

直流断路器专项验收工作应参照表 7-3-1 验收项目内容顺序开展，并在验收工作中把握关键时间节点。

表 7-3-1   直流断路器专项验收标准流程表

序号	验收项目	主要工作内容	参考工时	开展验收需满足的条件
1	直流转换开关本体外观验收	(1) 外观检查。 (2) 铭牌。 (3) 标识。 (4) 封堵。 (5) 机构箱。 (6) 防爆膜（如配置）。 (7) 直流转换开关极柱及瓷套管、复合套管验收。 (8) 接地验收	1h/直流转换开关	一次设备安装完成，瓷质绝缘子完成 PRTV 喷涂工作
2	直流转换开关 SF$_6$ 气体系统及断路器其他附件	(1) 直流转换开关 SF$_6$ 气体系统检查。 (2) 加热、驱潮装置。 (3) 照明装置	1h/直流转换开关	(1) 一次设备安装完成，瓷质绝缘子完成 PRTV 喷涂工作。 (2) 二次回路电缆光纤等敷设完成
3	直流转换开关操动机构	(1) 操动机构通用验收要求。 (2) 弹簧机构储能机构检查。 (3) 弹簧机构检查。 (4) 弹簧机构其他验收项目。 (5) 液压机构。 (6) 储能装置验收。 (7) 就地/远方切换。 (8) 辅助开关。 (9) 防跳回路。 (10) 动作计数器。 (11) 二次回路检查	2h/直流转换开关	(1) 一次设备安装完成，瓷质绝缘子完成 PRTV 喷涂工作。 (2) 二次回路电缆光纤等敷设完成。 (3) 进行储能状态下的分/合操作前，应将 SF$_6$ 断路器充气至额定压力
4	电容器验收	(1) 外观检查。 (2) 电容器套管。 (3) 接地。 (4) 电容器支架固定及安装。 (5) 电容器引线	3h/电容器	一次设备安装完成，瓷质绝缘子完成 PRTV 喷涂工作

序号	验收项目	主要工作内容	参考工时	开展验收需满足的条件
5	非线性电阻验收	(1) 非线性电阻外观检查。 (2) 试验验收	1h/非线性电阻验收	一次设备安装完成，瓷质绝缘子完成PRTV喷涂工作
6	电抗器验收	(1) 电抗器外观检查。 (2) 铭牌。 (3) 引出线及安装。 (4) 螺栓连接。 (5) 异物检查	4h/电抗器	一次设备安装完成，瓷质绝缘子完成PRTV喷涂工作
7	直流转换开关交接试验验收	(1) 绝缘介质试验验收。 (2) 直流转换开关电气试验验收。 (3) 高速隔离开关（NBGS）电气试验验收。 (4) 电容器验收。 (5) 非线性电阻验收。 (6) 电抗器验收。 (7) 绝缘平台验收。 (8) 试验数据分析验收	8h/直流转换开关	(1) 一次设备安装完成，瓷质绝缘子完成PRTV喷涂工作。 (2) 二次回路电缆光纤等敷设完成。 (3) 耐压试验前，断路器应静置24h后并检测SF_6气体合格。 (4) 断路器现场应进行30次传动操作后再进行交接试验
8	直流转换开关主通流回路	(1) 主通流回路结构和安装情况检查。 (2) 通流回路外观检查。 (3) 主通流回路搭接面螺栓力矩复查。 (4) 主通流回路搭接面接触电阻测试	2h/直流转换开关	一次设备安装完成，瓷质绝缘子完成PRTV喷涂工作
9	直流转换开关在线监测系统	直流转换开关在线监测装置验收	0.2h/台	直流转换开关安装调试完成
10	直流转换开关投运前检查	(1) 外观验收。 (2) 遥控操作。 (3) 在线监测及监控后台	1h/直流转换开关	(1) 所有验收完成后。 (2) 直流系统带电前

7.3.2 验收问题记录清单

对于验收过程中发现的隐患和缺陷，应当按照表7-3-2格式进行记录，并由专人负责跟踪闭环进度。

表 7-3-2   直流转换开关验收问题记录清单

序号	设备名称	问题描述	发现人	发现时间	整改情况
1	直流转换开关	……	×××	××××年××月××日	……
…	……				

7.4 直流转换开关外观验收标准作业卡

7.4.1 验收范围说明

本验收作业卡适用于换流站验收工作，验收范围包括：直流转换开关［含中性母线开关（NBS）、中性母线接地开关（NBGS）、金属回线转换开关（MRTB）、大地回线转换开关（GRTS）、旁路开关（BPS）］外观检查验收交接。

7.4.2 验收准备工作

各阶段验收工作开展前，运检人员应当提前明确验收的时间、人员、车辆机具、仪器工具、图纸资料等，并至少在验收开展的前一天完成准备工作的确认。

直流转换开关外观验收准备工作表见表7-4-1，直流转换开关外观验收工器具清单见表7-4-2。

表 7-4-1   直流转换开关外观验收准备工作表

序号	项目	工作内容	实施标准	负责人	备注
1	时间安排	验收工作开展前，应当组织业主、厂家、施工、监理、运检人员现场联合勘查，在各方均认为现场满足验收条件后方可开展	直流转换开关设备安装工作已完成，完成现场清理工作		

序号	项目	工作内容	实施标准	负责人	备注
2	人员安排	（1）如人员、车辆充足可组织多个验收组同时开展工作。 （2）每个验收组建议至少安排验收人员 1 人，厂家人员 1 人，施工单位 1 人，监理 1 人，平台车专职驾驶员 1 人（厂家或施工单位人员）	验收前成立临时专项验收组，组织验收、施工、厂家、监理人员共同开展验收工作		
3	车辆工具安排	验收工作开展前，准备好验收所需车辆机具、仪器仪表、工器具、安全防护用品、验收记录材料、相关图纸及相关技术资料	（1）车辆机具、仪器仪表、工器具、安全防护用品应试验合格，满足本次施工的要求。 （2）验收记录材料、相关图纸及相关技术资料齐全并符合现场实际情况		
4	验收交底	根据本次作业内容和性质确定好检修人员，并组织学习本作业卡	要求所有工作人员明确本次工作的作业内容、进度要求、作业标准及安全注意事项		

表 7-4-2　　　　　　　　　　　　　直流转换开关外观验收工器具清单

序号	名称	型号	数量	备注
1	高空作业车/脚手架	—	1 辆/套	
2	望远镜/照相机	—	1 个	
3	安全带	—	每人 1 套	
4	车辆接地线	—	1 根	

7.4.3 验收检查记录

直流转换开关外观验收检查记录表见表 7-4-3。

表 7-4-3　　　　　　　　　　　　　直流转换开关外观验收检查记录表

序号	验收项目	验收方法及标准	验收结论 (√或×)	备注
1	本体外观验收	直流转换开关及构架、机构箱安装应牢靠，连接部位螺栓压接牢固，满足力矩要求，平垫、弹簧垫齐全、螺栓外露长度符合要求，用于法兰连接紧固的螺栓，紧固后螺纹一般应露出螺母 2～3 圈，各螺栓、螺纹连接件应按要求涂胶并紧固划标志线		
2		采用垫片（厂家调节垫片除外）调节直流转换开关水平的，支架或底架与基础的垫片不宜超过 3 片，总厚度不应大于 10mm，且各垫片间应焊接牢固		
3		一次接线端子无松动、无开裂、无变形，表面镀层无破损		
4		金属法兰与瓷件胶装部位黏合牢固，防水胶完好		
5		均压环无变形，安装方向正确，防水孔无堵塞		
6		直流转换开关外观清洁无污损，油漆完整		
7		设备基础无沉降、开裂、损坏		
8	铭牌	设备出厂铭牌齐全、参数正确		
9	标识	标识清晰正确		
10	封堵	所有电缆管（洞）口应封堵良好		
11	机构箱	机构箱开合顺畅，密封胶条安装到位，应有效防止尘、雨、雪、小虫和动物的侵入		
12		机构箱内无异物，无遗留工具和备件		
13		机构箱内备用电缆芯应加有保护帽，二次线芯号头、电缆走向标示牌无缺失现象		
14		各空气开关、熔断器、接触器等元器件标示齐全正确		
15		机构箱内若配有通风设备，则应功能正常，若有通气孔，应确保形成对流		
16	防爆膜 （如配置）	安装时应检查并确认爆破片是否受外力损伤，避免运行中漏气		《国家电网有限公司十八项电网重大反事故措施（修订版）》
17		安装完成后防爆膜检查应无异常，泄压通道通畅且不应朝向巡视通道		

序号	验收项目	验收方法及标准	验收结论（√或×）	备注
18	直流转换开关极柱及瓷套管、复合套管验收	瓷套管、复合套管表面清洁，无裂纹、无损伤		
19		增爬伞裙完好，无塌陷变形，黏接界面牢固		
20		防污闪涂料涂层完好，不应存在剥离、破损		
21		如有：对于设有漏氮报警装置的储压器，需检查漏氮报警装置功能可靠		
22	接地验收	直流转换开关接地采用双引下线接地，接地铜排、镀锌扁钢截面面积满足设计要求。接地引下线应有专用的色标。紧固螺钉或螺栓应使用热镀锌工艺，其直径不应小于12mm，接地引下线无锈蚀、损伤、变形。与接地网连接部位其搭接长度及焊接处理符合要求：扁钢（截面面积不小于100mm²）为其宽度的2倍且至少3个棱边焊接。圆钢（直径不小于8mm）为其直径的6倍。焊接处应做防腐处理。详见《电气装置安装工程 接地装置施工及验收规范》（GB 50169）。焊接处应做防腐处理		
23		机构箱接地良好，有专用的色标，螺栓压接紧固。箱门与箱体之间的接地连接铜线截面面积不小于4mm²		
24		控制电缆接地：由直流转换开关本体机构箱至就地端子箱之间的二次电缆的屏蔽层应在就地端子箱处可靠连接至等电位接地网的铜排上，在本体机构箱内不接地		
25		控制电缆接地：二次电缆绝缘层无变色、老化、损坏		

7.4.4 验收检查记录表格

在工作中对于重要的内容进行专项检查记录并留档保存。直流转换开关外观验收检查记录表见表 7-4-4。

表 7-4-4　　　　　　　　　　　　　　**直流转换开关外观验收检查记录表**

设备名称	验收项目							验收人
	本体外观	铭牌、标识	封堵	机构箱	防爆膜（如配置）	极柱及瓷套管、复合套管验收	接地验收	
0010								

设备名称	验收项目							验收人
	本体外观	铭牌、标识	封堵	机构箱	防爆膜 （如配置）	极柱及瓷套管、 复合套管验收	接地验收	
0020								
……								

7.4.5 检查评价表格

对工作中检查出的问题进行汇总记录，并进行验收评价，留档保存。直流转换开关外观检查评价表见表 7-4-5。

表 7-4-5　　　　　　　　　　　　　　　　直流转换开关外观检查评价表

直流转换开关外观检查评价表			
检查人	×××	检查日期	××××年××月××日
存在问题汇总			

7.5　直流转换开关 SF_6 气体系统及其他附件验收标准作业卡

7.5.1　验收范围说明

本验收作业卡适用于换流站验收工作，验收范围包括：直流转换开关（含 NBS、NBGS、MRTB、GRTS、BPS）SF_6 气体系统及其他附件交接。

7.5.2　验收准备工作

各阶段验收工作开展前，运检人员应当提前明确验收的时间、人员、车辆机具、仪器工具、图纸资料等，并至少在验收开展的前一天完成准备工作的确认。

直流转换开关 SF_6 气体系统及其他附件验收准备工作表见表 7-5-1，直流转换开关 SF_6 气体系统及其他附件验收工器具清单见表 7-5-2。

表 7-5-1　　　　　　　　　　**直流转换开关 SF₆ 气体系统及其他附件验收准备工作表**

序号	项目	工作内容	实施标准	负责人	备注
1	时间安排	验收工作开展前，应当组织业主、厂家、施工、监理、运检人员现场联合勘查，在各方均认为现场满足验收条件后方可开展	交流滤波器设备安装工作已完成，完成现场清理工作		
2	人员安排	（1）如人员、车辆充足可组织多个验收组同时开展工作。 （2）每个验收组建议至少安排运检人员 2 人，厂家人员 2 人，监理 1 人，平台车专职驾驶员 1 人（厂家或施工单位人员）	验收前成立临时专项验收组，组织运检、施工、厂家、监理人员共同开展验收工作		
3	车辆工具安排	验收工作开展前，准备好验收所需车辆机具、仪器仪表、工器具、安全防护用品、验收记录材料、相关图纸及相关技术资料	（1）车辆机具、仪器仪表、工器具、安全防护用品应试验合格，满足本次施工的要求。 （2）验收记录材料、相关图纸及相关技术资料齐全并符合现场实际情况		
4	验收交底	根据本次作业内容和性质确定好检修人员，并组织学习本作业卡	要求所有工作人员明确本次工作的作业内容、进度要求、作业标准及安全注意事项		

表 7-5-2　　　　　　　　　　**直流转换开关 SF₆ 气体系统及其他附件验收工器具清单**

序号	名称	型号	数量	备注
1	高空作业车	—	1 辆	
2	力矩扳手	—	1 套	
3	安全带	—	每人 1 套	
4	车辆接地线	—	1 根	
5	对讲机	—	1 对	
6	万用表	—	1 台	
7	绝缘电阻表	—	1 台	

7.5.3 验收检查记录

直流转换开关 SF₆ 气体系统及其他附件验收检查记录表见表 7-5-3。

表 7-5-3 　　　　　　　　　　**直流转换开关 SF₆ 气体系统及其他附件验收检查记录表**

序号	验收项目	验收方法及标准	验收结论（√或×）	备注
1	直流转换开关 SF₆ 气体系统检查	SF₆ 密度继电器：户外安装的密度继电器应设置防雨罩，其应能将表、控制电缆接线端子一起放入，并采取防止密度继电器二次接头受潮的防雨措施。密度继电器安装位置便于观察巡视		
2		SF₆ 密度继电器与开关设备本体之间的连接方式应满足不拆卸校验密度继电器的要求		
3		装设在与断路器本体同一运行环境温度的位置。密度继电器应装设在与被监测气室处于同一运行环境温度的位置。对于严寒地区的设备，其密度继电器应满足环境温度在 −40～−25℃时准确度不低于 2.5 级的要求		
4		SF₆ 密度继电器：充油型密度继电器无渗漏		
5		SF₆ 密度继电器：具有远传功能的密度继电器，就地指示压力值应与监控后台一致		
6		SF₆ 密度继电器：密度继电器报警、闭锁压力值应按制造厂规定整定，并能可靠上传信号及闭锁直流转换开关操作		
7		SF₆ 气体压力：充入 SF₆ 气体气压值满足制造厂规定。压力表指示值的误差及其变差，均应在产品相应等级的允许误差范围内		
8		SF₆ 气体管路阀系统：截止阀、止回阀能可靠工作，投运前均已处于正确位置，截止阀应有清晰的关闭、开启方向及位置标示		
9		使用便携式检漏仪对灭弧室三联箱、套管安装法兰面、工艺孔封板、SF₆ 监测装置管路对接处、密度继电器根部等位置进行检漏，确保 SF₆ 气回路无渗漏。如怀疑渗漏可使用红外检漏仪、泡沫液等方法验证确定漏点		
10	加热、驱潮装置	直流转换开关机构箱中应有完善的加热、驱潮装置，并根据温湿度自动控制，必要时也能进行手动投切，其设定值满足安装地点环境要求		
11		机构箱内所有的加热元件应是非暴露型的。加热驱潮装置及控制元件的绝缘应良好，加热器与各元件、电缆及电线的距离应大于 50mm。加热驱潮装置电源与电动机电源要分开。寒冷地域装设的加热带能正常工作		
12	照明装置	直流转换开关机构箱应装设照明装置，且工作正常		

7.5.4 验收检查记录表格

在工作中对于重要的内容进行专项检查记录并留档保存。直流转换开关 SF₆ 气体系统及其他附件验收检查记录表见表 7-5-4。

表 7-5-4　　　　　　　　　　　**直流转换开关 SF₆ 气体系统及其他附件验收检查记录表**

设备名称	验收项目				验收人
	直流转换开关 SF₆ 气体系统检查	加热、驱潮装置	照明装置	SF₆ 气体压力抄录	
0010					
0020					
……					

7.5.5 检查评价表格

对工作中检查出的问题进行汇总记录，并进行验收评价，留档保存。直流转换开关 SF₆ 气体系统及其他附件检查评价表见表 7-5-5。

表 7-5-5　　　　　　　　　　　**直流转换开关 SF₆ 气体系统及其他附件检查评价表**

检查人	×××	检查日期	××××年××月××日
存在问题汇总			

7.6　直流转换开关操动机构验收标准作业卡

7.6.1　验收范围说明

本验收作业卡适用于换流站验收工作，验收范围包括：直流转换开关（含 NBS、NBGS、MRTB、GRTS、BPS）操动机构。

7.6.2　验收准备工作

各阶段验收工作开展前，运检人员应当提前明确验收的时间、人员、车辆机具、仪器工具、图纸资料等，并至少在验收开展的前一天完成准备工作的确认。

直流转换开关操动机构验收准备工作表见表7-6-1，直流转换开关操动机构验收工器具清单见表7-6-2。

表 7-6-1 直流转换开关操动机构验收准备工作表

序号	项目	工作内容	实施标准	负责人	备注
1	时间安排	验收工作开展前，应当组织业主、厂家、施工、监理、运检人员现场联合勘查，在各方均认为现场满足验收条件后方可开展	交流滤波器设备安装工作已完成，完成现场清理工作		
2	人员安排	（1）如人员、车辆充足可组织多个验收组同时开展工作。 （2）每个验收组建议至少安排运检人员2人，厂家人员2人，监理1人，平台车专职驾驶员1人（厂家或施工单位人员）	验收前成立临时专项验收组，组织运检、施工、厂家、监理人员共同开展验收工作		
3	车辆工具安排	验收工作开展前，准备好验收所需车辆机具、仪器仪表、工器具、安全防护用品、验收记录材料、相关图纸及相关技术资料	（1）车辆机具、仪器仪表、工器具、安全防护用品应试验合格，满足本次施工的要求。 （2）验收记录材料、相关图纸及相关技术资料齐全并符合现场实际情况		
4	验收交底	根据本次作业内容和性质确定好检修人员，并组织学习本作业卡	要求所有工作人员明确本次工作的作业内容、进度要求、作业标准及安全注意事项		

表 7-6-2 直流转换开关操动机构验收工器具清单

序号	名称	型号	数量	备注
1	高空作业车	—	1辆	
2	力矩扳手	—	1套	
3	安全带	—	每人1套	
4	车辆接地线	—	1根	
5	对讲机	—	1对	
6	万用表	—	1台	
7	绝缘电阻表	—	1台	

7.6.3 验收检查记录

直流转换开关操动机构验收检查记录表见表 7-6-3。

表 7-6-3 　　　　　　　　　　　　　　　　**直流转换开关操动机构验收检查记录表**

序号	验收项目	验收方法及标准	验收结论 （√或×）	备注
1	操动机构通用 验收要求	操动机构固定牢靠		
2		操动机构与断路器本体的联动应正常，无卡阻现象，分、合闸指示应正确，压力开关、辅助开关动作正确可靠，储能时间符合产品技术文件的规定		
3		操动机构的零部件齐全，各转动部位应涂以适合当地气候条件的润滑脂		
4		电动机固定应牢固，转向应正确		
5		各种接触器、继电器、微动开关、压力开关、压力表、加热驱潮装置和辅助开关的动作应准确、可靠，接点应接触良好、无烧损或锈蚀		
6		分、合闸线圈的铁芯应动作灵活、无卡阻		
7		压力表应经出厂检验合格，并有检验报告，压力表的电接点动作正确可靠		
8		操动机构的缓冲器应经过调整。采用油缓冲器时，油位应正常，所采用的液压油应适应当地气候条件，且无渗漏		
9		在断路器安装过程中，需开展机构配合尺寸检查，避免触头对中不良引起断路器合闸不到位问题		《国家电网有限公司十八项电网重大反事故措施（修订版）》
10	弹簧机构储能 机构检查	弹簧储能指示正确，弹簧机构储能接点能根据储能情况及直流转换开关动作情况，可靠接通、断开		
11		储能电动机具有储能超时、过电流、热电偶等保护元件，并能可靠动作，打压超时整定时间应符合产品技术要求		
12		储能电动机应运行无异常、无异声。断开储能电动机电源，手动储能能正常执行，手动储能与电动储能之间闭锁可靠		
13		合闸弹簧储能时间应满足制造厂要求，合闸操作后一般应在 20s（参考值）内完成储能，在 85%～110% 的额定电压下应能正常储能		

序号	验收项目	验收方法及标准	验收结论（√或×）	备注
14	弹簧机构检查	弹簧机构应能可靠防止发生空合操作		
15		合闸弹簧储能时，牵引杆的位置应符合产品技术文件		
16		合闸弹簧储能完毕后，行程开关应能立即将电动机电源切除，合闸完毕，行程开关应将电动机电源接通，机构储能超时应上传报警信号		
17		合闸弹簧储能后，牵引杆的下端或凸轮应与合闸锁扣可靠的联锁		
18		分、合闸闭锁装置动作应灵活，复位应准确而迅速，并应开合可靠		
19	弹簧机构其他验收项目	传动链条无锈蚀、机构各转动部分应涂以适合当地气候条件的润滑脂		
20		缓冲器缓冲行程符合制造厂规定		
21		弹簧机构内轴销、卡簧等应齐全，螺栓应紧固，并画线标记		
22	液压机构验收	液压油标号选择正确，适合设备运行地域环境要求，油位满足设备厂家要求，并应设置明显的油位观察窗，方便在运行状态检查油位情况		
23		液压机构连接管路应清洁、无渗漏，压力表计指示正常且其安装位置应便于观察		
24		油泵运转正常，无异常，欠电压时能可靠启动，压力建立时间符合要求。若配有过电流保护元件，整定值应符合产品技术要求		
25		液压系统油压不足时，机械、电气防止慢分装置应可靠工作		
26		具备慢分、慢合操作条件的机构，在进行慢分、慢合操作时，工作缸活塞杆的运动应无卡阻现象，其行程应符合产品技术文件		
27		液压机构电动机或油泵应能满足 60s 内从重合闸闭锁油压打压到额定油压和 5min 内从零压充到额定压力的要求。机构打压超时应报警，时间应符合产品技术要求		
28		微动开关、接触器的动作应准确可靠、接触良好。电接点压力表、安全阀、压力释放器应经检验合格，动作可靠，关闭应严密		
29		联动闭锁压力值应按产品技术文件要求予以整定，液压回路压力不足时能按设定值可靠报警或闭锁直流转换开关操作，并上传信号		
30		液压机构 24h 内保压试验无异常，24h 压力泄漏量满足产品技术文件要求，频繁打压时能可靠上传报警信号		

序号	验收项目	验收方法及标准	验收结论（√或×）	备注
31	液压机构储能装置验收	采用氮气储能的机构，储压筒的预充氮气压力，应符合产品技术文件要求，测量时应记录环境温度。补充的氮气应采用微水含量小于 5μL/L 的高纯氮气作为气源		
32		储压筒应有足够的容量，在降压至闭锁压力前应能进行"分－0.3s－合分"或"合分－3min－合分"的操作		
33		对于设有漏氮报警装置的储压器，需检查漏氮报警装置功能可靠		
34	就地/远方切换	直流转换开关远方、就地操作功能切换正常		
35	辅助开关	直流转换开关辅助开关切换时间与直流转换开关主触头动作时间配合良好，接触良好，接点无电弧烧损		
36		辅助开关应安装牢固，应能防止因多次操作松动变位		
37		辅助开关应转换灵活、切换可靠、性能稳定		
38		辅助开关与机构间的连接应松紧适当、转换灵活，并应能满足通电时间的要求。连接锁紧螺母应拧紧，并应采取防松措施		
39	防跳回路	就地、远方操作时，防跳回路均能可靠工作，在模拟手合于故障条件下直流转换开关不会发生跳跃现象		
40	动作计数器	直流转换开关应装设不可复归的动作计数器，其位置应便于读数		
41	二次回路检查	检查接线有无松动、损伤现象		
42		检查二次回路绝缘正常，1000V 绝缘电阻表测量不小于 10MΩ		
43		二次接线布置整齐，无松动、损坏，二次电缆绝缘层无损坏现象，二次接线排列整齐，接头牢固、无松动，编号清楚		

7.6.4 验收检查记录表格

在工作中对于重要的内容进行专项检查记录并留档保存。直流转换开关操动机构验收检查记录表见表 7-6-4。

表 7-6-4　　　　　　　　　　　　　　　**直流转换开关操动机构验收检查记录表**

设备名称	验收项目											验收人
	操动机构通用验收	弹簧机构储能机构检查	弹簧机构检查	液压机构验收	液压机构储能装置	就地/远方切换	辅助开关	防跳回路	动作计数器	二次回路检查		
0010												
0020												
……												

7.6.5　专项检查记录表格

直流转换开关绝缘检查、防跳回路检查记录表见表 7-6-5。

表 7-6-5　　　　　　　　　　　　**直流转换开关绝缘检查、防跳回路检查记录表**

序号	设备名称		分合闸回路绝缘核查			防跳核查	
			首端：PSI 接口柜端子号	尾端：就地端子箱端子号	绝缘（MΩ）	短接就地端子箱端子号	核查情况
1	P1. WN. Q1 （010（0）	P1. WN. Q1 合闸回路	PSI1A（PSI2A）：X108-7	X1-610		X1-601，X1-610	
			PSI1B（PSI2B）：X108-7	X1-710		X1-701，X1-710	
		P1. WN. Q1 分闸回路	PSI1A（PSI2A）：X108-6	X1-630		X1-602，X1-610	
			PSI1B（PSI2B）：X108-6	X1-730		X1-702，X1-710	
…	……						

验收方法：
（1）绝缘检查：甩开分合闸线圈，测量从极开关接口屏（PSI）到现场端子箱直接电缆的电阻。
（2）防跳回路检查：保持合闸信号，单点分闸信号，检查分闸正常，并不再重新合闸

7.6.6　检查评价表格

对工作中检查出的问题进行汇总记录，并进行验收评价，留档保存。直流转换开关操动机构检查评价表见表 7-6-6。

表 7-6-6   直流转换开关操动机构检查评价表

检查人	×××		检查日期	××××年××月××日
存在问题汇总				

7.7 电容器检查验收标准作业卡

7.7.1 验收范围说明

本验收作业卡适用于换流站验收工作，验收范围包括：直流转换开关（含 NBS、NBGS、MRTB、GRTS、BPS）电容器交接。

7.7.2 验收准备工作

各阶段验收工作开展前，运检人员应当提前明确验收的时间、人员、车辆机具、仪器工具、图纸资料等，并至少在验收开展的前一天完成准备工作的确认。电容器检查验收准备工作表见表 7-7-1，电容器检查验收工器具清单见表 7-7-2。

表 7-7-1   电容器检查验收准备工作表

序号	项目	工作内容	实施标准	负责人	备注
1	时间安排	验收工作开展前，应当组织业主、厂家、施工、监理、运检人员现场联合勘查，在各方均认为现场满足验收条件后方可开展	直流断路器设备安装工作已完成，完成现场清理工作		
2	人员安排	（1）如人员、车辆充足可组织多个验收组同时开展工作。（2）每个验收组建议至少安排运检人员 2 人，厂家人员 2 人，监理 1 人，平台车专职驾驶员 1 人（厂家或施工单位人员）	验收前成立临时专项验收组，组织运检、施工、厂家、监理人员共同开展验收工作		
3	车辆工具安排	验收工作开展前，准备好验收所需车辆机具、仪器仪表、工器具、安全防护用品、验收记录材料、相关图纸及相关技术资料	（1）车辆机具、仪器仪表、工器具、安全防护用品应试验合格，满足本次施工的要求。（2）验收记录材料、相关图纸及相关技术资料齐全并符合现场实际情况		

序号	项目	工作内容	实施标准	负责人	备注
4	验收交底	根据本次作业内容和性质确定好检修人员，并组织学习本作业卡	要求所有工作人员明确本次工作的作业内容、进度要求、作业标准及安全注意事项		

表 7-7-2   电容器检查验收工器具清单

序号	名称	型号	数量	备注
1	高空作业车	—	1辆	
2	万用表	—	1台	
3	安全带	—	每人1套	
4	车辆接地线	—	1根	
5	力矩扳手	—	1套	
6	对讲机	—	1对	
7	超声波探伤仪	—	1台	
8	电容电感测试仪	—	1台	
9	电容器组智能配平测试仪	—	1台	
10	回路电阻测试仪	—	1台	
11	电容表	—	1台	
12	绝缘电阻表	—	1台	

7.7.3 验收检查记录

电容器验收检查记录表见表 7-7-3。

表 7-7-3 电容器验收检查记录表

序号	验收项目	验收方法及标准	验收结论 (√或×)	备注
1	电容器外观检查	外壳应无膨胀变形，外表无锈蚀、无渗漏油		
2		电容器箱体与框架通过螺栓固定，连接紧固无松动		
3		外熔断器无断裂、虚接，无明显锈蚀现象，熔断器规格应符合设备要求，安装位置及角度正确，指示装置无卡死等现象		
4		通过资料检查电容技术参数符合技术规范和技术要求		《国家电网有限公司十八项电网重大反事故措施（修订版）》
5		安装时，必须按产品技术规定的相别、层号进行吊装。支架和电容器分离供货时，现场必须按相别、层号、位置编号的组合要求对每层电容器进行组装		
6	电容器套管	套管表面清洁、无掉瓷、无裂纹、歪斜及渗漏油现象		
7		电容器套管不应受额外应力，端子紧固力矩应满足技术要求		
8		套管出线端子应采用软导线连接，接线应整齐美观，无散股、扭曲、断股现象，母线及分支线应连接牢靠，力矩应符合厂家要求，接头及连接线应装有绝缘护套，满足防鸟害措施，防鸟帽卡扣固定牢固		
9	接地	凡不与地绝缘的电容器外壳及构架均应接地，且有接地标识		
10		接地端子及构架可靠接地，无伤痕及锈蚀		
11		接地引下线截面符合动热稳定要求		
12		接地引线检查平直牢固，电容器组整体应两点分别接地		
13	电容器支架固定及安装	电容器支架应固定牢固，油漆完整		
14		电容器安装应使其铭牌面向通道一侧，并有顺序编号		
15		每台电容器外壳均应与电容器支架一起可靠连接到规定的电位上		
16		电容器支架层间的均压环安装应牢固，表面应光洁、无变形和毛刺，冰冻地区的均压环底部应钻不大于 $\phi8$ 的泄水孔；支架层间的均压环上下排列及三相排列应整齐一致，间距符合设计要求		

序号	验收项目	验收方法及标准	验收结论（√或×）	备注
17		电容器端子的引线接头应采用专用线夹，紧固良好无松动，紧固力矩不小于厂家要求		
18	电容器引线	端子连线应对称一致、整齐美观，不应利用电容器端子线夹作为引线的续接金具		
19		电容器组接线正确，套管连接引线应采用软连接		

7.7.4 验收检查记录表格

在工作中对于重要的内容进行专项检查记录并留档保存。电容器验收检查记录表见表 7-7-4。

表 7-7-4　　　　　　　　　　　　　　　　　　电容器验收检查记录表

设备名称	验收项目					验收人
	电容器外观	电容器套管	接地	电容器支架固定及安装	电容器引线	
C1						
C2						
……						

7.7.5 检查评价表格

对工作中检查出的问题进行汇总记录，并进行验收评价，留档保存。电容器检查评价表见表 7-7-5。

表 7-7-5　　　　　　　　　　　　　　　　　　电容器检查评价表

检查人	×××	检查日期	××××年××月××日
存在问题汇总			

7.8 非线性电阻检查验收标准作业卡

7.8.1 验收范围说明

本验收作业卡适用于换流站验收工作，验收范围包括：直流转换开关（含 NBS、NBGS、MRTB、GRTS、BPS）非线性电阻。

7.8.2 验收准备工作

各阶段验收工作开展前，运检人员应当提前明确验收的时间、人员、车辆机具、仪器工具、图纸资料等，并至少在验收开展的前一天完成准备工作的确认。

非线性电阻检查验收准备工作表见表 7-8-1，非线性电阻检查验收工器具清单见表 7-8-2。

表 7-8-1　　　　　　　　　　　　　　　　　　　　非线性电阻检查验收准备工作表

序号	项目	工作内容	实施标准	负责人	备注
1	时间安排	验收工作开展前，应当组织业主、厂家、施工、监理、运检人员现场联合勘查，在各方均认为现场满足验收条件后方可开展	交流滤波器设备安装工作已完成，完成现场清理工作		
2	人员安排	（1）如人员、车辆充足可组织多个验收组同时开展工作。 （2）每个验收组建议至少安排运检人员 2 人，厂家人员 2 人，监理 1 人，平台车专职驾驶员 1 人（厂家或施工单位人员）	验收前成立临时专项验收组，组织运检、施工、厂家、监理人员共同开展验收工作		
3	车辆工具安排	验收工作开展前，准备好验收所需车辆机具、仪器仪表、工器具、安全防护用品、验收记录材料、相关图纸及相关技术资料	（1）车辆机具、仪器仪表、工器具、安全防护用品应试验合格，满足本次施工的要求。 （2）验收记录材料、相关图纸及相关技术资料齐全并符合现场实际情况		
4	验收交底	根据本次作业内容和性质确定好检修人员，并组织学习本作业卡	要求所有工作人员明确本次工作的作业内容、进度要求、作业标准及安全注意事项		

表 7-8-2 非线性电阻检查验收工器具清单

序号	名称	型号	数量	备注
1	高空作业车	—	1辆	
2	万用表	—	1台	
3	安全带	—	每人1套	
4	车辆接地线	—	1根	
5	力矩扳手	—	1套	
6	对讲机	—	1对	
7	回路电阻测试仪	—	1台	
8	绝缘电阻表	—	1台	

7.8.3 验收检查记录

非线性电阻验收检查记录表见表 7-8-3。

表 7-8-3 非线性电阻验收检查记录表

序号	验收项目	验收方法及标准	验收结论 (√或×)	备注
1	非线性电阻外观检查	电阻器内外无异物、鸟窝等		
2		外观无变形、表面清洁		
3		接地装置接地良好、无锈蚀		
4		引线不得存在断股、散股，长短合适，无过紧现象或风偏的隐患。引线对地和相间符合电气安全距离要求，引线松紧适当，无明显过松过紧现象，导线的弧垂须满足设计规范		
5		架构底部的排水孔设置合理，满足要求		
6		绝缘子清洁，无裂纹，无掉瓷，爬电比距符合污秽等级要求		
7		金属法兰、连接螺栓无锈蚀、无表层脱落现象		

序号	验收项目	验收方法及标准	验收结论（√或×）	备注
8	非线性电阻外观检查	构架外观良好，螺栓连接应紧固，无锈蚀		
9		一次接线线夹无开裂痕迹，不得使用铜铝式过渡线夹。在可能出现冰冻的地区，线径为 400mm² 及以上的、压接孔向上 30°～90°的压接线夹，应打排水孔		
10		各接触表面无锈蚀现象		
11		连接件应采用热镀锌材料，并至少两点固定		
12		所有的螺栓连接必须加垫弹簧垫圈，并目测确保其收缩到位		
13		接地引下线应连接良好，截面面积应符合设计要求		
14		直流场转换开关并联避雷器验收过程中，加强各支避雷器上、下端位置检查，避免出现安装顺序颠倒		《国家电网有限公司十八项电网重大反事故措施（修订版）》
15	试验验收	电阻器绕组直流电阻：用压降法测量，实测值与同温下初值差相比，变化不应超过 ±3%。		
16		电阻器绝缘电阻：使用绝缘电阻表测量，实测绝缘电阻值与出厂试验值相比，应无明显差别		

7.8.4　验收检查记录表格

在工作中对于重要的内容进行专项检查记录并留档保存。非线性电阻验收检查记录表见表 7-8-4。

表 7-8-4　　　　　　　　　　　　　　　非线性电阻验收检查记录表

设备名称	验收项目		验收人
	非线性电阻外观	试验验收	
R1			
R2			
……			

7.8.5 检查评价表格

对工作中检查出的问题进行汇总记录，并进行验收评价，留档保存。非线性电阻检查评价表见表7-8-5。

表 7-8-5　　　　　　　　　　　　　　　　　非线性电阻检查评价表

检查人	×××	检查日期	××××年××月××日
存在问题汇总			

7.9　电抗器检查验收标准作业卡

7.9.1　验收范围说明

本验收作业卡适用于换流站验收工作，验收范围包括：直流转换开关（含 NBS、NBGS、MRTB、GRTS、BPS）电抗器交接。

7.9.2　验收准备工作

各阶段验收工作开展前，运检人员应当提前明确验收的时间、人员、车辆机具、仪器工具、图纸资料等，并至少在验收开展的前一天完成准备工作的确认。

电抗器检查验收准备工作表见表7-9-1，电抗器检查验收工器具清单见表7-9-2。

表 7-9-1　　　　　　　　　　　　　　　　　电抗器检查验收准备工作表

序号	项目	工作内容	实施标准	负责人	备注
1	时间安排	验收工作开展前，应当组织业主、厂家、施工、监理、运检人员现场联合勘查，在各方均认为现场满足验收条件后方可开展	交流滤波器设备安装工作已完成，完成现场清理工作		
2	人员安排	（1）如人员、车辆充足可组织多个验收组同时开展工作。 （2）每个验收组建议至少安排运检人员2人，厂家人员2人，监理1人，平台车专职驾驶员1人（厂家或施工单位人员）	验收前成立临时专项验收组，组织运检、施工、厂家、监理人员共同开展验收工作		

序号	项目	工作内容	实施标准	负责人	备注
3	车辆工具安排	验收工作开展前，准备好验收所需车辆机具、仪器仪表、工器具、安全防护用品、验收记录材料、相关图纸及相关技术资料	（1）车辆机具、仪器仪表、工器具、安全防护用品应试验合格，满足本次施工的要求。 （2）验收记录材料、相关图纸及相关技术资料齐全并符合现场实际情况		
4	验收交底	根据本次作业内容和性质确定好检修人员，并组织学习本作业卡	要求所有工作人员明确本次工作的作业内容、进度要求、作业标准及安全注意事项		

表 7-9-2　　　　　　　　　　　　　　　　　电抗器检查验收工器具清单

序号	名称	型号	数量	备注
1	高空作业车	—	1辆	
2	万用表	—	1台	
3	安全带	—	每人1套	
4	车辆接地线	—	1根	
5	力矩扳手	—	1套	
6	对讲机	—	1对	
7	回路电阻测试仪	—	1台	
8	直流电阻测试仪	—	1台	
9	全自动电感测试仪	—	1台	
10	噪声测试仪	—	1台	

7.9.3　验收检查记录

电抗器验收检查记录表见表 7-9-3。

表 7-9-3 电抗器验收检查记录表

序号	验收项目	验收方法及标准	验收结论（√或×）	备注
1	电抗器外观检查	电抗器表面应无破损、脱落或龟裂。表面干净无脱漆锈蚀，无变形，标识正确、完整		
2		瓷套表面无裂纹，清洁，无损伤		
3		包封与支架间紧固带应无松动、断裂，撑条应无脱落，移位		
4		通过资料检查电抗器技术参数符合技术规范和技术要求		《国家电网有限公司十八项电网重大反事故措施（修订版）》
5		包封外表面应有防污和防紫外线措施，外露金属部位应有良好的防腐蚀涂层		
6		检查引出线长度应适中，无虚焊、松股、断股、扭结、变色或其他损伤、腐蚀等		2022 年 3 月直流月度会
7	铭牌	铭牌参数齐全、正确		
8		安装在便于查看的位置上		
9		铭牌材质应为防锈材料，无锈蚀		
10	引出线及安装	设备接线端子与母线的连接，应采用非磁性金属材料制成的螺栓		
11		不采用铜铝对接过渡线夹，引线接触良好、连接可靠		
12		引线无散股、扭曲、断股现象		
13		引线弧度合适、绝缘间距满足设计文件要求		
14	螺栓连接	应对接头螺栓通过力矩扳手检查上紧情况，各处螺栓连接紧固无松动		
15	异物检查	包封间及电抗器本体上无异物		

7.9.4 验收检查记录表格

在工作中对于重要的内容进行专项检查记录并留档保存。电抗器验收检查记录表见表 7-9-4。

表 7-9-4 电抗器验收检查记录表

设备名称	验收项目					验收人
	电抗器外观检查	铭牌	引出线及安装	螺栓连接	异物检查	
R1						
R2						
……						

7.9.5 检查评价表格

对工作中检查出的问题进行汇总记录，并进行验收评价，留档保存。电抗器检查评价表见表 7-9-5。

表 7-9-5 电抗器检查评价表

检查人	×××	检查日期	××××年××月××日
存在问题汇总			

7.10 直流转换开关交接试验验收标准作业卡

7.10.1 验收范围说明

本验收作业卡适用于换流站验收工作，验收范围包括：直流转换开关（含 NBS、NBGS、MRTB、GRTS、BPS）。

7.10.2 验收准备工作

各阶段验收工作开展前，运检人员应当提前明确验收的时间、人员、车辆机具、仪器工具、图纸资料等，并至少在验收开展的前一天完成准备工作的确认。

直流转换开关交接试验验收准备工作表见表 7-10-1，直流转换开关交接试验验收工器具清单见表 7-10-2。

表 7-10-1 直流转换开关交接试验验收准备工作表

序号	项目	工作内容	实施标准	负责人	备注
1	时间安排	验收工作开展前，应当组织电科院、业主、厂家、施工、监理、运检人员现场联合勘查，在各方均认为现场满足验收条件后方可开展	（1）直流转换开关连接引线断开的距离应符合安规内容的有关规定，试验接线正确。现场温度和湿度符合试验要求（温度不低于＋5℃，湿度不大于80%）。 （2）断路器现场应进行 30 次传动操作后再进行交接试验。 （3）耐压试验前，断路器应静置 24h 后并检测 SF$_6$ 气体合格		
2	人员安排	（1）试验前进行站班交底，明确工作内容及试验范围。 （2）验收组建议至少安排运检人员 1 人，直流分压器厂家人员 1 人，监理 1 人，电科院 2 人，施工 1 人	验收前成立临时专项验收组，组织运检、施工、厂家、监理人员共同开展验收工作		
3	车辆工具安排	验收工作开展前，准备好验收所需车辆机具、仪器仪表、工器具、安全防护用品、验收记录材料、相关图纸及相关技术资料	（1）车辆机具、仪器仪表、工器具、安全防护用品应试验合格，满足本次施工的要求。 （2）验收记录材料、相关图纸及相关技术资料齐全并符合现场实际情况		
4	验收交底	根据本次作业内容和性质确定好检修人员，并组织学习本作业卡	要求所有工作人员明确本次工作的作业内容、进度要求、作业标准及安全注意事项		

表 7-10-2 直流转换开关交接试验验收工器具清单

序号	名称	型号	数量	备注
1	直流高压发生器	—	1 套	
2	电动绝缘电阻表	—	1 台	试验电压在 500～5000V 范围可选
3	回路电阻测试仪	—	1 台	

序号	名称	型号	数量	备注
4	SF$_6$微水测试仪	—	1台	
5	电容表	—	1块	
6	电流表	—	1块	
7	电压表	—	1块	
8	交流电源控制箱	—	1套	
9	电源盘	—	1个	带漏电保护
10	接地线	—	20m	大于6mm^2
11	成套工具	—	1套	
12	双刃刀闸	—	1个	
13	高压绝缘垫	—	1个	定期试验合格
14	温、湿度计	—	1块	
15	SF$_6$压力继电器检测仪	—	1台	
16	检漏仪	定量检测，0.01~2500μL/L	1台	

7.10.3 验收检查记录

直流转换开关交接试验验收检查记录表见表7-10-3。

表 7-10-3 　　　　　　　　　　　　　直流转换开关交接试验验收检查记录表

序号	验收项目	验收标准	验收结论（√或×）	备注
一、绝缘介质试验验收				
1	SF$_6$气体	SF$_6$气体必须经SF$_6$气体质量监督管理中心抽检合格，并出具检测报告后方可使用。对气瓶抽检率参照《工业六氟化硫》(GB/T 12022—2014)，其他每瓶只测定含水量		
2		纯度（质量分数)大于或等于99.9%（SF$_6$气体注入设备后进行)		
3		水含量（质量分数)小于或等于5（20℃)		
4		湿度露点（101325Pa)小于或等于−49.7℃（20℃)		

序号	验收项目	验收标准	验收结论（√或×）	备注
一、绝缘介质试验验收				
5	SF₆ 气体	酸度（以 HF 计）（质量分数）小于或等于 0.2μg/g		
6		如有：矿物油（质量分数)小于或等于 4g/g		
7		生物试验无毒		
8		SF₆ 气体含水量的测定应在断路器充气 24h 后进行，SF₆ 气体含水量（20℃的体积分数）应小于 150μL/L		
9	密封试验（SF₆）	采用灵敏度不低于 1×10^{-6}（体积比）的检漏仪对直流转换开关各密封部位、管道接头等处进行检测时，检漏仪不应报警。必要时可采用局部包扎法进行气体泄漏测量。以 24h 的漏气量换算，每一个气室年漏气率不应大于 0.5%。泄漏值的测量应在直流转换开关充气 24h 后进行		
10	SF₆ 密度继电器及压力表校验	SF₆ 气体密度继电器安装前应进行校验并合格，动作值应符合产品技术条件		
11		各类压力表（液压、空气）指示值的误差及其变差均应在产品相应等级的允许误差范围内		
二、直流转换开关电气试验验收				
1	绝缘拉杆的绝缘电阻测量	在常温下测量的绝缘拉杆绝缘电阻不应低于 10000MΩ		《±800kV 高压直流设备交接试验》（DL/T 274—2012)
2	主回路电阻测量	测试结果应符合产品技术规范的规定要求		
3	瓷套管、复合套管	使用 2500V 绝缘电阻表测量，绝缘电阻不应低于 1000MΩ		
4		复合套管应进行憎水性测试，憎水性能不应低于 HC2		
5		耐压试验可随直流转换开关设备一起进行		
6	交流耐压试验	试验电压取出厂试验电压的 80%，耐压时间 1min，无击穿及闪络。旁路开关不进行此项试验		《±800kV 高压直流设备交接试验》（DL/T 274—2012)
7	直流耐压试验	仅对旁路开关进行直流耐压试验，试验电压取出厂试验电压的 80%，耐压时间 60min，无击穿及闪络		

序号	验收项目	验收标准	验收结论（√或×）	备注
8	直流转换开关机械特性测试	应在直流转换开关的额定操作电压、气压或液压下进行		
9		测量断路器主、辅触头的分、合闸时间，测量分、合闸的同期性，实测数值应符合产品技术规范要求		
10	辅助开关与主触头时间配合试验	对断路器合—分时间及操动机构辅助开关的转换时间与断路器主触头动作时间之间的配合试验检查，合分时间应符合产品技术规范要求，且满足电力系统安全稳定要求		
11	直流转换开关的分、合闸速度	应在直流转换开关的额定操作电压、气压或液压下进行，实测数值应符合产品技术规范要求（现场无条件安装采样装置的直流转换开关，可不进行本试验）		
12	直流转换开关分合闸直流电阻值	测量合闸线圈、分闸线圈直流电阻应合格，与出厂试验值的偏差不超过±5％		
13	直流转换开关分、合闸线圈的绝缘性能	使用1000V绝缘电阻表进行测试，不应低于10MΩ		
14		合闸操作： 弹簧、液压操动机构合闸装置在额定电源电压的85％～110％范围内，应可靠动作		
15	直流转换开关机构操作电压试验	分闸操作： 分闸装置在额定电源电压大于65％时，应可靠分闸。当此电压小于额定值的30％时，不应分闸		
16		附装失压脱扣器的，其动作特性应符合：电源与额定电源的比值小于35％时铁芯应可靠地释放，电源与额定电源的比值大于65％时铁芯不得释放，电源与额定电源的比值大于85％时铁芯应可靠地吸合		
17		附装过电流脱扣器的，其额定电流不应小于2.5A，脱扣电流的等级范围及其准确度应符合：延时动作的在2.5～10A，瞬时动作的在2.5～15A。每级脱扣电流的准确度不应超过±10％，同一脱扣器各级脱扣流的准确度不应超过±5％		

序号	验收项目	验收标准	验收结论（√或×）	备注
18	辅助和控制回路试验	采用2500V绝缘电阻表进行绝缘试验，绝缘电阻大于10MΩ		
19	主通流回路接头接触电阻	采用直流电阻测试仪，接头接触电阻不应超过15μΩ		
三、高速隔离开关（NBGS）电气试验验收				
1	绝缘电阻测量	整体绝缘电阻值测量，应符合产品技术规范要求		
2	主回路电阻测量	测试结果应符合产品技术规范要求		
3	辅助开关与主触头动作时间配合试验	对合—分时间及操动机构辅助开关的转换时间与断路器主触头动作时间之间的配合试验检查，合分时间应符合产品技术规范		
4	分、合闸线圈的绝缘性能	使用1000V绝缘电阻表进行测试，不应低于10MΩ		
5	辅助和控制回路试验	采用2500V绝缘电阻表进行绝缘试验，绝缘电阻大于10MΩ		
四、电容器验收				
1	电容电容量测量	应对每一台电容器和整组电容器的电容量进行测量		
2		实测电容量应符合产品技术规范要求		
3	绝缘电阻测量	应用2500V绝缘电阻表测量每台电容器端子对外壳的绝缘电阻一般不应低于5000MΩ		
4	端子间电阻的测量	对装有内置放电电阻的电容器，进行端子间电阻的测量，测量结果与出厂值相比应无明显差别		
五、非线性电阻验收				
1		绝缘电阻测量包括本体和绝缘底座绝缘电阻测量		
2	绝缘电阻测量	本体的绝缘电阻允许在单元件上进行，采用5000V绝缘电阻表进行测量，绝缘电阻不应小于2500MΩ		
3		底座绝缘电阻试验采用2500V绝缘电阻表进行测量，绝缘电阻不应小于5MΩ，若底座直接接地则无须做此项试验		

序号	验收项目	验收标准	验收结论（√或×）	备注
4	工频参考电压测量	工频参考电压应在制造厂选定的工频参考电流下测量		
5		允许在单元件上进行		
6		测量方法应符合《交流无间隙金属氧化物避雷器》（GB 11032）的规定		
7	泄漏电流下直流参考电压试验	按厂家规定的直流参考电流进行测量，测量方法应符合《交流无间隙金属氧化物避雷器》（GB 11032）的规定，其参考电压值不得低于技术协议规定值		
8	0.75倍直流参考电压下泄漏电流试验	0.75倍直流参考电压下，单柱电阻其泄漏电流不应超过50μA，多柱并联的电阻其泄漏电流不应大于设备制造厂规定值		
9	复合外套憎水性检查	憎水性能按喷水分级法（HC法），一般应为HC1～HC2级		
六、电抗器验收				
1	绕组直流电阻测量	将直流电阻测试仪通过测试线与被测绕组可靠连接，上下出线头处、仪器均接地，实测直流电阻值与同温下出厂试验值相比，其变化不应大于2%		
2	电感测量	将全自动电感测试仪通过测试线与被测绕组可靠连接，上下出线头处、仪器均接地，实测值与出厂试验值相比，变化不应大于2%		
3	电抗器支柱绝缘子超声波探伤试验	试验结果应满足要求		
七、绝缘平台验收				
1	支柱绝缘子绝缘电阻测量	应用2500V绝缘电阻表测量支柱绝缘子的绝缘电阻不应低于5000MΩ		《±800kV高压直流设备交接试验》（DL/T 274—2012）
八、试验数据分析验收				
1	试验数据分析	试验数据应通过显著性差异分析法和横纵比分析法进行分析，并提出意见		

7.10.4 试验验收检查记录表格

在工作中对于重要的内容进行专项检查记录并留档保存。绝缘介质试验验收检查记录表见表7-10-4，直流转换开关电气试验验收检查记录表见表7-10-5，电气试验验收检查记录表见表7-10-6，电抗器电气试验验收检查记录表见表7-10-7。

表 7-10-4   绝缘介质试验验收检查记录表

设备名称	试验项目			验收人
	SF_6 气体	密封试验（SF_6）	SF_6 密度继电器及压力表校验	
极Ⅰ中性线开关（0100-NBS）				
极Ⅱ中性线开关（0200-NBS）				

表 7-10-5   直流转换开关电气试验验收检查记录表

设备名称	试验项目														验收人
	绝缘拉杆的绝缘电阻测量	主回路电阻测量	瓷套管、复合套管	交流耐压试验	直流耐压试验	直流转换开关机械特性测试	辅助开关与主触头时间配合试验	直流转换开关的分、合闸速度	直流转换开关分合闸直流电阻值	直流转换开关分、合闸线圈的绝缘性能	直流转换开关机构操作电压试验	直流转换开关机构操作电压试验	辅助和控制回路试验	主通流回路接头接触电阻	
极Ⅰ中性线开关（0100-NBS）															
极Ⅱ中性线开关（0200-NBS）															

表 7-10-6   电气试验验收检查记录表

设备名称	试验项目					验收人
	绝缘电阻测量	主回路电阻测量	辅助开关与主触头时间配合试验	分、合闸线圈的绝缘性能	辅助和控制回路试验	
极Ⅰ中性线开关（0100-NBS）						

设备名称	试验项目					验收人
	绝缘电阻测量	主回路电阻测量	辅助开关与主触头时间配合试验	分、合闸线圈的绝缘性能	辅助和控制回路试验	
极Ⅱ中性线开关（0200-NBS）						

设备名称	试验项目			验收人
	电容电容量测量	绝缘电阻测量	端子间电阻的测量	
极Ⅰ中性线开关（0100-NBS）				
极Ⅱ中性线开关（0200-NBS）				

表 7-10-7　　　　　　　　　　　　　　　　　　　　**电抗器电气试验验收检查记录表（如有）**

设备名称	试验项目			验收人
	绕组直流电阻测量	电感测量	支柱绝缘子绝缘电阻测量	
极Ⅰ中性线开关（0100-NBS）				
极Ⅱ中性线开关（0200-NBS）				

7.10.5　检查评价表格

对工作中检查出的问题进行汇总记录，并进行验收评价，留档保存。直流转换开关交接试验检查评价表见表 7-10-8。

表 7-10-8　　　　　　　　　　　　　　　　　　　**直流转换开关交接试验检查评价表**

检查人	×××	检查日期	××××年××月××日
存在问题汇总			

7.11 直流转换开关主通流回路检查验收标准作业卡

7.11.1 验收范围说明

本验收作业卡适用于换流站验收工作，验收范围包括：直流转换开关（含 NBS、NBGS、MRTB、GRTS、BPS）主通流回路。

7.11.2 验收准备工作

各阶段验收工作开展前，运检人员应当提前明确验收的时间、人员、车辆机具、仪器工具、图纸资料等，并至少在验收开展的前一天完成准备工作的确认。

直流转换开关主通流回路验收准备工作表见表 7-11-1，直流转换开关主通流回路验收工器具清单见表 7-11-2。

表 7-11-1　　　　　　　　　　　　　　直流转换开关主通流回路验收准备工作表

序号	项目	工作内容	实施标准	负责人	备注
1	时间安排	验收工作开展前，应当组织业主、厂家、施工、监理、运检人员现场联合勘查，在各方均认为现场满足验收条件后方可开展	直流转换开关安装工作已完成，试验已完成		
2	人员安排	（1）如人员、车辆充足可组织多个验收组同时开展工作。 （2）每个验收组建议至少安排运检人员 1 人，厂家人员 1 人，施工单位 2 人，监理 1 人，平台车专职驾驶员 1 人（厂家或施工单位人员）。 （3）验收组所有人员均在直流分压器上开展工作。 （4）力矩检查工作建议由施工人员和厂家配合进行，运检、监理监督见证并记录数据。 （5）接触电阻测量工作建议由施工人员和厂家配合进行，运检、监理监督见证并记录数据	验收前成立临时专项验收组，组织运检、施工、厂家、监理人员共同开展验收工作		

序号	项目	工作内容	实施标准	负责人	备注
3	车辆工具安排	验收工作开展前，准备好验收所需车辆机具、仪器仪表、工器具、安全防护用品、验收记录材料、相关图纸及相关技术资料	（1）车辆机具、仪器仪表、工器具、安全防护用品应试验合格，满足本次施工的要求。 （2）验收记录材料、相关图纸及相关技术资料齐全并符合现场实际情况		
4	验收交底	根据本次作业内容和性质确定好检修人员，并组织学习本作业卡	要求所有工作人员明确本次工作的作业内容、进度要求、作业标准及安全注意事项		

表 7-11-2　　　　　　　　　　　直流转换开关主通流回路验收工器具清单

序号	名称	型号	数量	备注
1	高空作业车	—	1辆	
2	安全带	—	每人1套	
3	车辆接地线	—	1根	
4	力矩扳手	满足力矩检查要求	1套	
5	棘轮扳手	—	1套	
6	签字笔	红色、黑色	1套	
7	无水乙醇	—	1瓶	
8	百洁布	—	1套	
9	回路电阻测试仪	—	1台	

7.11.3　验收检查记录

直流转换开关主通流回路验收检查记录表见表 7-11-3。

序号	验收项目	验收方法及标准	验收结论（√或×）	备注
1	主通流回路结构和安装情况检查	核对接头材质、有效接触面积、载流密度、螺栓标号、力矩要求等与设计文件一致，通流回路连接螺栓具有防松动措施（防松动措施包括使用弹片、叠帽、平弹一体垫片、防松螺栓等方式）		
2		检查安装阶段螺丝紧固后应进行的档案和记录		
3		引线无散股、扭曲、断股现象。引线对地符合电气安全距离要求，引线松紧适当，无明显过松过紧现象，导线的弧垂须满足设计规范		
4		$400mm^2$ 及以上的铝设备线夹，在可能出现冰冻的地区朝上 30°～90°安装时，应在下部设置滴水孔		
5		设备线夹压接宜采用热镀锌螺栓		
6		设备线夹与压线板是不同材质时，应采用面间过渡安装方式而不应使用铜铝对接过渡线夹		
7		按需求在引线上加装芯棒		
8	通流回路外观检查	检查通流回路外观良好，连接可靠接触良好，无变形、无变色、无锈蚀、无破损		
9		检查力矩双线标识清晰且划在螺母侧，力矩线需连续、清晰、与螺母垂直，且母排、垫片、螺母、螺栓均需划到		
10		若螺栓采用平弹一体结构，应当检查平弹一体垫片是否装反		
11	主通流回路搭接面螺栓力矩复查	力矩检查工作由施工人员执行、厂家人员监督、运检和监理见证记录，四方共同开展		
12		确认接头接触电阻测量和力矩检查结果满足技术要求（参照表 7-11-5），使用 80％力矩检查螺栓紧固到位后画线标记，并建立档案，做好记录。运维单位应按不小于 1/3 的数量进行力矩和接触电阻抽检		
13		力矩扳手每次调整后均应由验收人员、厂家人员、施工人员共同检查设置的力矩值是否正确		
14		对于检查工作中发现松动或力矩线偏移的螺栓，使用 100％力矩进行复紧，使用酒精擦除原力矩线后重新画线，并再次使用 80％力矩检查		
15		对于发生滑丝、跟转等问题的螺栓进行更换		
16	主通流回路搭接面接触电阻测试	正确使用回路电阻测试仪，并设置试验电流不小于 100A		
17		将夹子夹在待测搭接面两端，启动仪器后读取测量数据并记录		
18		设备搭接面接触电阻不大于 $15\mu\Omega$，同位置横向对比不超过 $5\mu\Omega$		
19		对于发现有接触电阻超标的搭接面，应当按照"十步法"进行处理并记录		

7.11.4 验收检查记录表格

在工作中对于重要的内容进行专项检查记录并留档保存。直流转换开关主通流回路验收检查记录表见表7-11-4，直流转换开关"十步法"处理记录表见表7-11-5。

表7-11-4　　　　　　　　　　　　　　　**直流转换开关主通流回路验收检查记录表**

设备名称	验收项目				验收人
	主通流回路结构和安装情况检查	通流回路外观检查	主通流回路搭接面螺栓力矩复查	主通流回路搭接面接触电阻测试	
极Ⅰ极母线干式平波电抗器L1					
极Ⅰ极母线干式平波电抗器L2					
极Ⅰ中性线干式平波电抗器L1					
极Ⅰ中性线干式平波电抗器L2					
……					

表7-11-5　　　　　　　　　　　　　　　**直流转换开关"十步法"处理记录表**

序号	接头位置及名称	检修前接触电阻			评价	检修处理工艺控制					检修后接触电阻测量			验收人
		检修前接触电阻	接触电阻测量人	是否小于15μΩ	是否需要处理	工艺要求	螺栓规格	力矩标准	力矩是否紧固	作业人	检修后接触电阻	测量人	接触电阻是否合格	
1														
2														

7.11.5 检查评价表格

对工作中检查出的问题进行汇总记录，并进行验收评价，留档保存。直流转换开关主通流回路检查评价表见表7-11-6。

表 7-11-6 直流转换开关主通流回路检查评价表

检查人	×××	检查日期	××××年××月××日
存在问题汇总			

7.12 直流转换开关在线监测系统验收标准作业卡

7.12.1 验收范围说明

本验收作业卡适用于换流站验收工作，验收范围包括：直流转换开关（含 BPSNBS、NBGS、MRTB、GRTS、BPS）在线监测系统交接。

7.12.2 验收准备工作

各阶段验收工作开展前，运检人员应当提前明确验收的时间、人员、机具、仪器工具、图纸资料等，并至少在验收开展的前一天完成准备工作的确认。

直流转换开关在线监测系统验收准备工作表见表 7-12-1，直流转换开关在线监测系统验收工器具清单见表 7-12-2。

表 7-12-1   直流转换开关在线监测系统验收准备工作表

序号	项目	工作内容	实施标准	负责人	备注
1	时间安排	验收工作开展前，应当组织业主、厂家、施工、监理、运检人员现场联合勘查，在各方均认为现场满足验收条件后方可开展	（1）GIS 设备安装调试完成。 （2）在线监测系统安装调试完成		
2	人员安排	（1）如人员充足可组织多个验收组同时开展工作。 （2）每个验收组建议至少安排验收人员 1 人，厂家人员 1 人，施工单位 1 人，监理 1 人	验收前成立临时专项验收组，组织验收、施工、厂家、监理人员共同开展验收工作		
3	机具安排	验收工作开展前，准备好验收所需机具、仪器仪表、工器具、安全防护用品、验收记录材料、相关图纸及相关技术资料	（1）机具、仪器仪表、工器具、安全防护用品应试验合格，满足本次施工的要求。 （2）验收记录材料、相关图纸及相关技术资料齐全并符合现场实际情况		

序号	项目	工作内容	实施标准	负责人	备注
4	验收交底	根据本次作业内容和性质确定好检修人员，并组织学习本作业卡	要求所有工作人员明确本次工作的作业内容、进度要求、作业标准及安全注意事项		

表 7-12-2　　　　　　　　　　　　　　　　直流转换开关在线监测系统验收工器具清单

序号	名称	型号	数量	备注
1	便携式手电	—	2支	
2	万用表	—	1台	
3	调试笔记本电脑	—	1台	
4	螺钉旋具	—	1把	
5	4～20mA 钳形电流表	—	1台	
6	0～20A 钳形电流表	—	1台	
7	绝缘电阻表	—	1台	

7.12.3　验收检查记录

直流转换开关在线监测系统验收检查记录表见表 7-12-3。

表 7-12-3　　　　　　　　　　　　　　　　直流转换开关在线监测系统验收检查记录表

序号	验收项目	验收方法及标准	验收结论（√或×）	备注
1	直流转换开关在线监测装置验收	在线监测柜内的总电源及每台智能电子设备（IED）需单独配置空气开关，并满足级差配合要求		
2		电缆固定牢靠，电源电缆截面面积不应小于 $4mm^2$，进入电缆沟的电缆应采用铠装电缆，非直接进入电缆沟的电缆（光缆）应有保护套		
3		光缆和尾纤的折弯半径应满足相关要求		
4		电缆保护管应有防火泥封堵，并满足设计要求		
5		柜体封堵应满足设计要求		

序号	验收项目	验收方法及标准	验收结论（√或×）	备注
6	直流转换开关在线监测装置验收	柜内温度应在 5～40℃ 之间，湿度保持在 90% 以下，柜体应对柜内温湿度有控制和调节能力		
7		IED 回路额定电压大于 60V 时，用 500V 绝缘电阻测试仪测量。额定电压不大于 60V 时，用 250V 绝缘电阻测试仪测量，施加电压时间不小于 5s，绝缘电阻值不应低于 5MΩ		
8		状态监测应具有故障自检、远程维护功能，状态监测信息应能上送远方主站		
9		应实现气体压力、温度、湿度等信号的采集，监测周期可根据需要进行调整		
10		准确性试验：SF_6 气体密度在线监测数据与 SF_6 气体密度表的测量数据之差的绝对值不大于气体密度表数据的 5%，SF_6 气体微水含量在线监测数据与带电检测数据之差的绝对值不大于 50μL/L 或 5%（取最大值）		
11		远方可召唤并展示气体状态监测历史监测数据和结果信息		

7.12.4 验收检查记录表格

在线监测系统验收气体数据记录表见表 7-12-4。

表 7-12-4 在线监测系统验收气体数据记录表

设备名称	额定值	设备初始值	在线初始值	设备变化后	在线变化后	偏差	结果	验收人	备注
8011 开关									
8012 开关									
……									

7.12.5 检查评价表格

对工作中检查出的问题进行汇总记录，并进行验收评价，留档保存。直流转换开关在线监测系统检查评价表见表 7-12-5。

表 7-12-5

检查人	×××		检查日期	××××年××月××日
存在问题汇总				

7.13 直流转换开关投运前检查验收标准作业卡

7.13.1 验收范围说明

本验收作业卡适用于换流站验收工作，验收范围包括：直流转换开关（含 NBS、NBGS、MRTB、GRTS、BPS）投运前检查。

7.13.2 验收准备工作

各阶段验收工作开展前，运检人员应当提前明确验收的时间、人员、车辆机具、仪器工具、图纸资料等，并至少在验收开展的前一天完成准备工作的确认。

直流转换开关投运前检查验收准备工作表见表 7-13-1，直流转换开关投运前检查验收工器具清单见表 7-13-2。

表 7-13-1   直流转换开关投运前检查验收准备工作表

序号	项目	工作内容	实施标准	负责人	备注
1	时间安排	验收工作开展前，应当组织业主、厂家、施工、监理、运检人员现场联合勘查，在各方均认为现场满足验收条件后方可开展	直流断路器设备安装工作已完成，完成现场清理工作，验收工作已完成		
2	人员安排	（1）如人员、车辆充足可组织多个验收组同时开展工作。 （2）每个验收组建议至少安排运检人员 1 人，厂家人员 1 人，施工单位 2 人，监理 1 人，平台车专职驾驶员 1 人（厂家或施工单位人员）	验收前成立临时专项验收组，组织运检、施工、厂家、监理人员共同开展验收工作		

序号	项目	工作内容	实施标准	负责人	备注
3	车辆工具安排	验收工作开展前，准备好验收所需车辆机具、仪器仪表、工器具、安全防护用品、验收记录材料、相关图纸及相关技术资料	（1）车辆机具、仪器仪表、工器具、安全防护用品应试验合格，满足本次施工的要求。 （2）验收记录材料、相关图纸及相关技术资料齐全并符合现场实际情况		
4	验收交底	根据本次作业内容和性质确定好检修人员，并组织学习本作业卡	要求所有工作人员明确本次工作的作业内容、进度要求、作业标准及安全注意事项		

表 7-13-2   直流转换开关投运前检查验收工器具清单

序号	名称	型号	数量	备注
1	高空作业车	—	1辆	
2	安全带	—	每人1套	
3	车辆接地线	—	1根	
4	力矩扳手	满足力矩检查要求	1套	
5	签字笔	红色、黑色	1套	
6	无水乙醇	—	1瓶	
7	百洁布	—	1套	

7.13.3 验收检查记录

直流转换开关投运前验收检查记录表见表 7-13-3。

表 7-13-3   直流转换开关投运前验收检查记录表

序号	验收项目	验收方法及标准	验收结论（√或×）	备注
1	外观验收	检查各处螺栓连接紧固，无松动现象		
2		检查各部件无破损、松动、脱落，无异常，电容器无渗漏油现象		

序号	验收项目	验收方法及标准	验收结论（√或×）	备注
3	外观验收	运行编号标识齐全、清晰可识别		
4		本体、机构箱无遗留物		
5		断路器机构箱电机电源、控制电源开关在合上位置		
6		检查断路器 SF_6 压力正常		
7		断路器机构箱远近控把手置"远方"，解联锁把手在"联锁"位置		
8		端子箱清洁干燥，状态良好，无进水受潮情况，温控器自动投入正常		
9		五防锁具功能正常，机械挂锁加挂正常		
10		密度继电器指示、液压机构（弹簧机构）储能、位置指示均正常		
11		引线连接正确，无错搭、错接		
12	遥控操作	远程双系统操作断路器分合无异常		
13	在线监测及监控后台	检查断路器开关分合闸位置指示灯正常，光字牌指示正确与后台指示一致		
14		检查一体化监控后台断路器各气室压力、微水在正常范围内，无异常变化趋势		
15		检查监控后台无异常告警信号		

7.13.4　检查评价表格

对工作中检查出的问题进行汇总记录，并进行验收评价，留档保存。直流转换开关投运前验收检查评价表见表 7-13-4。

表 7-13-4　　　　　　　　　　　　　　直流转换开关投运前验收检查评价表

检查人	×××	检查日期	××××年××月××日
存在问题汇总			

第八章 直流避雷器

8.1 应用范围

适用于换流站直流避雷器设备交接试验和竣工验收工作，部分验收项目需根据实际情况提前安排，通过随工验收、资料检查等方式开展，旨在指导并规范现场验收工作。

8.2 规范依据

本作业指导书的编制依据并不限于以下文件：

《电气装置安装工程　电气设备交接试验标准》（GB 50150—2016）

《交流电力系统金属氧化物避雷器使用导则》（DL/T 804—2014）

《变电设备在线监测装置检验规范　第3部分：电容型设备及金属氧化物避雷器绝缘在线监测装置》（DL/T 1432.3—2016）

《变电设备在线监测装置技术规范　第3部分：电容型设备及金属氧化物避雷器绝缘在线监测装置》（DL/T 1498.3—2016）

《输变电设备状态检修试验规程》（DL/T 393—2021）

《变电站设备验收规范　第08部分：避雷器》（Q/GDW 11651.8—2016）

《国家电网公司变电验收管理规定》

8.3 验收方法

8.3.1 验收流程

直流避雷器设备专项验收工作应参照表 8-3-1 验收项目内容顺序开展，并在验收工作中把握关键时间节点。

表 8-3-1 直流避雷器设备专项验收标准流程表

序号	验收项目	主要工作内容	参考工时	开展验收需满足的条件
1	避雷器外观验收	（1）避雷器整体外观检查。 （2）避雷器绝缘套外观验收。 （3）均压环外观验收。 （4）构架及基础外观验收	1h/避雷器	避雷器安装完成，绝缘子完成 PRTV 喷涂工作

序号	验收项目	主要工作内容	参考工时	开展验收需满足的条件
2	避雷器主通流回路验收	(1) 主通流回路搭接面螺栓力矩检查。 (2) 主通流回路搭接面接触电阻检查	2h/避雷器	避雷器安装完成，绝缘子完成 PRTV 喷涂工作
3	避雷器在线监测装置验收	(1) 在线监测装置外观检查。 (2) 在线监测装置功能验收	1h/避雷器	避雷器安装完成，绝缘子完成 PRTV 喷涂工作
4	避雷器试验验收	(1) 绝缘电阻测量。 (2) 持续电流测量。 (3) 参考电压测量。 (4) 直流参考电压和 0.75 倍直流参考电压下的泄漏电流测量。 (5) 放电计数器动作可靠性试验。 (6) 工频放电电压试验。 (7) 复合外套憎水性检查	3h/避雷器	避雷器安装完成，绝缘子完成 PRTV 喷涂工作
5	投运前检查	(1) 外观检查。 (2) 动作次数抄录	1h/避雷器	避雷器安装完成，完成现场清理工作，验收工作已完成

8.3.2 验收问题记录清单

对于验收过程中发现的隐患和缺陷，应当按照表 8-3-2 格式进行记录，并由专人负责跟踪闭环进度。

表 8-3-2 直流避雷器设备验收问题记录清单

序号	设备名称	问题描述	发现人	发现时间	整改情况
1	极Ⅰ极母线避雷器 F3	……	×××	××××年××月××日	……
…	……				

8.4 避雷器外观验收标准作业卡

8.4.1 验收范围说明

本验收作业卡适用于换流站交接验收工作，验收范围包括：双极直流避雷器。

8.4.2 验收准备工作

各阶段验收工作开展前，运检人员应当提前明确验收的时间、人员、车辆机具、仪器工具、图纸资料等，并至少在验收开展的前一天完成准备工作的确认。

避雷器外观验收准备工作表见表 8-4-1，避雷器外观验收工器具清单见表 8-4-2。

表 8-4-1
避雷器外观验收准备工作表

序号	项目	工作内容	实施标准	负责人	备注
1	时间安排	验收工作开展前，应当组织业主、厂家、施工、监理、运检人员现场联合勘查，在各方均认为现场满足验收条件后方可开展	直流避雷器安装工作已完成		
2	人员安排	（1）如人员、车辆充足可组织多个验收组同时开展工作。 （2）每个验收组建议至少安排验收人员 1 人，厂家人员 1 人，施工单位 1 人，监理 1 人，吊车专职驾驶员 1 人（厂家或施工单位人员）。 （3）验收组人员在吊车上和地面开展工作	验收前成立临时专项验收组，组织验收、施工、厂家、监理人员共同开展验收工作		
3	车辆工具安排	验收工作开展前，准备好验收所需车辆机具、仪器仪表、工器具、安全防护用品、验收记录材料、相关图纸及相关技术资料	（1）车辆机具、仪器仪表、工器具、安全防护用品应试验合格，满足本次施工的要求。 （2）验收记录材料、相关图纸及相关技术资料齐全并符合现场实际情况		
4	验收交底	根据本次作业内容和性质确定好检修人员，并组织学习本作业卡	要求所有工作人员明确本次工作的作业内容、进度要求、作业标准及安全注意事项		

表 8-4-2
避雷器外观验收工器具清单

序号	名称	型号	数量	备注
1	吊车	—	1 辆	
2	车辆接地线	—	1 根	

8.4.3 验收检查记录

避雷器外观验收检查记录表见表 8-4-3。

表 8-4-3   避雷器外观验收检查记录表

序号	验收项目	验收方法及标准	验收结论 （√或×）	备注
1	避雷器整体 外观检查	避雷器外观整洁，无明显放电、击穿痕迹		《变电站设备验收规范　第08部分：避雷器》（Q/GDW 11651.8—2016）
2		多串避雷器并联时，每串所受的张力应均匀		
3		弹簧销应有足够弹性，闭口销应分开，并不得有折断或裂纹。不应用线材代替弹簧销		
4	避雷器 绝缘套 外观验收	绝缘套外表清洁无积污		（1）《变电站设备验收规范　第08部分：避雷器》（Q/GDW 11651.8—2016）。 （2）《国家电网公司直流换流站验收管理规定　第10分册　直流避雷器验收细则》
5		瓷套无裂纹，无破损、脱釉，外观清洁，瓷铁黏合应牢固		
6		复合外套无破损、变形		
7		注胶封口处密封应良好		
8		法兰浇注处应涂抹防水密封胶		
9		压力释放通道完整无破损		
10	均压环外观 验收	均压环应无划痕、毛刺及变形		
11		均压环与本体连接良好，安装应牢固、平整，不得影响接线板的接线，并宜在均压环最低处打排水孔		
12	构架及基础 外观验收	一次接线线夹无开裂，不得使用铜铝式过渡线夹。在可能出现冰冻的地区，线径为 $400mm^2$ 及以上的、压接孔向上 $30°～90°$ 的压接线夹，应打排水孔		（1）《变电站设备验收规范　第08部分：避雷器》（Q/GDW 11651.8—2016）。 （2）《国家电网公司直流换流站验收管理规定　第10分册　直流避雷器验收细则》
13		各接触表面无锈蚀现象		
14		连接件应采用热镀锌材料，并至少两点固定		
15		所有的螺栓连接必须加垫弹簧垫圈，并目测确保其收缩到位		
16		接地引下线应连接良好，截面面积应符合设计要求		

8.4.4 验收检查记录表格

在工作中对于重要的内容进行专项检查记录并留档保存。避雷器外观验收检查记录表见表8-4-4。

表8-4-4
避雷器外观验收检查记录表

设备名称	验收项目					验收人
	避雷器整体外观检查	避雷器绝缘套外观验收	均压环外观验收	构架及基础外观验收	动作次数/泄漏电流（试验后）	
极Ⅰ极母线避雷器 F3						
极Ⅰ极母线避雷器 F4						
……						

8.4.5 检查评价表格

对工作中检查出的问题进行汇总记录，并进行验收评价，留档保存。避雷器外观检查评价表见表8-4-5。

表8-4-5
避雷器外观检查评价表

检查人	×××	检查日期	××××年××月××日
存在问题汇总			

8.5 避雷器主通流回路验收检查验收标准作业卡

8.5.1 验收范围说明

本验收作业卡适用于换流站检查验收工作，验收范围包括：直流场避雷器主通流回路。

8.5.2 验收准备工作

各阶段验收工作开展前，运检人员应当提前明确验收的时间、人员、车辆机具、仪器工具、图纸资料等，并至少在验收开展的前一天完成准备工作的确认。

避雷器主通流回路检查验收准备工作表见表 8-5-1，避雷器主通流回路检查验收工器具清单见表 8-5-2。

表 8-5-1 避雷器主通流回路检查验收准备工作表

序号	项目	工作内容	实施标准	负责人	备注
1	时间安排	验收工作开展前，应当组织业主、厂家、施工、监理、运检人员现场联合勘查，在各方均认为现场满足验收条件后方可开展	直流避雷器安装工作已完成		
2	人员安排	（1）如人员、车辆充足可组织多个验收组同时开展工作。 （2）每个验收组建议至少安排运检人员 2 人，厂家人员 2 人，监理 1 人，平台车专职驾驶员 1 人（厂家或施工单位人员）	验收前成立临时专项验收组，组织运检、施工、厂家、监理人员共同开展验收工作		
3	车辆工具安排	验收工作开展前，准备好验收所需车辆机具、仪器仪表、工器具、安全防护用品、验收记录材料、相关图纸及相关技术资料	（1）车辆机具、仪器仪表、工器具、安全防护用品应试验合格，满足本次施工的要求。 （2）验收记录材料、相关图纸及相关技术资料齐全并符合现场实际情况		
4	验收交底	根据本次作业内容和性质确定好检修人员，并组织学习本作业卡	要求所有工作人员明确本次工作的作业内容、进度要求、作业标准及安全注意事项		

表 8-5-2 避雷器主通流回路检查验收工器具清单

序号	名称	型号	数量	备注
1	高空作业车	—	1 辆	
2	回路电阻测试仪	MEGGER MOM2	1 台	
3	安全带	—	每人 1 套	
4	车辆接地线	—	1 根	
5	力矩扳手	满足力矩检查要求	1 套	
6	棘轮扳手	—	1 套	

序号	名称	型号	数量	备注
7	无水乙醇	—	1瓶	
8	百洁布	—	1套	
9	导电膏	—	1瓶	
10	电阻测试仪	—	1台	
11	游标卡尺	—	1套	

8.5.3 验收检查记录

避雷器主通流回路验收检查记录表见表 8-5-3。

表 8-5-3　　　　　　　　　　　　　避雷器主通流回路验收检查记录表

序号	验收项目	验收方法及标准	验收结论（√或×）	备注
1	主通流回路搭接面螺栓力矩检查	核对接头材质、有效接触面积、载流密度、螺栓标号、力矩要求等与设计文件一致，通流回路连接螺栓具有防松动措施（防松动措施包括使用弹片、叠帽、平弹一体垫片、防松螺栓等方式）		《电力设备预防性试验规程》（DL/T 596—2021）
2		检查安装阶段螺丝紧固后应进行的档案和记录		
3		检查通流回路外观良好，连接可靠接触良好，无变形、无变色、无锈蚀、无破损		
4		检查力矩双线标识清晰且划在螺母侧，力矩线需连续、清晰、与螺母垂直，且母排、垫片、螺母、螺栓均需划到		
5		检查软连接完好，无散股、断股现象		
6		若螺栓采用平弹一体结构，应当检查平弹一体垫片是否装反		
7		力矩检查工作由施工人员执行、厂家人员监督、运检和监理见证记录，四方共同开展		

序号	验收项目	验收方法及标准	验收结论 (√或×)	备注
8	主通流回路搭接面接触电阻检查	确认接头接触电阻测量和力矩检查结果满足技术要求（参照表8-5-5），使用80％力矩检查螺栓紧固到位后画线标记，并建立档案，做好记录。运维单位应按不小于1/3的数量进行力矩和接触电阻抽查		《电力设备预防性试验规程》(DL/T 596—2021)
9		力矩扳手每次调整后均应由验收人员、厂家人员、施工人员共同检查设置的力矩值是否正确		
10		对于检查工作中发现松动或力矩线偏移的螺栓，使用100％力矩进行复紧，使用酒精擦除原力矩线后重新画线，并再次使用80％力矩检查		
11		对于发生滑丝、跟转等问题的螺栓进行更换		
12		对于不在现场安装的阀组件内部搭接面可不进行复紧，只检查力矩线，但须厂家提供厂内验收报告		
13		正确使用直流电阻测试仪，并设置试验电流不小于100A		
14		将夹子夹在待测搭接面两端，启动仪器后读取测量数据并记录		
15		设备搭接面接触电阻不大于15μΩ		
16		对于发现有接触电阻超标的搭接面，应当按照"十步法"进行处理并记录		
17		对于不在现场安装的阀组件内部搭接面不进行接触电阻复测，但须提供厂内测量报告		

8.5.4 验收检查记录表格

在工作中对于重要的内容进行专项检查记录并留档保存。避雷器主通流验收检查记录表见表8-5-4。

表8-5-4　　　　　　　　　　　　　　　　避雷器主通流验收检查记录表

设备名称	验收项目			验收人
	接线端子检查	均压环检查	连接螺栓检查	
极Ⅰ极母线避雷器F3				
极Ⅰ极母线避雷器F4				
......				

8.5.5 专项验收检查表

在工作中对于重要的内容进行专项检查记录并留档保存。避雷器接头验收见表 8-5-5。

表 8-5-5 避雷器接头验收

序号	接头位置及名称	检修前接触电阻			评价	检修处理工艺控制					检修后接触电阻测量			验收人
		检修前接触电阻	接触电阻测量人	是否小于15μΩ	是否需要处理	工艺要求	螺栓规格	力矩标准	力矩是否紧固	作业人	检修后接触电阻	测量人	接触电阻是否合格	
1	避雷器P1. WP. F4进线管母侧接头													
2	避雷器P1. WP. F4进线套管侧接头													
...	......													

8.5.6 检查评价表格

对工作中检查出的问题进行汇总记录，并进行验收评价，留档保存。避雷器主通流回路检查评价表见表 8-5-6。

表 8-5-6 避雷器主通流回路检查评价表

检查人	×××		检查日期	××××年××月××日
存在问题汇总				

8.6 避雷器在线监测装置检查验收标准作业卡

8.6.1 验收范围说明

本验收作业卡适用于换流站验收工作，验收范围包括：直流场避雷器在线监测装置。

8.6.2 验收准备工作

各阶段验收工作开展前，运检人员应当提前明确验收的时间、人员、车辆机具、仪器工具、图纸资料等，并至少在验收开展的前一天完成准备工作的确认。

避雷器在线监测装置检查验收准备工作表见表8-6-1，避雷器在线监测装置检查验收工器具清单见表8-6-2。

表 8-6-1 避雷器在线监测装置检查验收准备工作表

序号	项目	工作内容	实施标准	负责人	备注
1	时间安排	验收工作开展前，应当组织业主、厂家、施工、监理、运检人员现场联合勘查，在各方均认为现场满足验收条件后方可开展	直流避雷器安装工作已完成		
2	人员安排	（1）如人员、车辆充足可组织多个验收组同时开展工作。 （2）每个验收组建议至少安排运检人员2人，厂家人员2人，监理1人，平台车专职驾驶员1人（厂家或施工单位人员）	验收前成立临时专项验收组，组织运检、施工、厂家、监理人员共同开展验收工作		
3	车辆工具安排	验收工作开展前，准备好验收所需车辆机具、仪器仪表、工器具、安全防护用品、验收记录材料、相关图纸及相关技术资料	（1）车辆机具、仪器仪表、工器具、安全防护用品应试验合格，满足本次施工的要求。 （2）验收记录材料、相关图纸及相关技术资料齐全并符合现场实际情况		
4	验收交底	根据本次作业内容和性质确定好检修人员，并组织学习本作业卡	要求所有工作人员明确本次工作的作业内容、进度要求、作业标准及安全注意事项		

表 8-6-2 避雷器在线监测装置检查验收工器具清单

表 8-6-2 避雷器在线监测装置检查验收工器具清单

序号	名称	型号	数量	备注
1	对讲机	—	每人1台	
2	百洁布	—	1套	
3	无水乙醇	—	1瓶	

8.6.3 验收检查记录

避雷器在线监测装置验收检查记录表见表 8-6-3。

表 8-6-3 避雷器在线监测装置验收检查记录表

序号	验收项目	验收方法及标准	验收结论（√或×）	备注
1	在线监测装置外观检查	传感器安装可靠，密封良好、内部不进潮，直流避雷器应安装泄漏电流监测装置，泄漏电流量程选择适当		
2		安装位置一致，高度适中，便于观察以及测量泄漏电流值		
3		传感器应有相应标识，标识应便于读取与检查		
4		传感器不应有锈蚀、破损、开裂、内部积水现象		
5		接线柱引出小套管清洁、无破损，接线紧固		
6		监测装置应安装牢固、接地可靠，紧固件不应作为导流通道		
7		监测装置应安装在可带电更换的位置		
8	在线监测装置功能验收	应实现泄漏电流、动作次数的连续采集		《输变电设备状态检修试验规程》（DL/T 393—2021）
9		避雷器设备监测向主机报送数据和结果信息，内容满足合同技术要求		
10		远方可召唤并展示避雷器设备监测历史监测数据和结果信息		

8.6.4 验收检查记录表格

在工作中对于重要的内容进行专项检查记录并留档保存。避雷器在线监测装置验收检查记录表见表 8-6-4。

表 8-6-4 避雷器在线监测装置验收检查记录表

设备名称	验收项目		验收人
	在线监测装置外观检查	在线监测装置功能验收	
极Ⅰ极母线避雷器 F3			
极Ⅰ极母线避雷器 F4			
……			

8.6.5 检查评价表格

对工作中检查出的问题进行汇总记录，并进行验收评价，留档保存。避雷器在线监测装置检查评价表见表 8-6-5。

表 8-6-5 避雷器在线监测装置检查评价表

检查人	×××	检查日期	××××年××月××日
存在问题汇总			

8.7 避雷器试验验收标准作业卡

8.7.1 验收范围说明

本验收作业卡适用于换流站验收工作，验收范围包括：直流场避雷器试验。

8.7.2 验收准备工作

各阶段验收工作开展前，运检人员应当提前明确验收的时间、人员、车辆机具、仪器工具、图纸资料等，并至少在验收开展的前一天完成准备工作的确认。

避雷器试验验收准备工作表见表 8-7-1，避雷器试验验收工器具清单见表 8-7-2。

表 8-7-1   **避雷器试验验收准备工作表**

序号	项目	工作内容	实施标准	负责人	备注
1	时间安排	验收工作开展前，应当组织业主、厂家、施工、监理、运检人员现场联合勘查，在各方均认为现场满足验收条件后方可开展	直流避雷器安装工作已完成		
2	人员安排	（1）如人员、车辆充足可组织多个验收组同时开展工作。 （2）每个验收组建议至少安排运检人员 2 人，厂家人员 2 人，监理 1 人，平台车专职驾驶员 1 人（厂家或施工单位人员）	验收前成立临时专项验收组，组织运检、施工、厂家、监理人员共同开展验收工作		
3	车辆工具安排	验收工作开展前，准备好验收所需车辆机具、仪器仪表、工器具、安全防护用品、验收记录材料、相关图纸及相关技术资料	（1）车辆机具、仪器仪表、工器具、安全防护用品应试验合格，满足本次施工的要求。 （2）验收记录材料、相关图纸及相关技术资料齐全并符合现场实际情况		
4	验收交底	根据本次作业内容和性质确定好检修人员，并组织学习本作业卡	要求所有工作人员明确本次工作的作业内容、进度要求、作业标准及安全注意事项		

表 8-7-2   **避雷器试验验收工器具清单**

序号	名称	型号	数量	备注
1	对讲机	—	每人 1 台	
2	百洁布	—	1 套	
3	无水乙醇	—	1 瓶	
4	绝缘电阻表	—	1 台	
5	直流高压发生器	—	1 台	
6	避雷器带电测试仪	—	1 台	

序号	名称	型号	数量	备注
7	避雷器计数器测试仪	—	1台	
8	回路电阻测试仪	—	1台	
9	纯净水	—	1瓶	

8.7.3 验收检查记录

避雷器试验验收检查记录表见表 8-7-3。

表 8-7-3　　　　　　　　　　　　　避雷器试验验收检查记录表

序号	验收项目	验收方法及标准	验收结论（√或×）	备注
1	绝缘电阻测量	使用 5000V 绝缘电阻表测量绝缘电阻不小于 2500MΩ		《±800kV 高压直流设备交接试验》（DL/T 274—2012）
		使用绝缘电阻表测量基座绝缘电阻不低于 5MΩ		《电气装置安装工程　电气设备交接试验标准》（GB 50150—2016）
		测量避雷器的绝缘电阻值，与出厂试验值或历次试验值比较应无明显降低		《±800kV 直流系统电气设备交接试验》（Q/GDW 1275—2015）
2	持续电流测量（如有）	在直流的持续运行电压下，测量整只或整节避雷器的直流电流。实测值与出厂试验值相比，应无明显差别		
3	直流参考电压和 0.75 倍直流参考电压下的泄漏电流测量	(1) 直流参考电压实测与出厂值比较，变化不应大于±5%。 (2) ±660(±500，±400)kV 及以下直流换流站避雷器：对应于直流参考电流下的直流参考电压，整只或分节进行的测试值，应符合产品技术条件的规定，0.75 倍直流参考电压下的泄漏电流一般不超过 50μA。多柱并联和额定电压 216kV 以上的避雷器泄漏电流由制造厂和用户协商确定。 (3) ±800kV 直流避雷器：①直流参考电压测量，按厂家规定的直流参考电流值，对整只或单节避雷器进行测量，其参考电压值不得低于合同规定值。②对于单柱避雷器，0.75 倍直流参考电压下的泄漏电流不应超过 50μA，对于多柱并联和额定电压 216kV 以上的避雷器，0.75 倍直流参考电压下的泄漏电流不应大于制造厂标准的规定值		《电力设备预防性试验规程》（DL/T 596—2021）

序号	验收项目	验收方法及标准	验收结论（√或×）	备注
4	放电计数器动作可靠性试验	（1）放电计数器动作应可靠。 （2）泄漏电流指示良好，准确等级不低于 5 级		
5	复合外套憎水性检查	憎水性能按喷水分级法（HC 法），一般应为 HC1～HC2 级		

8.7.4　试验验收专项记录表格

在工作中对于重要的内容进行专项检查记录并留档保存。避雷器试验验收专项记录表见表 8-7-4。

表 8-7-4　　　　　　　　　　　　避雷器试验验收专项记录表

设备名称	验收项目						验收人
	绝缘电阻测量	持续电流测量	参考电压测量	直流参考电压和 0.75 倍直流参考电压下的泄漏电流	检查放电计数器的动作是否可靠	复合外套憎水性检查	
极Ⅰ极母线避雷器 F3							
极Ⅰ极母线避雷器 F4							
极Ⅰ中性线避雷器 F1							
极Ⅰ中性线避雷器 F2							
……							

8.7.5　检查评价表格

对工作中检查出的问题进行汇总记录，并进行验收评价，留档保存。避雷器试验检查评价表见表 8-7-5。

表 8-7-5　　　　　　　　　　　　避雷器试验检查评价表

检查人	×××		检查日期	××××年××月××日
存在问题汇总				

8.8 避雷器投运前检查标准作业卡

8.8.1 验收范围说明

本验收作业卡适用于换流站验收工作，验收范围包括：直流场避雷器投运前检查。

8.8.2 验收准备工作

各阶段验收工作开展前，运检人员应当提前明确验收的时间、人员、车辆机具、仪器工具、图纸资料等，并至少在验收开展的前一天完成准备工作的确认。

避雷器投运前检查验收准备工作表见表 8-8-1，避雷器投运前检查验收工器具清单见表 8-8-2。

表 8-8-1 避雷器投运前检查验收准备工作表

序号	项目	工作内容	实施标准	负责人	备注
1	时间安排	验收工作开展前，应当组织业主、厂家、施工、监理、运检人员现场联合勘查，在各方均认为现场满足验收条件后方可开展	直流避雷器安装工作已完成，相关验收工作已完成		
2	人员安排	（1）如人员、车辆充足可组织多个验收组同时开展工作。 （2）每个验收组建议至少安排运检人员 2 人，厂家人员 2 人，监理 1 人，平台车专职驾驶员 1 人（厂家或施工单位人员）	验收前成立临时专项验收组，组织运检、施工、厂家、监理人员共同开展验收工作		
3	车辆工具安排	验收工作开展前，准备好验收所需车辆机具、仪器仪表、工器具、安全防护用品、验收记录材料、相关图纸及相关技术资料	（1）车辆机具、仪器仪表、工器具、安全防护用品应试验合格，满足本次施工的要求。 （2）验收记录材料、相关图纸及相关技术资料齐全并符合现场实际情况		
4	验收交底	根据本次作业内容和性质确定好检修人员，并组织学习本作业卡	要求所有工作人员明确本次工作的作业内容、进度要求、作业标准及安全注意事项		

表 8-8-2 避雷器投运前检查验收工器具清单

序号	名称	型号	数量	备注
1	对讲机	—	每人 1 台	
2	高空作业车	—	1 套	

8.8.3 验收检查记录

避雷器投运前检查验收检查记录表见表 8-8-3。

表 8-8-3 避雷器投运前检查验收检查记录表

序号	验收项目	验收方法及标准	验收结论（√或×）	备注
1	外观检查	检查各处螺栓连接紧固，无松动现象		
2		检查各部件无破损、松动、脱落，无异常现象		
3		运行编号标识齐全、清晰可识别		
4		接地引下线应连接良好		
5	动作次数抄录	对避雷器动作次数和泄漏电流进行现场抄录		
6	监测后台检查	一体化监测后台避雷器动作次数及泄漏电流数据正常		

8.8.4 检查评价表格

对工作中检查出的问题进行汇总记录，并进行验收评价，留档保存。避雷器投运前验收检查评价表见表 8-8-4。

表 8-8-4 避雷器投运前验收检查评价表

检查人	×××	检查日期	××××年××月××日
存在问题汇总			

第九章　直流穿墙套管

9.1　应用范围

本作业指导书适用于换流站直流穿墙套管交接试验和竣工验收工作，部分验收项目需根据实际情况提前安排，通过随工验收、资料检查等方式开展，旨在指导并规范现场验收工作。

9.2　规范依据

本作业指导书的编制依据并不限于以下文件：

《国家电网有限公司直流换流站验收管理规定　第 12 分册　直流穿墙套管验收细则》

《国家电网有限公司防止直流换流站事故措施及释义》（国家电网设备〔2021〕227 号）

《±800kV 高压直流设备交接试验》（DL/T 274—2012）

《±800kV 直流系统电气设备交接试验》（Q/GDW 1275—2015）

《输变电设备状态检修试验规程》（DL/T 393—2021）

《电气装置安装工程　电气设备交接试验标准》（GB 50150—2016）

《电力设备预防性试验规程》（DL/T596—2021）

《换流站直流主设备非电量保护技术规范编制说明》（Q/GDW 629—2011）

《±800kV 及以下直流换流站电力设备安装工程施工及验收规范》（DL/T 5232—2010 ）

9.3　验收方法

9.3.1　验收流程

直流穿墙套管设备专项验收工作应参照表 9-3-1 验收项目内容顺序开展，并在验收工作中把握关键时间节点。

表 9-3-1

序号	验收项目	主要工作内容	参考工时	开展验收需满足的条件
1	直流穿墙套管外观验收	（1）套管本体、绝缘子、均压环、末屏（如有）检查验收。 （2）套管封堵、密度表（密度继电器）外观验收。 （3）引出线及端子板、连接螺栓外观验收。 （4）反措检查验收	1h/直流穿墙套管	直流穿墙套管安装完成
2	直流穿墙套管试验验收	（1）绝缘电阻。 （2）主绝缘介质损耗及电容量测量。 （3）直流耐压试验及局部放电量测量。 （4）试验端子工频耐压试验。 （5）充 SF_6 套管气体试验	6h/直流穿墙套管	直流穿墙套管安装完成
3	直流穿墙套管二次回路检查验收	（1）直流穿墙套管非电量保护二次回路检查。 （2）直流穿墙套管非电量保护接线盒检查	4h/直流穿墙套管	（1）直流穿墙套管安装完成。 （2）直流穿墙套管试验完成
4	主通流回路检查验收	（1）主通流回路搭接面螺栓力矩检查。 （2）主通流回路搭接面接触电阻检查	1h/直流穿墙套管	（1）直流穿墙套管安装完成。 （2）直流穿墙套管试验完成
5	直流穿墙套管投运前检查	（1）设备名称及运行编号标示检查。 （2）套管 SF_6 气体压力现场检查。 （3）在线监测及监控后台检查	1h/直流穿墙套管	（1）所有验收完成后。 （2）直流穿墙套管带电前

9.3.2 验收问题记录清单

对于验收过程中发现的隐患和缺陷，应当按照表 9-3-2 格式进行记录，并由专人负责跟踪闭环进度。

表 9-3-2   直流穿墙套管设备验收问题记录清单

序号	设备名称	问题描述	发现人	发现时间	整改情况
1	极Ⅰ高端阀厅 800kV 穿墙套管 P1-U1-X1	……	×××	××××年××月××日	……
…	……				

9.4 直流穿墙套管外观验收标准作业卡

9.4.1 验收范围说明

本验收作业卡适用于换流站交接验收工作，验收范围包括：双极阀厅直流穿墙套管。

9.4.2 验收准备工作

各阶段验收工作开展前，运检人员应当提前明确验收的时间、人员、车辆机具、仪器工具、图纸资料等，并至少在验收开展的前一天完成准备工作的确认。

直流穿墙套管外观验收准备工作表见表 9-4-1，直流穿墙套管外观验收工器具清单见表 9-4-2。

表 9-4-1   **直流穿墙套管外观验收准备工作表**

序号	项目	工作内容	实施标准	负责人	备注
1	时间安排	验收工作开展前，应当组织业主、厂家、施工、监理、运检人员现场联合勘查，在各方均认为现场满足验收条件后方可开展	直流穿墙套管安装工作已完成		
2	人员安排	（1）如人员、车辆充足可组织多个验收组同时开展工作。 （2）每个验收组建议至少安排验收人员 1 人，厂家人员 1 人，施工单位 1 人，监理 1 人，平台车专职驾驶员 1 人（厂家或施工单位人员）	验收前成立临时专项验收组，组织验收、施工、厂家、监理人员共同开展验收工作		
3	车辆工具安排	验收工作开展前，准备好验收所需车辆机具、仪器仪表、工器具、安全防护用品、验收记录材料、相关图纸及相关技术资料	（1）车辆机具、仪器仪表、工器具、安全防护用品应试验合格，满足本次施工的要求。 （2）验收记录材料、相关图纸及相关技术资料齐全并符合现场实际情况		
4	验收交底	根据本次作业内容和性质确定好检修人员，并组织学习本作业卡	要求所有工作人员明确本次工作的作业内容、进度要求、作业标准及安全注意事项		

表 9-4-2 直流穿墙套管外观验收工器具清单

序号	名称	型号	数量	备注
1	高空作业车	—	1辆	
2	望远镜/照相机	—	1个	
3	安全带	—	每人1套	
4	车辆接地线	—	1根	
5	SF_6红外成像泄漏仪（便携式SF_6气体泄漏仪）	—	1台	

9.4.3　验收检查记录

直流穿墙套管外观验收检查记录表见表 9-4-3。

表 9-4-3 直流穿墙套管外观验收检查记录表

序号	验收项目	验收方法及标准	验收结论（√或×）	备注
1		检查套管本体金属法兰密封面平整，无砂眼，无锈蚀，黏接部位无脱胶、起鼓等现象		
2		检查复合绝缘子伞裙无龟裂、起泡和脱落		
3		检查末屏应密封良好，接地方式可靠，并确认末屏适配器采用铝合金材质		《±800kV 及以下直流换流站电力设备安装工程施工及验收规范》（DL/T 5232—2010）
4	套管本体、绝缘子、均压环、末屏（如有）外观检查	检查铭牌参数齐全、正确且安装在便于查看的位置上，铭牌材质应为防锈材料，无锈蚀		
5		检查均压环表面无变形，无毛刺，连接可靠，无松动，排列齐整，渗水孔通畅，位于均压环最下端		
6		检查套管伞裙不宜采用嵌入墙体设计，存在嵌入墙体的设计，需由厂家、设计院校核其对套管运行的影响		
7		检查穿墙套管底座或法兰盘不得埋入混凝土或抹灰层内，当其直接安装在钢板上时，套管周围不得形成闭合磁路，穿墙套管水平安装时，其法兰应在外侧。穿墙套管户外侧任何部位伞裙严禁位于阀厅墙体内部		2022 年 2 月直流月度会
8		检查套管没有发生严重位移、碰撞、倾斜等现象，零部件齐全、完好，冲撞记录仪记录的水平或者垂直加速度在正常范围内，并对冲撞仪的数据进行记录		

序号	验收项目	验收方法及标准	验收结论（√或×）	备注
9	套管封堵、SF$_6$气体压力表（密度继电器）外观检查	检查套管封堵完整、无破损，且不得使用导磁材料		《±800kV及以下直流换流站电力设备安装工程施工及验收规范》（DL/T 5232—2010）
10		检查套管SF$_6$密度继电器交接校验合格，贴校验合格证，且其充气套管气体压力表或密度继电器引至便于巡视的位置		
11		检查电缆管内应防止积水的措施，接线盒的引出电缆应以垂直U形方式接入继电器接线盒，避免高挂低用。电缆护套应具有防进水、防积水保护措施，防止雨水顺电缆倒灌。无法避免时应设滴水弯并在易积水的低处设有$\phi 6 \sim \phi 8$排水孔，并保持畅通（全密封系统除外），呼吸孔、排水孔畅通。接线盒应装有防雨罩，防雨罩边缘处应安装橡胶垫		
12		检查套管密封良好，用便携式SF$_6$气体泄漏仪检查套管本体及密度继电器法兰连接及密封处无漏气现象，SF$_6$气体密度或压力指示正常，不应有过高或过低，按最低环境温度和最高运行温度计算，不应出现报警或超压		
13	引出线及端子板、连接螺栓外观检查	检查设备接线端子板螺栓、螺母和垫圈应满足防锈、防腐、防磁要求，平垫弹垫配置齐全满足防振要求，螺栓采用双螺母或单螺母加弹垫固定等防松措施，螺栓力矩标识线清晰、可见		
14		检查引线松紧适当，无散股、扭曲、断股现象，引线弧度合适、绝缘间距满足设计文件要求		
15		检查接线板不应采用铜铝对接过渡线夹，载流密度满足技术规范要求		
16		检查线夹应有排水孔，防止水结冰膨胀造成线夹爆裂		
17		检查金具有无裂纹，材质符合反措要求		
18	反措检查验收	通过设计资料确认工程穿墙套管爬距应依据最新版污区分布图进行外绝缘配置，可通过增大伞间距、加装增爬裙等措施，防止套管在运行中发生雾闪、冰闪、雨闪或雪闪		
19		中性线直流穿墙套管宜采用纯干式套管		
20		套管接头装配应严格执行标准作业卡，装配螺丝用力矩扳手紧固并做好记录，确保装配质量，防止接头部件松动引起过电流发热		

序号	验收项目	验收方法及标准	验收结论（√或×）	备注
21	反措检查验收	套管末屏接地应牢固可靠，防止末屏接线松动导致套管损坏。防止拆、装末屏接地装置时，因末屏接地引线旋转，造成引线与电容芯子末屏的焊接点开断。应避免使用连接引线短、硬度大的末屏接地方式，避免在昼夜温差变化时冷热伸缩造成金属疲劳，导致末屏接地引线从与铝箔的接触点处断裂。套管末屏用保护帽及丝扣严禁采用铝质材料。套管打压工艺孔应密封良好		
22		直流穿墙套管 SF_6 密度继电器安装时，应具有防止 SF_6 气体泄漏的安全措施		
23		套管端子与法兰接触面紧固螺栓应用力矩扳手按规定力矩进行紧固，并用记号笔画线标记，防止出现螺栓松动导致虚接现象，造成接头发热。螺栓应采用 8.8 级高强度螺栓		

9.4.4　验收检查记录表格

在工作中对于重要的内容进行检查记录并留档保存。直流穿墙套管验收检查记录表见表 9-4-4，直流穿墙套管接线盒专项检查表见表 9-4-5。

表 9-4-4　　　　　　　　　　　　　　　　　　　　　　直流穿墙套管验收检查记录表

设备名称	验收项目							验收人
	设备外观检查	充 SF_6 气体套管压力检查	连接件检查	复合绝缘子憎水性检查	引线及各侧接头连接检查	封堵检查	接地情况检查（包括末屏接地）	
极Ⅰ高端阀厅 800kV 穿墙套管								
极Ⅰ高端阀厅 400kV 穿墙套管								
……								

表 9-4-5   直流穿墙套管接线盒专项检查表

序号	相别	接线盒位置	接线盒引线安装牢固	接线盒盖有密封圈	接线盒盖安装牢固	接线盒装有防雨罩	格兰头封堵良好无脱落	检查人员	存在的问题
1	极Ⅰ高端阀厅 800kV 穿墙套管	SF₆ 密度继电器 1							
		SF₆ 密度继电器 2							
...	......								

9.4.5 检查评价表格

对工作中检查出的问题进行汇总记录，并进行验收评价，留档保存。直流穿墙套管外观检查评价表见表 9-4-6。

表 9-4-6   直流穿墙套管外观检查评价表

检查人	×××		检查日期	××××年××月××日
存在问题汇总				

9.5 直流穿墙套管试验验收标准作业卡

9.5.1 验收范围说明

本验收作业卡适用于换流站验收工作，验收范围包括：双极阀厅直流穿墙套管。

9.5.2 验收准备工作

各阶段验收工作开展前，运检人员应当提前明确验收的时间、人员、车辆机具、仪器工具、图纸资料等，并至少在验收开展的前一天完成准备工作的确认。

直流穿墙套管试验验收准备工作表见表 9-5-1，直流穿墙套管试验验收检查车辆、工具清单见表 9-5-2。

表 9-5-1 直流穿墙套管试验验收准备工作表

序号	项目	工作内容	实施标准	负责人	备注
1	时间安排	验收工作开展前，应当组织电科院、业主、厂家、施工、监理、运检人员现场联合勘查，在各方均认为现场满足验收条件后方可开展	（1）直流穿墙套管已注入 SF$_6$ 气体。 （2）引线断开的距离应符合安规内容的有关规定，试验接线正确。现场温度和湿度符合试验要求（温度不低于＋5℃，湿度不大于80%）		
2	人员安排	（1）试验前进行站班交底，明确工作内容及试验范围。 （2）验收组建议至少安排运检人员1人，直流穿墙套管厂家人员1人，监理1人，电科院2人，施工1人	验收前成立临时专项验收组，组织运检、施工、厂家、监理人员共同开展验收工作		
3	车辆工具安排	验收工作开展前，准备好验收所需车辆机具、仪器仪表、工器具、安全防护用品、验收记录材料、相关图纸及相关技术资料	（1）车辆机具、仪器仪表、工器具、安全防护用品应试验合格，满足本次施工的要求。 （2）验收记录材料、相关图纸及相关技术资料齐全并符合现场实际情况		
4	验收交底	根据本次作业内容和性质确定好检修人员，并组织学习本作业卡	要求所有工作人员明确本次工作的作业内容、进度要求、作业标准及安全注意事项		

表 9-5-2 直流穿墙套管试验验收检查车辆、工具清单

序号	名称	型号	数量	备注
1	自动电桥测试仪	AI-6000	1台	
2	电动绝缘电阻表	—	1台	试验电压在 500～5000V 范围可选
3	电源盘	—	1个	带漏电保护
4	接地线	—	30m	大于 6mm^2
5	成套工具	—	1套	
6	双刃刀闸	—	1个	
7	高压绝缘垫	—	1个	定期试验合格
8	温、湿度计	—	1块	

序号	名称	型号	数量	备注
9	SF$_6$压力继电器检测仪	—	1台	
10	检漏仪	定量检测，0.01～2500μL/L	1台	

9.5.3 验收检查记录表

直流穿墙套管试验验收检查记录表见表9-5-3。

表 9-5-3 直流穿墙套管试验验收检查记录表

序号	验收项目	验收标准	验收结论（√或×）	备注
1	绝缘电阻	应测量主绝缘及末屏对法兰的绝缘电阻		
2		套管主绝缘的绝缘电阻不应低于10000MΩ，末屏对法兰的绝缘电阻不应低于1000MΩ，且与出厂试验值无明显差别		《±800kV 高压直流设备交接试验》（DL/T 274—2012）
3	主绝缘介质损耗及电容量测量	介质损耗因数（tanδ）不应大于0.5%，电容量测量值与产品铭牌值或出厂试验值偏差应小于5%		《±800kV 高压直流设备交接试验》（DL/T 274—2012）
4	直流耐压试验及局部放电量测量（如有）	（1）试验电压为出厂试验电压的80%，持续时间60min。 （2）800kV套管进行局部放电量测量，在最后15min内超过1000pC的放电脉冲次数不应超过5个		《±800kV 高压直流设备交接试验》（DL/T 274—2012）
5	试验端子工频耐压试验	试验端子应能耐受工频电压2kV，1min		《±800kV 高压直流设备交接试验》（DL/T 274—2012）
6	充SF$_6$套管气体试验	（1）检查充气套管SF$_6$气体分解物，二氧化硫小于1μL/L，硫化氢小于1μL/L。 （2）检查充气套管SF$_6$气体压力，应达到额定压力且检漏无漏气。 （3）检查充气套管SF$_6$气体湿度20℃（充气48h后），不应超过150μL/L。 （4）检查充气套管SF$_6$纯度，不应小于99.9%。 （5）校验密度继电器闭锁压力和报警压力是否满足按制造厂规定		《±800kV 高压直流设备交接试验》（DL/T 274—2012）、《电力设备预防性试验规程》（DL/T 596—2021）
7	试验数据的分析	横、纵向对比双极直流穿墙套管试验数据无明显差异		

9.5.4 试验验收检查记录表格

在工作中对于重要的内容进行专项检查记录并留档保存。直流穿墙套管试验验收检查记录表见表 9-5-4。

表 9-5-4 直流穿墙套管试验验收检查记录表

设备名称	试验项目					验收人
	绝缘电阻测量	介质损耗因数及电容量测量	直流耐压试验及局部放电量测量	试验端子工频耐压试验	充 SF_6 套管气体试验	
极Ⅰ高端阀厅 800kV 穿墙套管						
极Ⅰ高端阀厅 400kV 穿墙套管						
......						

9.5.5 检查评价表格

对工作中检查出的问题进行汇总记录，并进行验收评价，留档保存。直流穿墙套管试验检查评价表见表 9-5-5。

表 9-5-5 直流穿墙套管试验检查评价表

检查人	×××	检查日期	××××年××月××日
存在问题汇总			

9.6 直流穿墙套管二次回路验收标准作业卡

9.6.1 验收范围说明

本验收作业卡适用于换流站验收工作，验收范围包括：双极阀厅直流穿墙套管二次回路。

9.6.2　验收准备工作

各阶段验收工作开展前，运检人员应当提前明确验收的时间、人员、车辆机具、仪器工具、图纸资料等，并至少在验收开展的前一天完成准备工作的确认。

直流穿墙套管二次回路验收准备工作表见表 9-6-1，直流穿墙套管二次回路验收工器具清单见表 9-6-2。

表 9-6-1　　　　　　　　　　　　　　　　　直流穿墙套管二次回路验收准备工作表

序号	项目	工作内容	实施标准	负责人	备注
1	时间安排	验收工作开展前，应当组织业主、厂家、施工、监理、运检人员现场联合勘查，在各方均认为现场满足验收条件后方可开展	直流穿墙套管安装工作已完成		
2	人员安排	（1）如人员、车辆充足可组织多个验收组同时开展工作。 （2）每个验收组建议至少安排验收人员 1 人，厂家人员 1 人，施工单位 1 人，监理 1 人，平台车专职驾驶员 1 人（厂家或施工单位人员）	验收前成立临时专项验收组，组织验收、施工、厂家、监理人员共同开展验收工作		
3	车辆工具安排	验收工作开展前，准备好验收所需车辆机具、仪器仪表、工器具、安全防护用品、验收记录材料、相关图纸及相关技术资料	（1）车辆机具、仪器仪表、工器具、安全防护用品应试验合格，满足本次施工的要求。 （2）验收记录材料、相关图纸及相关技术资料齐全并符合现场实际情况		
4	验收交底	根据本次作业内容和性质确定好检修人员，并组织学习本作业卡	要求所有工作人员明确本次工作的作业内容、进度要求、作业标准及安全注意事项		

表 9-6-2　　　　　　　　　　　　　　　　　直流穿墙套管二次回路验收工器具清单

序号	名称	型号	数量	备注
1	高空作业车	—	1 辆	
2	成套工具	—	1 套	
3	安全带	—	每人 1 套	
4	车辆接地线	—	1 根	

9.6.3 验收检查记录

直流穿墙套管二次验收检查记录表见表9-6-3。

表 9-6-3 　　　　　　　　　　　　　　　　直流穿墙套管二次验收检查记录表

序号	验收项目	验收方法及标准	验收结论（√或×）	备注
1	直流穿墙套管非电量保护二次回路检查	检查 SF_6 气体压力跳闸触点不应少于三对，并按"三取二"逻辑出口，跳闸触点直接接入控制保护系统或非电量保护屏，判断逻辑装置及其电源应冗余配置		（1）《±800kV 直流输电工程换流站电气二次设备交接验收试验规程》（Q/GDW 264—2009）。（2）《换流站直流主设备非电量保护技术规范编制说明》（Q/GDW 629—2011）。（3）《国家电网有限公司防止直流换流站事故措施及释义》（国家电网设备〔2021〕227 号）
2		检查 SF_6 气体压力跳闸触点和模拟量采样不应经中间元件转接，应直接接入控制保护系统或非电量保护屏，跳闸回路不采用动断触点		
3		对非电量继电器的每一副节点进行信号检查，并开展非电量保护传动试验		
4		检查接线有无松动、损伤现象		
5		检查二次回路绝缘正常，1000V 绝缘电阻表测量不小于 $10M\Omega$		
6	直流穿墙套管非电量保护接线盒检查	检查 SF_6 气体密度继电器接线盒跳闸触点腐蚀和紧固情况		
7		检查 SF_6 气体密度继电器应有防雨罩		

9.6.4 专项检查表格

在工作中对于重要的内容进行专项检查记录并留档保存。直流穿墙套管二次回路绝缘检查验收检查记录表见表9-6-4，直流穿墙套管气体继电器检查验收检查记录表见表9-6-5。

表 9-6-4 直流穿墙套管二次回路绝缘检查验收检查记录表

信号	系统	信号	路径接点		路径接点		回路对地绝缘（MΩ）	节点间绝缘（MΩ）	信号
			对应屏柜	对应端子	端子箱	对应端子			
1	极Ⅰ高端阀厅800kV穿墙套管SF₆压力低跳闸	A公共端	NEP11A	X302：2L	P1. U1. X1. JB 极Ⅰ高端阀厅极线侧穿墙套管接线盒	X1：5			
		跳闸A	NEP11A	X302：20L		X1：6			
		B公共端	NEP11B	X302：2L		X2：5			
		跳闸B	NEP11B	X302：20L		X2：6			
		C公共端	NEP11C	X302：2L		X3：5			
		跳闸C	NEP11C	X302：20L		X3：6			
2	极Ⅰ高端阀厅800kV穿墙套管SF₆压力低告警	A公共端	CSI111A	X211：2L	P1. U1. X1. JB 极Ⅰ高端阀厅极线侧穿墙套管接线盒	X1：1/3			
		A告警1	CSI111A	X211：5L		X1：2			
		A告警2	CSI111A	X211：6L		X1：4			
		B公共端	CSI111B	X211：2L		X2：1/3			
…	……								

表 9-6-5 直流穿墙套管气体继电器检查验收检查记录表

序号	本体非电量元件名称	试验方法	检查地点	验收结论（√或×）	备注
1	极Ⅰ高端阀厅800kV穿墙套管SF₆压力表	关闭三通阀，对表计管路进行放气，发出相应告警、跳闸信号	套管本体及监控后台		
…	……				

9.6.5 检查评价表格

对工作中检查出的问题进行汇总记录，并进行验收评价，留档保存。直流穿墙套管外观检查评价表见表 9-6-6。

表 9-6-6 直流穿墙套管外观检查评价表

检查人	×××	检查日期	××××年××月××日
存在问题汇总			

9.7 直流穿墙套管主通流回路检查验收标准作业卡

9.7.1 验收范围说明

本验收作业卡适用于换流站验收工作，验收范围包括：双极直流场直流穿墙套管主通流回路。

9.7.2 验收准备工作

各阶段验收工作开展前，运检人员应当提前明确验收的时间、人员、车辆机具、仪器工具、图纸资料等，并至少在验收开展的前一天完成准备工作的确认。

直流穿墙套管主通流回路检查验收准备工作表见表9-7-1，直流穿墙套管主通流回路检查验收工器具清单见表9-7-2。

表 9-7-1   **直流穿墙套管主通流回路检查验收准备工作表**

序号	项目	工作内容	实施标准	负责人	备注
1	时间安排	验收工作开展前，应当组织业主、厂家、施工、监理、运检人员现场联合勘查，在各方均认为现场满足验收条件后方可开展	直流穿墙套管安装工作已完成，试验已完成		
2	人员安排	（1）如人员、车辆充足可组织多个验收组同时开展工作。 （2）每个验收组建议至少安排运检人员1人，厂家人员1人，施工单位2人，监理1人，平台车专职驾驶员1人（厂家或施工单位人员）。 （3）验收组所有人员均在直流穿墙套管上开展工作。 （4）力矩检查工作建议由施工人员和厂家配合进行，运检、监理监督见证并记录数据。 （5）接触电阻测量工作建议由施工人员和厂家配合进行，运检、监理监督见证并记录数据	验收前成立临时专项验收组，组织运检、施工、厂家、监理人员共同开展验收工作		

序号	项目	工作内容	实施标准	负责人	备注
3	车辆工具安排	验收工作开展前，准备好验收所需车辆机具、仪器仪表、工器具、安全防护用品、验收记录材料、相关图纸及相关技术资料	（1）车辆机具、仪器仪表、工器具、安全防护用品应试验合格，满足本次施工的要求。 （2）验收记录材料、相关图纸及相关技术资料齐全并符合现场实际情况		
4	验收交底	根据本次作业内容和性质确定好检修人员，并组织学习本作业卡	要求所有工作人员明确本次工作的作业内容、进度要求、作业标准及安全注意事项		

表 9-7-2　　　　　　　　　　　　　　直流穿墙套管主通流回路检查验收工器具清单

序号	名称	型号	数量	备注
1	高空作业车	—	1辆	
2	安全带	—	每人1套	
3	车辆接地线	—	1根	
4	力矩扳手	满足力矩检查要求	1套	
5	棘轮扳手	—	1套	
6	签字笔	红色、黑色	1套	
7	无水乙醇	—	1瓶	
8	百洁布	—	1套	
9	便携式接触电阻仪	—	1台	

9.7.3　验收检查记录

直流穿墙套管主通流回路验收检查记录表见表 9-7-3。

表 9-7-3 直流穿墙套管主通流回路验收检查记录表

序号	工作步骤	验收方法及标准	验收结论（√或×）	备注
1	主通流回路结构和安装情况检查	核对接头材质、有效接触面积、载流密度、螺栓标号、力矩要求等与设计文件一致，通流回路连接螺栓具有防松动措施（防松动措施包括使用弹片、叠帽、平弹一体垫片、防松螺栓等方式）		
2		检查安装阶段螺丝紧固后应进行的档案和记录		
3	通流回路外观检查	检查通流回路外观良好，连接可靠接触良好，无变形、无变色、无锈蚀、无破损		
4		检查力矩双线标识清晰且划在螺母侧，力矩线需连续、清晰、与螺母垂直，且母排、垫片、螺母、螺栓均需划到		
5		检查软连接完好，无散股、断股现象		
6		若螺栓采用平弹一体结构，应当检查平弹一体垫片是否装反		
7	主通流回路搭接面螺栓力矩复查	力矩检查工作由施工人员执行、厂家人员监督、运检和监理见证记录，四方共同开展		
8		确认接头接触电阻测量和力矩检查结果满足技术要求（参照表 9-7-4），使用 80% 力矩检查螺栓紧固到位后画线标记，并建立档案，做好记录。运维单位应按不小于 1/3 的数量进行力矩和接触电阻抽查		
9		力矩扳手每次调整后均应由验收人员、厂家人员、施工人员共同检查设置的力矩值是否正确		
10		对于检查工作中发现松动或力矩线偏移的螺栓，使用 100% 力矩进行复紧，使用酒精擦除原力矩线后重新画线，并再次使用 80% 力矩检查		
11		对于发生滑丝、跟转等问题的螺栓进行更换		
12	主通流回路搭接面接触电阻测试	正确使用直流电阻测试仪，并设置试验电流不小于 100A		
13		将夹子夹在待测搭接面两端，启动仪器后读取测量数据并记录		
14		直流穿墙套管设备搭接面接触电阻不大于 $15\,\mu\Omega$，同位置横向对比不超过 $5\,\mu\Omega$		
15		对于发现有接触电阻超标的搭接面，应当按照"十步法"进行处理并记录		

9.7.4 "十步法"处理记录

"十步法"处理记录见表 9-7-4。

表 9-7-4　　　　　　　　　　　　　　　　　　　　　"十步法"处理记录

序号	接头位置及名称	检修前接触电阻			评价	检修处理工艺控制					检修后接触电阻测量			验收
		检修前接触电阻	接触电阻测量人	是否小于15μΩ	是否需要处理	工艺要求	螺栓规格	力矩标准	力矩是否紧固	作业人	检修后接触电阻	测量人	接触电阻是否合格	
1	极Ⅰ高端阀厅800kV穿墙套管P1-U1-X1阀厅侧接头													
...	......													

9.7.5　检查评价表格

对工作中检查出的问题进行汇总记录，并进行验收评价，留档保存。直流穿墙套管主通流回路验收检查评价表见表 9-7-5。

表 9-7-5　　　　　　　　　　　　　直流穿墙套管主通流回路验收检查评价表

检查人	×××	检查日期	××××年××月××日
存在问题汇总	......		

9.8　直流穿墙套管投运前检查标准作业卡

9.8.1　验收范围说明

本验收作业卡适用于换流站验收工作，验收范围包括：双极直流场直流穿墙套管投运前检查。

9.8.2　验收准备工作

各阶段验收工作开展前，运检人员应当提前明确验收的时间、人员、车辆机具、仪器工具、图纸资料等，并至少在验收开展的前一天完成准备工作的确认。

直流穿墙套管投运前检查准备工作表见表 9-8-1，直流穿墙套管投运前检查车辆、工具清单见表 9-8-2。

表 9-8-1 　　　　　　　　　　　　　　　　**直流穿墙套管投运前检查准备工作表**

序号	项目	工作内容	实施标准	负责人	备注
1	时间安排	验收工作开展前，应当组织业主、厂家、施工、监理、运检人员现场联合勘查，在各方均认为现场满足验收条件后方可开展	直流穿墙套管安装结束，试验通过		
2	人员安排	（1）需提前沟通好直流场验收作业面，由两个作业面配合共同开展。 （2）验收组建议至少安排运检人员 1 人，直流穿墙套管厂家人员 1 人，监理 1 人，平台车专职驾驶员 1 人（厂家或施工单位人员）	验收前成立临时专项验收组，组织运检、施工、厂家、监理人员共同开展验收工作		
3	车辆工具安排	验收工作开展前，准备好验收所需车辆机具、仪器仪表、工器具、安全防护用品、验收记录材料、相关图纸及相关技术资料	（1）车辆机具、仪器仪表、工器具、安全防护用品应试验合格，满足本次施工的要求。 （2）验收记录材料、相关图纸及相关技术资料齐全并符合现场实际情况		
4	验收交底	根据本次作业内容和性质确定好检修人员，并组织学习本作业卡	要求所有工作人员明确本次工作的作业内容、进度要求、作业标准及安全注意事项		

表 9-8-2 　　　　　　　　　　　　　　　　**直流穿墙套管投运前检查车辆、工具清单**

序号	名称	型号	数量	备注
1	望远镜/照相机	—	1个	—

9.8.3　验收检查记录表

直流穿墙套管投运前验收检查记录表见表 9-8-3。

表 9-8-3 **直流穿墙套管投运前验收检查记录表**

序号	检查内容	验收方法及标准	验收结论（√或×）	备注
1	外观	检查各处螺栓连接紧固，无松动现象		
2		检查各部件无破损、松动、脱落，无异常现象		
3		检查密度继电器指针指示正常，并比较密度继电器指针较上次有无明显下降		
4		检查套管末屏接地良好		
5		运行编号标识齐全、清晰可识别		
6	外绝缘	检查复合绝缘子伞裙无龟裂、起泡和脱落		
7		检查套管本体及接线盒无遗留物件		
8	在线监测及监控后台	检查一体化在线监测系统后台套管 SF_6 气体压力、微水值在正常范围内，且无异常变化趋势		
9		检查监控后台无异常告警信号		

9.8.4 检查评价表格

对工作中检查出的问题进行汇总记录，并进行验收评价，留档保存。直流穿墙套管投运前验收检查评价表见表 9-8-4。

表 9-8-4 **直流穿墙套管投运前验收检查评价表**

检查人	×× ×	检查日期	××××年××月××日
存在问题汇总			

第十章　站用变压器及开关柜

10.1　应用范围

本作业指导书适用于换流站站用变压器及开关柜设备交接试验和竣工验收工作，部分验收项目需根据实际情况提前安排，通过随工验收、资料检查等方式开展，旨在指导并规范现场验收工作。

10.2　规范依据

本作业指导书的编制依据并不限于以下文件：

《国家电网有限公司十八项电网重大反事故措施（修订版）》

《国家电网有限公司防止换流站事故措施及释义（修订版）》

《电气装置安装工程　高压电器施工及验收规范》（GB 50147—2010）

《±800kV 直流换流站设计规范》（GB/T 50789—2012）

《直流换流站高压直流电气设备交接试验规程》（Q/GDW 111—2004）

《±800kV 高压直流设备交接试验》（DL/T 274—2012）

《±800kV 直流系统电气设备交接试验》（Q/GDW 1275—2015）

《高压直流设备验收试验》（DL/T 377—2010）

《变电站通信网络和系统》[DL/T 860（所有部分）]

《DL/T 860 实施技术规范》（DL/T 1146）

《±800kV 特高压直流设备预防性试验规程》（Q/GDW 299—2009）

《国家电网公司全过程技术监督精益化管理实施细则》

《国家电网公司变电验收通用管理规定》

《国家电网有限公司换流站运行重点问题分析及处理措施报告》

《高压设备智能化技术导则》（Q/GDWZ 410）

10.3 验收方法

10.3.1 验收流程

站用电系统设备专项验收工作应参照表 10-3-1 验收项目内容顺序开展，并在验收工作中把握关键时间节点。

表 10-3-1 站用电系统设备专项验收标准流程表

序号	验收项目	主要工作内容	参考工时	开展验收需满足的条件
1	油浸式站用变压器外观验收	（1）站用变压器整体外观检查验收。 （2）均压环、引出线、连接螺栓外观验收	0.5h/站用变压器	站用变压器安装完成
2	油浸式站用变压器组部件验收	（1）套管检查验收。 （2）有载分接开关检查验收。 （3）无载分接开关检查验收。 （4）储油柜检查验收。 （5）吸湿器检查验收。 （6）压力释放装置检查验收。 （7）气体继电器检查验收。 （8）温度计检查验收。 （9）油位计检查验收。 （10）冷却器检查验收。 （11）阀门检查验收。 （12）冷却器总控箱检查验收	2h/站用变压器	站用变压器安装完成
3	站用变压器在线监测装置验收	（1）油中气体组分在线监测装置检查验收。 （2）智能组件柜（汇控柜）检查验收。 （3）铁芯接地电流监测装置检查验收	2h/站用变压器	站用变压器安装完成
4	干式站用变压器组部件验收	（1）有载分接开关检查验收。 （2）无载分接开关检查验收。 （3）测温装置。 （4）冷却装置。 （5）出线端子。 （6）接地装置。 （7）外壳。 （8）母线及引线安装	2h/站用变压器	站用变压器安装完成

序号	验收项目	主要工作内容	参考工时	开展验收需满足的条件
5	开关柜组部件验收	(1) 开关柜各部面板。 (2) 开关柜本体。 (3) 仪器仪表室。 (4) 断路器室。 (5) 电缆室。 (6) 电流互感器。 (7) 电压互感器。 (8) 避雷器。 (9) 绝缘护套。 (10) 等电位连线。 (11) 绝缘隔板。 (12) 套管	2h/开关柜	开关柜安装完成
6	站用变压器试验验收	(1) 绝缘油试验。 (2) 绕组绝缘电阻测量。 (3) 绕组变形试验。 (4) 铁芯及夹件绝缘电阻测量。 (5) 介质损耗因数、电容量测量。 (6) 有载调压开关试验。 (7) 电压比测量。 (8) 短路阻抗测量。 (9) 直流电阻测量。 (10) 交流耐压试验。 (11) 试验数据的分析	4h/站用变压器	站用变压器安装完成
7	开关柜试验验收	(1) 断路器绝缘电阻试验。 (2) 断路器每相导电回路电阻试验。 (3) 断路器交流耐压试验。 (4) 断路器机械特性试验。 (5) 断路器分、合闸线圈及合闸接触器线圈的绝缘电阻和直流电阻。	4h/开关柜	开关柜安装完成

序号	验收项目	主要工作内容	参考工时	开展验收需满足的条件
7	开关柜试验验收	(6) 断路器操动机构的试验。 (7) 开关柜整体交流耐压试验。 (8) 开关柜主回路电阻试验。 (9) SF₆ 气体试验。 (10) 密封性试验。 (11) 试验数据的分析	4h/开关柜	开关柜安装完成
8	主通流回路检查验收	(1) 主通流回路结构和安装情况检查。 (2) 通流回路外观检查。 (3) 主通流回路搭接面螺栓力矩复查。 (4) 主通流回路搭接面接触电阻测试	2h/站用变压器	(1) 站用电系统安装完成。 (2) 站用电系统试验完成
9	站用电系统投运前检查	(1) 外观检查。 (2) 非电量保护继电器检查。 (3) 在线监测及监控后台检查。 (4) 开关柜检查	1h/站用变压器或开关柜	(1) 所有验收完成后。 (2) 站用变压器、开关柜带电前

10.3.2 验收问题记录清单

对于验收过程中发现的隐患和缺陷，应当按照表 10-3-2 格式进行记录，并由专人负责跟踪闭环进度。

表 10-3-2   站用电系统设备验收问题记录清单

序号	设备名称	问题描述	发现人	发现时间	整改情况
1	×××站用变压器	……	×××	××××年××月××日	……
2	×××开关柜	……			
…	……				

10.4 油浸式站用变压器外观验收标准作业卡

10.4.1 验收范围说明

本验收作业卡适用于换流站验收工作，验收范围包括：油浸式站用变压器外观验收。

10.4.2 验收准备工作

各阶段验收工作开展前，运检人员应当提前明确验收的时间、人员、车辆机具、仪器工具、图纸资料等，并至少在验收开展的前一天完成准备工作的确认。

油浸式站用变压器外观验收准备工作表见表10-4-1，油浸式站用变压器外观验收工器具清单见表10-4-2。

表 10-4-1   油浸式站用变压器外观验收准备工作表

序号	项目	工作内容	实施标准	负责人	备注
1	时间安排	验收工作开展前，应当组织业主、厂家、施工、监理、运检人员现场联合勘查，在各方均认为现场满足验收条件后方可开展	站用变压器安装工作已完成		
2	人员安排	（1）如人员、车辆充足可组织多个验收组同时开展工作。（2）每个验收组建议至少安排验收人员1人，厂家人员1人，施工单位1人，监理1人，平台车专职驾驶员1人（厂家或施工单位人员）	验收前成立临时专项验收组，组织验收、施工、厂家、监理人员共同开展验收工作		
3	车辆工具安排	验收工作开展前，准备好验收所需车辆机具、仪器仪表、工器具、安全防护用品、验收记录材料、相关图纸及相关技术资料	（1）车辆机具、仪器仪表、工器具、安全防护用品应试验合格，满足本次施工的要求。（2）验收记录材料、相关图纸及相关技术资料齐全并符合现场实际情况		
4	验收交底	根据本次作业内容和性质确定好检修人员，并组织学习本作业卡	要求所有工作人员明确本次工作的作业内容、进度要求、作业标准及安全注意事项		

表 10-4-2 油浸式站用变压器外观验收工器具清单

序号	名称	型号	数量	备注
1	望远镜/照相机	—	1个	
2	安全带	—	每人1套	
3	车辆（含接地线）	—	1辆	

10.4.3 验收检查记录

油浸式站用变压器外观验收检查记录表见表 10-4-3。

表 10-4-3 油浸式站用变压器外观验收检查记录表

序号	验收项目	验收方法及标准	验收结论（√或×）	备注
1	站用变压器整体外观检查验收	检查表面干净无脱漆锈蚀，无变形，密封良好，无渗漏，标识正确、完整，清晰可识别		
2		检查设备出厂铭牌齐全、参数正确		
3		检查相序标识清晰正确		
4		检查设备双重名称标识牌齐全、正确		
5		检查接地系统接地无锈蚀，各附件与本体接地线连接良好。油漆色标正确清晰。接地端子不应构成闭合环路，与主地网连接牢固且导通良好，截面符合热稳定要求。接地引下线采用黄绿相间的色漆或色带标示		
6		检查站用变压器铁芯、夹件和金属结构零件均应通过油箱可靠接地		
7		检查接地点应有两点以上与不同主地网格连接牢固且导通良好，截面符合动热稳定要求		
8	均压环、引出线、连接螺栓外观验收	检查设备接线端子板螺栓、螺母和垫圈应满足防锈、防腐、防磁要求，平垫弹垫配置齐全满足防振要求，螺栓采用双螺母或单螺母加弹垫固定等防松措施，螺栓力矩标识线清晰、可见		

序号	验收项目	验收方法及标准	验收结论（√或×）	备注
9		检查引线松紧适当，无散股、扭曲、断股现象，引线弧度合适，绝缘间距满足设计文件要求		
10		检查接线板不应采用铜铝对接过渡线夹，载流密度满足技术规范要求		
11	均压环、引出线、连接螺栓外观验收	检查均压环表面无变形，无毛刺，连接可靠，无松动，排列齐整，渗水孔通畅，位于均压环最下端。套管均压环安装前，检查内部等电位线（等势片）安装牢固、连接良好		电位线（等势片）安装情况应结合过程验收
12		室外运行的站用变压器，应在站用变压器高低压侧接线端子处加装绝缘罩，引线部分应采取绝缘措施。站用变压器母排应加装绝缘护套		
13		引线的连接不应使端子受到超过允许的外加应力		
14		检查线夹应有排水孔，防止水结冰膨胀造成线夹爆裂		

10.4.4 专项检查表格

在工作中对于重要的内容进行专项检查记录并留档保存。油浸式站用变压器外观验收检查记录表见表 10-4-4。

表 10-4-4　　　　　　　　　　　　油浸式站用变压器外观验收检查记录表

序号	验收项目	验收项目				验收人
1	渗漏油专项验收	本体油箱	本体阀门	油管路法兰面	焊缝处	
2	波纹管专项验收	水平偏差长度（mm）	左右偏差长度（mm）	轴向偏差角度	直线偏差角度	
3	胶囊密封性检查专项验收	充气压力（kPa）	保压时间（h）	胶囊内无油迹	呼吸器恢复	
4	储油柜油位专项验收	环境温度（℃）	本体油温（℃）	表计油位（%）	测量油位（mm）	

序号	验收项目	验收项目				验收人
5	非电量保护附件专项验收	型号及序列号	轻瓦斯动作情况	重瓦斯动作情况	继电器封帽恢复	
		型号及序列号	后台信号正确	指示杆恢复	导油管已固定	
6	阀门装置专项验收	阀门位置	状态		实际状态	
		油箱底部滤油/放残油阀门 $\phi50$	关闭			
		本体事故放油阀门 $\phi100$	关闭			
		压力释放阀隔离阀门 $\phi150$	开启			
		气体继电器储油柜侧连接阀门 $\phi80$	开启			
		……	……		……	
7	测温装置专项验收	温度装置	探头状态	表头状态	后台显示一致	
		绕组温度				
		本体油温1				
		本体油温2				

10.4.5 检查评价表格

对工作中检查出的问题进行汇总记录，并进行验收评价。油浸式站用变压器外观检查评价表见表 10-4-5。

表 10-4-5 油浸式站用变压器外观检查评价表

检查人	×××	检查日期	××××年××月××日
存在问题汇总			

10.5 油浸式站用变压器组部件检查验收标准作业卡

10.5.1 验收范围说明

本验收作业卡适用于换流站验收工作，验收范围包括：油浸式站用变压器组部件检查。

10.5.2 验收准备工作

各阶段验收工作开展前，运检人员应当提前明确验收的时间、人员、车辆机具、仪器工具、图纸资料等，并至少在验收开展的前一天完成准备工作的确认。

油浸式站用变压器组部件检查验收准备工作表见表 10-5-1，油浸式站用变压器组部件检查验收工器具清单见表 10-5-2。

表 10-5-1 　　　　　　　　　　　　　　　油浸式站用变压器组部件检查验收准备工作表

序号	项目	工作内容	实施标准	负责人	备注
1	时间安排	验收工作开展前，应当组织业主、厂家、施工、监理、运检人员现场联合勘查，在各方均认为现场满足验收条件后方可开展	油浸式站用变压器有载调压开关安装工作已完成		
2	人员安排	（1）如人员、车辆充足可组织多个验收组同时开展工作。 （2）每个验收组建议至少安排验收人员 1 人，厂家人员 1 人，施工单位 1 人，监理 1 人，平台车专职驾驶员 1 人（厂家或施工单位人员）	验收前成立临时专项验收组，组织验收、施工、厂家、监理人员共同开展验收工作		
3	车辆工具安排	验收工作开展前，准备好验收所需车辆机具、仪器仪表、工器具、安全防护用品、验收记录材料、相关图纸及相关技术资料	（1）车辆机具、仪器仪表、工器具、安全防护用品应试验合格，满足本次施工的要求。 （2）验收记录材料、相关图纸及相关技术资料齐全并符合现场实际情况		
4	验收交底	根据本次作业内容和性质确定好检修人员，并组织学习本作业卡	要求所有工作人员明确本次工作的作业内容、进度要求、作业标准及安全注意事项		

表 10-5-2 油浸式站用变压器组部件检查验收工器具清单

序号	名称	型号	数量	备注
1	望远镜/照相机	—	1个	
2	安全带	—	每人1套	
3	车辆（接地线）	—	1辆	

10.5.3 验收检查记录

油浸式站用变压器组部件检查验收检查记录表见表 10-5-3。

表 10-5-3 油浸式站用变压器组部件检查验收检查记录表

序号	验收项目	验收方法及标准	验收结论（√或×）	备注
1	套管检查验收	检查套管表面无裂纹、清洁、无损伤。充油套管油位指示正常		
2		检查末屏及接线连接良好，接线盒内无潮气水迹（试验后、投运前均应检查）		
3	有载分接开关检查验收	检查操动机构挡位指示、分接开关本体分接位置指示、监控系统上分接开关分接位置指示应一致，检查分接开关相关信号上传完整		
4		联锁、限位、连接校验正确，操作可靠		
5		远方、就地及手动、电动均进行操作检查		
6		检查外部密封无渗油，进出油管标志明显，油位指示正常，并略低于站用变压器本体储油柜油位		
7		检查切换装置的工作顺序应符合制造厂家规定，正、反两个方向操作至分接开关动作时的圈数误差应符合制造厂家规定		
8		过电流闭锁有载分接开关功能验收正常，其整定值不超过变压器额定电流的 1.2 倍		《电力变压器运行规程》（DL/T 572—2021）
9	无载分接开关检查验收	顶盖、操动机构挡位指示应一致，操作灵活，切换正确，机械操作闭锁可靠		

序号	验收项目	验收方法及标准	验收结论 （√或×）	备注
10	储油柜检查验收	检查外观完好，部件齐全，各联管清洁、无渗漏、污垢和锈蚀		
11		检查油柜上加油孔螺母应紧固		
12		检查油位计内部无油垢，油位清晰可见，储油柜油位应与温度对应。油位表的信号接点位置正确，绝缘良好。油位计应加装不锈钢防雨罩，本体及二次电缆进线固定头外50mm应被遮蔽，45°向下雨水不能直淋		
13		检查油位符合油温油位曲线要求（供应商有标准范围时，按标准执行，无标准时按油位应在标准曲线−10％～10％范围内）		
14		检查油位表的信号接点位置正确、动作准确，绝缘良好		
15		检查无假油位，采用连通器原理，核查真实油位应		
16	吸湿器检查验收	检查密封良好，无裂纹，吸湿剂不应碎裂、粉化，应干燥无变色		
17		检查注入吸湿器油杯的油量要适中，应略高于油面线		
18		在顶盖下应留出1/5～1/6高度的空隙		
19		检查吸湿器管道应畅通无堵塞现象，各部件应无渗漏		
20	压力释放装置检查验收	检查本体压力释放阀导向管管径应与压力释放阀开口直径一致，导向管应引至距地面300～500mm处，导向管喷口加装10mm×10mm网孔，防异物。喷口不应直喷巡视通道、设备、电缆和管沟，威胁人员、设备安全。导向管应引入格栅下方		
21		检查压力释放膜上方标记"严禁踩踏"		
22		检查接线盒防护等级不应小于IP56，应加装不锈钢防雨罩，本体及二次电缆进线固定头外50mm应被遮蔽，45°向下雨水不能直淋		
23		检查电缆引线（含备用）在接入继电器进线孔处封堵应严密		
24		检查电缆管内应防止积水的措施，接线盒的引出电缆应以垂直U形方式接入继电器接线盒，避免高挂低用。电缆护套应具有防进水、防积水保护措施，防止雨水顺电缆倒灌。无法避免时应设滴水弯并在易积水的低处设有φ6～φ8排水孔，并保持畅通（全密封系统除外），呼吸孔、排水孔畅通。接线盒应装有防雨罩，防雨罩边缘处应安装橡胶垫		

序号	验收项目	验收方法及标准	验收结论（√或×）	备注
25	气体继电器检查验收	检查继电器安装方向正确（箭头指向储油柜），无渗漏，芯体绑扎线应拆除，油位观察窗挡板应打开		
26		检查户外布置的继电器应装设防雨罩，且其本体及二次电缆进线 50mm 应被遮蔽，45°向下雨水不能直淋		
27		检查浮球及干簧接点完好、无渗漏，接点动作可靠		
28		检查本体重瓦斯保护接信号投跳闸		
29		检查气体继电器至储油柜连接管向上倾斜 1.5% 以上（水平尺测量）		
30		检查内腔充满绝缘油，无集气，且密封严密。分接开关配置油流继电器的应投跳闸，且不应带浮球		
31		检查浮球及干簧接点完好、无渗漏，接点动作可靠。安装前，干簧点应用 1000V 绝缘电阻表测量绝缘电阻，绝缘电阻不低于 300MΩ		安装前，参考《气体继电器检验规程》（DL/T 540—2013）
32		出线端子对地以及无电气联系的出线端子间，用工频电压 1000V 进行 1min 介质强度试验，或用 2500V 绝缘电阻表进行 1min 介质强度试验，无击穿，无闪络。采用 2500V 绝缘电阻表在耐压试验前后测量电阻不应小于 10MΩ		《气体继电器检验规程》（DL/T 540—2013）
33	温度计检查验收	检查现场就地温度计指示的温度与远方显示的温度应基本保持一致，误差不超过 5℃，温度计刻板指示清晰		
34		密封良好无凝露		
35		检查温度计座应注入适量站用变压器油，密封良好，户外布置的温度计应装设防雨罩，且其本体及二次电缆进线 50mm 应被遮蔽，45°向下雨水不能直淋		
36		检查膨胀式信号温度计的细金属软管不得压扁和急剧扭曲，其弯曲半径不得小于 50mm		
37		检查温度计引出线固定良好，二次电缆应完好，密封应良好，二次电缆保护管不应有积水弯和高挂低用现象，如有应临时做好封堵并开排水孔		

序号	验收项目	验收方法及标准	验收结论（√或×）	备注
38	油位计检查验收	检查储油柜及连管、油位计密封良好，无渗漏油及油位计进水痕迹		
39		检查储油柜油位计回路绝缘电阻不小于 10MΩ		
40		检查储油柜油位计外观及防雨罩安装正常，无锈蚀，无脱落		
41	冷却器检查验收	检查片散式冷却器管束间洁净无积灰、虫草等杂物		
42		检查片散式冷却器表面清洁、无锈蚀，无渗漏油		
43	阀门检查验收	检查阀门应根据实际需要，处在关闭或开启位置，指示开闭位置的标识应清晰正确		
44		检查丝杆位置，防雨罩外部位置指示和限位装置位置指示应全部一致		
45		检查限位装置应完好、紧固良好		
46		检查阀门应配置锁孔，满足阀门就位后挂锁要求		
47		检查每个阀门挂永久标识牌，并永久张贴在端子箱外门		
48		检查牌和图中应标明阀门类型、名称、编号、工作状态下的位置		
49		安装前应确认阀门开启位置标示与实际位置相符（过程验收）		
50		阀门密封圈应选用氟硅橡胶		
51	冷却器总控箱检查验收	检查总控箱内各接线端子、连接导线无发热、烧焦，接线端子无松动		
52		检查总控制箱无积灰、虫草等杂物		
53		检查安全开关工作正常		

10.5.4 专项检查表格

在工作中对于重要的内容进行专项检查记录并留档保存。站用变压器组部件验收检查记录表见表 10-5-4，测温装置校验专项检查见表 10-5-5，二次接线盒专项检查见表 10-5-6。

表 10-5-4   **站用变压器组部件验收检查记录表**

设备名称	验收项目						验收人
	套管检查	有载分接开关	储油柜	吸湿器	压力释放装置	油位计	
500kV 1 号站用变压器 511B							
……							

设备名称	验收项目						验收人
	冷却器	阀门	冷却器总控箱	……			
500kV 1 号站用变压器 511B							
……							

表 10-5-5   **测温装置校验专项检查**

序号	相别	传感器位置	现场表计示数（℃）	现场显示装置（若有）（℃）	在线监测数据（℃）	OWS 系统 A（℃）	OWS 系统 A（℃）	检查人员	检查时间	验收人
1	500kV 1 号站用变压器 511B	油温 1								
		油温 2								
		绕温								
2	……	油温 1								
		油温 2								
		绕温								

表 10-5-6   **二次接线盒专项检查**

序号	相别	接线盒位置	接线盒引线安装牢固	接线盒盖有密封圈	接线盒盖安装牢固	接线盒装有防雨罩	格兰头封堵良好无脱落	验收人
1	500kV 1 号站用变压器 511B	高压套管 A 相 TA 接线盒 1						

序号	相别	接线盒位置	接线盒引线安装牢固	接线盒盖有密封圈	接线盒盖安装牢固	接线盒装有防雨罩	格兰头封堵良好无脱落	验收人
1	500kV 1 号站用变压器 511B	高压套管 A 相 TA 接线盒 2						
		高压套管 B 相 TA 接线盒 1						
		高压套管 B 相 TA 接线盒 2						
		气体继电器						
		压力释放阀						
		......						
2	......	高压套管 A 相 TA 接线盒 1						
		高压套管 A 相 TA 接线盒 2						
		高压套管 B 相 TA 接线盒 1						
		高压套管 B 相 TA 接线盒 2						
		气体继电器						
		压力释放阀						
		......						

10.5.5 检查评价表格

对工作中检查出的问题进行汇总记录,并进行验收评价,留档保存。站用变压器组部件验收检查评价表见表 10-5-7。

表 10-5-7　　　　　　　　　　　　　　　　站用变压器组部件验收检查评价表

检查人	×××	检查日期	××××年××月××日
存在问题汇总			

10.6　站用变压器系统在线监测装置验收标准作业卡

10.6.1　验收范围说明

本验收作业卡适用于换流站验收工作，验收范围包括：站用变压器在线监测装置检查。

10.6.2　验收准备工作

各阶段验收工作开展前，运检人员应当提前明确验收的时间、人员、车辆机具、仪器工具、图纸资料等，并至少在验收开展的前一天完成准备工作的确认。

站用变压器在线监测装置检查验收准备工作表见表 10-6-1，站用变压器在线监测装置验收工器具清单见表 10-6-2。

表 10-6-1　　　　　　　　　　　　　　　　站用变压器在线监测装置检查验收准备工作表

序号	项目	工作内容	实施标准	负责人	备注
1	时间安排	验收工作开展前，应当组织业主、厂家、施工、监理、运检人员现场联合勘查，在各方均认为现场满足验收条件后方可开展	站用变压器本体完成安装后		
2	人员安排	（1）如人员、车辆充足可组织多个验收组同时开展工作。 （2）每个验收组建议至少安排运检人员 1 人，厂家人员 1 人，施工单位 1 人，监理 1 人，平台车专职驾驶员 1 人（厂家或施工单位人员）	验收前成立临时专项验收组，组织运检、施工、厂家、监理人员共同开展验收工作		
3	车辆工具安排	验收工作开展前，准备好验收所需车辆机具、仪器仪表、工器具、安全防护用品、验收记录材料、相关图纸及相关技术资料	（1）车辆机具、仪器仪表、工器具、安全防护用品应试验合格，满足本次施工的要求。 （2）验收记录材料、相关图纸及相关技术资料齐全并符合现场实际情况		

序号	项目	工作内容	实施标准	负责人	备注
4	验收交底	根据本次作业内容和性质确定好检修人员,并组织学习本作业卡	要求所有工作人员明确本次工作的作业内容、进度要求、作业标准及安全注意事项		

表 10-6-2　　　　　　　　　　　　　　站用变压器在线监测装置验收工器具清单

序号	名称	型号	数量	备注
1	万用表	—	1个	
2	全面长袖工作服	—	每人1套	

10.6.3　验收检查记录表

站用变压器在线监测装置验收检查记录表见表 10-6-3。

表 10-6-3　　　　　　　　　　　　　站用变压器在线监测装置验收检查记录表

序号	验收项目	验收方法及标准	验收结论 (√或×)	备注
1	油中气体组分在线监测装置检查验收	检查取油回油阀门应根据设计要求选取,不应在冷却管道的阀门上取油,取油回油阀门与设备本体间连接管道应装设取样阀门		
2		检查阀门、油管、气路等连接处不应有渗漏油、漏气现象		
3		检查油管外宜包有保温层,穿过变压器底层油池的油管应有保护措施。油管应带有油流标识,便于读取与检查		
4		检查监测气体应包括氢气、一氧化碳、甲烷、乙烯、乙炔、乙烷,可扩展监测二氧化碳、微水		
5		检查油中溶解气体监测最小监测周期不大于4h,监测周期可根据需要进行远程调整		
6		重复性试验油中溶解气体监测连续5次测量的最大值与最小值之差不超过平均值的10%		

序号	验收项目	验收方法及标准	验收结论 (√或×)	备注
7	油中气体组分在线监测装置检查验收	检查油中溶解气体监测的监测数据与取油样的气相色谱试验数据之差的绝对值不大于试验数据的30%		
8		检查油中溶解气体监测向主机报送数据，内容包含"设备唯一标识、气体含量、时间"，异常时，应发出音响报警		
9		检查油中溶解气体监测向主机报送诊断结果信息，内容包含"故障模式（放电、过热、受潮）、故障概率、时间"		
10		远方召唤并展示油中溶解气体监测历史监测数据和结果信息。油中溶解气体监测的监测数据与取油样的气相色谱试验数据之差的绝对值不大于试验数据的30%		
11		油色谱在线监测装置应逐台校验，精度应满足《变压器油中溶解气体在线监测装置技术规范》（Q/GDW 10536—2021）要求		《变压器油中溶解气体在线监测装置技术规范》（Q/GDW 10536—2021）
12		油色谱在线监测装置油管路和相关线缆禁止采用扎带固定，防止油管路磨损		
13		油色谱在线监测装置采用明管路敷设不应从鹅卵石下方走线，防止渗漏油无法被发现的情况		
14	智能组件柜（汇控柜）检查验收	检查智能组件柜（汇控柜）以及每个智能电子设备IED应有铭牌		
15		检查柜门内侧应提供各IED的网络拓扑图、相关的电气接线图		
16		检查柜内电源母线和配线按照设计图纸布置，相序色标满足相关要求		
17		检查各IED的支架和柜体等全部紧固件均采用镀锌件或不锈钢件		
18		检查各开启门与柜体之间应至少有4mm²铜线直接连接		
19		检查柜体上应有明显接地点并可靠接地，接地铜排的接地铜缆线截面面积不小于100mm²		
20		检查IED通过接地铜牌可靠接地，接地电阻不大于4Ω		
21		检查柜内的总电源及每台IED采用电源范围为80%～110%的DC 220V/110V		

序号	验收项目	验收方法及标准	验收结论（√或×）	备注
22	智能组件柜（汇控柜）检查验收	检查柜内的总电源及每台 IED 需单独配置空气开关，并满足级差配合要求		
23		检查电缆固定牢靠		
24		检查电源电缆截面面积不应小于 $4mm^2$，进入电缆沟的电缆应采用铠装电缆，非直接进电缆沟的电缆（光缆）应有保护套		
25		检查光缆和尾纤的折弯半径应满足相关要求		
26		检查电缆保护管应有防火泥封堵，并满足设计要求		
27		检查柜内温度应在 5～55℃ 之间，湿度保持在 90% 以下，柜体应对柜内温湿度有控制和调节能力		
28		检查 IED 回路额定电压大于 60V 时，用 500V 绝缘电阻测试仪测量。额定电压不大于 60V 时，用 250V 绝缘电阻测试仪测量，施加电压时间不小于 5s，绝缘电阻值不应低于 $5M\Omega$		
29		检查状态监测应具有故障自检、远程维护功能，状态监测信息应能上送远方主站		
30		检查信息传输满足《高压设备智能化技术导则》（Q/GDWZ 410）的相关要求，通信协议遵循《变电站通信网络和系统》[DL/T 860（所有部分）]、《DL/T 860 实施技术规范》（DL/T 1146）的相关要求		
31	铁芯接地电流监测装置检查验收	检查传感器安装可靠，并保证连续通流能力		
32		检查穿心式 TA 不应有锈蚀、破损、开裂等现象		
33		检查传感器应有设备标识，便于读取与检查		
34		检查穿过变压器底层油池内铺设的传感器引线应有保护措施		
35		检查应实现铁芯接地电流信号的连续采集		
36		检查准确性试：铁芯接地电流监测在线监测数据与带电测试数据测量之差的绝对值不大于带电测试数据的 2.5%		
37		检查铁芯接地电流监测向主机报送数据，内容满足《高压设备智能化技术导则》（Q/GDWZ 410）的相关要求		
38		检查远方可召唤并展示铁芯接地电流监测历史监测数据		
39		铁芯夹件接地电流监测装置可采集全电流和基波电流		

10.6.4 专项检查表格

在工作中对于重要的内容进行专项检查记录并留档保存。在线监测装置检查验收检查记录表见表 10-6-4，在线监测装置离、在线数据比对验收检查记录表见表 10-6-5。

表 10-6-4   在线监测装置检查验收检查记录表

设备名称	验收项目					验收人
	载气压力抄录	标气压力抄录	阀门状态检查	渗、漏油检查	智能组件柜检查（二次接线、元器件）	
500kV 1 号站用变压器 511B						
……						

表 10-6-5   在线监测装置离、在线数据比对验收检查记录表

设备名称	分类	甲烷	乙烯	乙烷	乙炔	总烃	一氧化碳	二氧化碳
500kV 1 号站用 变压器 511B	离线							
	在线							
	绝对误差							
	相对误差（%）							
	《变压器油中溶解气体 在线监测装置技术规范》 （Q/GDW 10536—2021） 要求							
……	离线							
	在线							
	绝对误差							
	相对误差（%）							
	《变压器油中溶解气体 在线监测装置技术规范》 （Q/GDW 10536—2021） 要求							

10.6.5 检查评价表格

对工作中检查出的问题进行汇总记录，并进行验收评价，留档保存。站用变压器在线监测装置验收检查评价表见表10-6-6。

表 10-6-6 站用变压器在线监测装置验收检查评价表

检查人	×××	检查日期	××××年××月××日
存在问题汇总			

10.7 干式站用变压器组部件检查验收标准作业卡

10.7.1 验收范围说明

本验收作业卡适用于换流站验收工作，验收范围包括：站用变压器组部件检查。

10.7.2 验收准备工作

各阶段验收工作开展前，运检人员应当提前明确验收的时间、人员、车辆机具、仪器工具、图纸资料等，并至少在验收开展的前一天完成准备工作的确认。

干式站用变压器组部件检查验收准备工作表见表10-7-1，干式站用变压器组部件检查验收工器具清单见表10-7-2。

表 10-7-1 干式站用变压器组部件检查验收准备工作表

序号	项目	工作内容	实施标准	负责人	备注
1	时间安排	验收工作开展前，应当组织业主、厂家、施工、监理、运检人员现场联合勘查，在各方均认为现场满足验收条件后方可开展	干式站用变压器有载调压开关安装工作已完成		
2	人员安排	（1）如人员、车辆充足可组织多个验收组同时开展工作。 （2）每个验收组建议至少安排验收人员1人，厂家人员1人，施工单位1人，监理1人，平台车专职驾驶员1人（厂家或施工单位人员）	验收前成立临时专项验收组，组织验收、施工、厂家、监理人员共同开展验收工作		

序号	项目	工作内容	实施标准	负责人	备注
3	车辆工具安排	验收工作开展前，准备好验收所需车辆机具、仪器仪表、工器具、安全防护用品、验收记录材料、相关图纸及相关技术资料	（1）车辆机具、仪器仪表、工器具、安全防护用品应试验合格，满足本次施工的要求。（2）验收记录材料、相关图纸及相关技术资料齐全并符合现场实际情况		
4	验收交底	根据本次作业内容和性质确定好检修人员，并组织学习本作业卡	要求所有工作人员明确本次工作的作业内容、进度要求、作业标准及安全注意事项		

表 10-7-2　　　　　　　　　　　　　干式站用变压器组部件检查验收工器具清单

序号	名称	型号	数量	备注
1	照相机	—	1个	
2	安全带	—	每人1套	

10.7.3　验收检查记录

干式站用变压器组部件检查验收检查记录表见表 10-7-3。

表 10-7-3　　　　　　　　　　　　　干式站用变压器组部件检查验收检查记录表

序号	验收项目	验收方法及标准	验收结论（√或×）	备注
1	有载分接开关检查验收	检查操动机构挡位指示、分接开关本体分接位置指示、监控系统上分接开关分接位置指示应一致，检查分接开关相关信号上传完整		
2		联锁、限位、连接校验正确，操作可靠		
3		远方、就地及手动、电动均进行操作检查		
4		检查切换装置的工作顺序应符合制造厂家规定，正、反两个方向操作至分接开关动作时的圈数误差应符合制造厂家规定		
5		过电流闭锁有载分接开关功能验收正常，其整定值不超过变压器额定电流的1.2倍		《电力变压器运行规程》（DL/T 572—2021）

序号	验收项目	验收方法及标准	验收结论 (√或×)	备注
6	无载分接开关检查验收	顶盖、操动机构挡位指示应一致,操作灵活,切换正确,机械操作闭锁可靠		
7	测温装置	现场就地温度计指示的温度与远方显示的温度应基本保持一致,误差不超过5℃,温度计刻板指示清晰		
8	冷却装置	风扇(如有)应安装牢固,运转平稳,转向正确,叶片无变形		
9		冷却装置手动、温度控制自动投入动作校验正确、信号正确		
10		风机外壳与带电部分保持足够的安全距离		
11	出线端子	高低压出线端子排应绝缘化处理,并有悬挂接地线的措施		
12	接地装置	站用变压器铁芯和金属结构零件均应可靠接地,接地装置应有防锈镀层,并附有明显的接地标志		
13		站用变压器底座与基础应有加固措施		
14		接地点有两点以上与不同的网格连接,牢固,导通良好,截面符合动热稳定要求		
15		低压侧中性点接地可靠,有明显的接地标志,中性点接地线线径符合设计要求		
16	外壳	对带防护外壳的站用变压器门要求加装机械锁或电磁锁		
17		站用变压器壳体选用易于安装、维护的铝合金材料(或者其他优质非导磁材料),下有通风百叶或网孔,上有出风孔,外壳防护等级大于IP20		
18		对带防护外壳的站用变压器柜体高低压两侧均可采用上部和下部进线方式,并在外壳进线部位预留进线口。对下部进线应配有电缆支架,用于固定进线电缆		
19	母线及引线安装	母线及引线应进行绝缘化处理		
20		引线的连接不应使端子受到超过允许的外加应力		
21		引线、连接导体间和对地的距离符合国家现行有关标准的规定或订货要求		
22		站用变压器低压中性线与设备本体距离要求:10kV≥125mm,35kV≥300mm		

10.7.4 专项检查表格

在工作中对于重要的内容进行专项检查记录并留档保存。站用变压器组部件验收检查记录表见表10-7-4。

表 10-7-4 站用变压器组部件验收检查记录表

设备名称	验收项目						验收人
	分接开关	测温装置	冷却装置	出线端子、母线等	接地装置	柜门、电磁锁等	
极Ⅰ高端阀组 10/0.4kV 1号站用变压器							
极Ⅰ高端阀组 10/0.4kV 2号站用变压器							
......							

10.7.5 检查评价表格

对工作中检查出的问题进行汇总记录，并进行验收评价，留档保存。干式站用变压器组部件验收检查评价表见表10-7-5。

表 10-7-5 干式站用变压器组部件验收检查评价表

检查人	×××	检查日期	××××年××月××日
存在问题汇总			

10.8 开关柜组部件检查验收标准作业卡

10.8.1 验收范围说明

本验收作业卡适用于换流站验收工作，验收范围包括：开关柜组部件检查。

10.8.2 验收准备工作

各阶段验收工作开展前，运检人员应当提前明确验收的时间、人员、车辆机具、仪器工具、图纸资料等，并至少在验收开展的前

一天完成准备工作的确认。

开关柜组部件检查验收准备工作表见表 10-8-1，开关柜组部件检查验收工器具清单见 10-8-2。

表 10-8-1 开关柜组部件检查验收准备工作表

序号	项目	工作内容	实施标准	负责人	备注
1	时间安排	验收工作开展前，应当组织业主、厂家、施工、监理、运检人员现场联合勘查，在各方均认为现场满足验收条件后方可开展	开关柜安装工作已完成		
2	人员安排	（1）如人员、车辆充足可组织多个验收组同时开展工作。 （2）每个验收组建议至少安排验收人员 1 人，厂家人员 1 人，施工单位 1 人，监理 1 人，平台车专职驾驶员 1 人（厂家或施工单位人员）	验收前成立临时专项验收组，组织验收、施工、厂家、监理人员共同开展验收工作		
3	车辆工具安排	验收工作开展前，准备好验收所需车辆机具、仪器仪表、工器具、安全防护用品、验收记录材料、相关图纸及相关技术资料	（1）车辆机具、仪器仪表、工器具、安全防护用品应试验合格，满足本次施工的要求。 （2）验收记录材料、相关图纸及相关技术资料齐全并符合现场实际情况		
4	验收交底	根据本次作业内容和性质确定好检修人员，并组织学习本作业卡	要求所有工作人员明确本次工作的作业内容、进度要求、作业标准及安全注意事项		

表 10-8-2 开关柜组部件检查验收工器具清单

序号	名称	型号	数量	备注
1	照相机	—	1 个	
2	安全带	—	每人 1 套	

10.8.3 验收检查记录

开关柜组部件检查验收检查记录表见表10-8-3。

表 10-8-3 开关柜组部件检查验收检查记录表

序号	验收项目	验收方法及标准	验收结论（√或×）	备注
1	开关柜各部面板	柜体平整，表面干净无脱漆锈蚀		
2		柜体柜门密封良好，接地可靠，观察窗完好，标志正确、完整		
3		电气指示灯颜色符合设计要求，亮度满足要求		
4		设备出厂铭牌齐全、参数正确		
5		开关柜泄压通道尼龙螺栓齐全，压力释放方向应避开人员和其他设备		
6		在开关柜的配电室内应配置通风、空调、除湿机等除湿防潮设备和温湿度计，空调出风口不得朝向柜体，防止凝露导致绝缘事故		
7		SF$_6$充气柜压力释放装置开启打开方向朝向无人经过区		
8		SF$_6$充气柜密度继电器压力符合技术要求，温度补偿小螺栓是否在打开状态		
9	开关柜本体	开关柜垂直偏差：<1.5mm		
10		开关柜水平偏差：相邻柜顶，<2mm；成列柜顶，<2mm		
11		开关柜面偏差：相邻柜边，<1mm；成列柜面，<1mm；开关柜柜间接缝，<2mm		
12		采用截面面积不小于240mm^{2}铜排可靠接地		
13		开关柜等电位接地线连接牢固		
14		检查穿柜套管外观完好		
15		穿柜套管固定牢固，紧固力矩符合厂家技术标准要求		
16		穿柜套管内等电位线完好、固定牢固		
17		检查穿柜套管表面光滑，端部尖角经过倒角处理		
18		新、扩建开关柜的接地母线，应有两处与接地网可靠连接点		
19		开关柜二次接地排应用透明外套的铜接地线接入地网		

序号	验收项目	验收方法及标准	验收结论 (√或×)	备注
20	开关柜本体	开关柜间对桥及电容器出线桥应用吊架吊起支撑		
21		额定电流 2500A 及以上金属封闭高压开关柜应装设带防护罩、风道布局合理的强排通风装置、进风口应有防尘网。风机启动值应按照厂家要求设置合理		
22		检查开关柜地面基础平整，手车及导轨坡度设计合理，夹角不高于设计规范要求，手车重心不宜偏高、偏前，防止在操作过程中发生倾倒风险		
23	仪器仪表室	二次接线准确、绑扎牢固、连接可靠、标志清晰、绝缘合格，备用线芯采用绝缘包扎		
24		驱潮、加热装置安装完好，工作正常		
25		柜内照明良好		
26		端子排无异物接线正确布局美观，无异物附着，端子排及接线标志清晰		
27		检查空气开关位置正确，接线美观，标志正确清晰。空气开关不得交、直流混用，保护范围应与其上、下级配合		
28		柜内二次线应采用阻燃防护套		
29	断路器室	触头、触指无损伤颜色正常，配合良好，表面均匀涂抹薄层凡士林，行程（辅助）开关到位良好		
30		断路器手车工作位置插入深度符合要求，手车开关静触头逐个检查，确保连接紧固并留有复检标记		
31		柜上观察窗完好，能看到开关机械指示位置及储能指示位置		
32		活门开启关闭顺畅、无卡涩，并涂抹二硫化钼锂基脂，活门机构应选用可独立锁止的结构		
33		断路器外观完好、无灰尘		
34		仓室内无异物、无灰尘，导轨平整、光滑		
35		驱潮、加热装置安装完好，工作正常。加热、驱潮装置应保证长期运行时不对箱内邻近设备、二次线缆造成热损伤，应大于 50mm，其二次电缆应选用阻燃电缆		
36		手车开关航空插头在运行位置具有不可摘下的措施		
37		断路器计数器应采用不可复归型		

序号	验收项目	验收方法及标准	验收结论 (√或×)	备注
38		导体对地及相间距离满足开关柜绝缘净距离要求		
39		相色标记明显清晰，不易脱落		
40		一、二次电缆引出孔洞封堵良好，堵料应与基础黏接牢固		
41		柜内照明应良好、齐全		
42		驱潮、加热装置安装完好，工作正常。加热、驱潮装置应保证长期运行时不对箱内邻近设备、二次线缆造成热损伤，其二次电缆应选用阻燃电缆。加热器与各元件、电缆及电线的距离应大于50mm		
43		电缆接头处应有分相色可拆卸热缩盒		
44	电缆室	电缆接头须可靠固定，金属护层必须可靠接地		
45		电流互感器铭牌使用金属激光刻字，标示清晰，接线螺栓必须紧固，外绝缘良好，二次接线良好无开路		
46		仓室内绝缘化完整、可靠		
47		电缆室防火封堵应完好		
48		接地开关传动轴销完好，开口销已开口，转动部位已润滑，接地开关应有分、合闸方向位置指示，确保只有两个位置，没有中间位置，并在分合闸不到位时操作手柄不能取出，接接地开关操作闭锁应带有强制性闭锁装置，并有紧急解锁功能		
49		零序 TA 或一次消谐设备安装合格		
50		检查电流互感器外观完好，试验合格		
51		电流互感器安装固定牢固可靠，接地牢靠		
52		电流互感器一次接线端子清理、打磨，涂抹导电脂并与柜内引线连接牢固		
53	电流互感器	电流互感器安装完毕后测量导体与柜体、相间绝缘距离满足要求		
54		电流互感器二次接线正确，螺栓紧固可靠		
55		相色标记明显清晰，不得脱落		
56		电流互感器铭牌使用金属激光刻字，标示清晰，接线螺栓必须紧固，外绝缘良好，二次接线良好无开路		

序号	验收项目	验收方法及标准	验收结论（√或×）	备注
57	电流互感器	二次线束绑扎牢固		
58		一次接头连接良好，紧固可靠		
59	电压互感器	相间距离满足绝缘距离要求		
60		相色标记明显清晰，不得脱落		
61		电压互感器铭牌使用金属激光刻字，标示清晰，接线螺栓必须紧固，外绝缘良好，二次接线良好无短路。 电压互感器消谐装置外观完好、接线正确		
62		电压互感器严禁与母线直接相连		
63		一次接头连接良好，紧固可靠		
64	避雷器	无变形、避雷器爬裙完好无损、清洁，放电计数器校验正确，无进水受潮现象		
65		相间距符合安全要求		
66		计数器安装位置便于巡视检查		
67		避雷器严禁与母线直接相连		
68		避雷器一次接头连接良好，紧固可靠		
69		避雷器接地应可靠		
70	绝缘护套	使用绝缘护套加强绝缘必须保证密封良好。高压开关柜内导体采用的绝缘护套材料应为通过型式试验的合格产品		
71		母线及引线热缩护套颜色应与相序标志一致		
72	等电位连线	穿柜套管、穿柜TA、触头盒、传感器支瓶等部件的等电位连线应与母线及部件内壁可靠固定		
73	绝缘隔板	柜内绝缘隔板应采用一次浇注成型产品，材质满足产品技术条件要求，且耐压和局部放电试验合格，带电体与绝缘板之间的最小空气间隙应满足下述要求： （1）对 12kV：不应小于 30mm； （2）对 24kV：不应小于 50mm； （3）对 40.5kV：不应小于 60mm		

序号	验收项目	验收方法及标准	验收结论（√或×）	备注
74	套管	检查主进穿墙套管周围密封良好无缝隙，防止进雨受潮，底板采用非导磁材料或对底板开槽，不能形成磁通路		
75		穿柜套管的固定隔板应使用非导磁材料，柜体铁板应开缝，防止形成闭合磁路		

10.8.4 专项检查表格

在工作中对于重要的内容进行专项检查记录并留档保存。开关柜组部件验收检查记录表见表10-8-4。

表 10-8-4 开关柜组部件验收检查记录表

设备名称	验收项目					验收人
	电流互感器	电压互感器	避雷器	套管	开关柜本体（航空插头及梅花触头）	
10kV 1号母开关柜＝20K11						
10kV 1号母开关柜＝20K13						
……						

设备名称	验收项目					验收人
	各仪器仪表室	面板状态指示	开关柜通风口	联锁功能检查	母线连接情况	
10kV 1号母开关柜＝20K11						
10kV 1号母开关柜＝20K13						
……						

10.8.5 检查评价表格

对工作中检查出的问题进行汇总记录，并进行验收评价，留档保存。开关柜组部件验收检查评价表见表10-8-5。

表 10-8-5　　　　　　　　　　　　　　　　开关柜组部件验收检查评价表

检查人	×××		检查日期	××××年××月××日
存在问题汇总				

10.9　站用变压器试验验收标准作业卡

10.9.1　验收范围说明

本验收作业卡适用于换流站验收工作，验收范围包括：站用变压器试验。

10.9.2　验收准备工作

各阶段验收工作开展前，运检人员应当提前明确验收的时间、人员、车辆机具、仪器工具、图纸资料等，并至少在验收开展的前一天完成准备工作的确认。

站用变压器试验验收准备工作表见表 10-9-1，站用变压器试验验收检查车辆、工具清单见表 10-9-2。

表 10-9-1　　　　　　　　　　　　　　　　站用变压器试验验收准备工作表

序号	项目	工作内容	实施标准	负责人	备注
1	时间安排	验收工作开展前，应当组织电科院、业主、厂家、施工、监理、运检人员现场联合勘查，在各方均认为现场满足验收条件后方可开展	（1）站用变压器安装已完成。 （2）检查确认站用变压器应断的引线已断开		
2	人员安排	（1）试验前进行站班交底，明确工作内容及试验范围。 （2）验收组建议至少安排运检人员 1 人，站用变压器厂家人员 1 人，监理 1 人，电科院 2 人	验收前成立临时专项验收组，组织运检、施工、厂家、监理人员共同开展验收工作		
3	车辆工具安排	验收工作开展前，准备好验收所需车辆机具、仪器仪表、工器具、安全防护用品、验收记录材料、相关图纸及相关技术资料	（1）车辆机具、仪器仪表、工器具、安全防护用品应试验合格，满足本次施工的要求。 （2）验收记录材料、相关图纸及相关技术资料齐全并符合现场实际情况		
4	验收交底	根据本次作业内容和性质确定好检修人员，并组织学习本作业卡	要求所有工作人员明确本次工作的作业内容、进度要求、作业标准及安全注意事项		

表 10-9-2　　　　　　　　　　　　　　　站用变压器试验验收检查车辆、工具清单

序号	名称	型号	数量	备注
1	自动电桥测试仪	AI-6000	1辆	
2	电动绝缘电阻表	—	每人1套	试验电压在500～5000V范围可选
3	直流发生器	ZGS	1台	
4	电源盘	—	1台	带漏电保护
5	接地线	—	1套	大于6mm²
6	直流电阻测试仪	3391 或 2291	1个	
7	成套工具	—	30m	
8	双刃刀闸	—	1台	
9	高压绝缘垫	—	1个	定期试验合格
10	温、湿度计	—	1个	
11	万用表	—	1块	

10.9.3　验收检查记录表

站用变压器试验验收检查记录表见表 10-9-3。

表 10-9-3　　　　　　　　　　　　　　　站用变压器试验验收检查记录表

序号	验收项目	验收标准	验收结论（√或×）	备注
1	绝缘油试验	（1）油中溶解气体分析：新装站用变压器油中 H_2 与烃类气体含量（$\mu L/L$）任一项不宜超过下列数值：总烃，20；H_2，10；C_2H_2，0.1。 （2）绝缘油击穿电压：500kV≥60kV；330kV≥50kV；66～220kV≥40kV；35kV 及以下电压等级≥35kV		《电气装置安装工程电气设备交接试验标准》（GB 50150—2016）

序号	验收项目	验收标准	验收结论（√或×）	备注
2	绕组绝缘电阻测量	（1）折算至标准温度下的绝缘电阻值不低于出厂值的70％（采用2500V绝缘电阻表）。 （2）10kV要求绝缘电阻不小于10000MΩ		
3	绕组变形试验	（1）110（66）kV及以上变压器应分别采用低电压短路阻抗法、频率响应法进行该项试验。35kV及以下变压器采用低电压短路阻抗法进行该项试验。 （2）容量100MVA及以下且电压220kV以下变压器低电压短路阻抗值与出厂值相比偏差不大于±2％，相间偏差不大于±2.5％。容量100MVA以上或电压220kV及以上变压器低电压短路阻抗值与出厂值相比偏差不大于±1.6％，相间偏差不大于±2.0％。绕组频响曲线的各个波峰、波谷点所对应的幅值及频率与出厂试验值基本一致，且三相之间结果相比无明显差别		《电气装置安装工程电气设备交接试验标准》（GB 50150—2016）
4	铁芯及夹件绝缘电阻测量	测量35kV站用变压器铁芯及夹件绝缘电阻（采用2500V绝缘电阻表），持续时间60s。折算至标准温度下，绝缘电阻值不应小于1000MΩ，应无闪络及击穿现象		
5	介质损耗因数、电容量测量	测量35kV站用变压器绕组介质损耗因数（tan δ）和电容量，20℃时 tan δ≤0.015，并不大于产品出厂值的130％		
6	有载调压开关试验	（1）检查切换开关切换触头的全部动作顺序，测量过渡电阻阻值和切换时间。测得的过渡电阻阻值、三相同步偏差、切换时间的数值、正反向切换时间偏差均符合制造厂家技术要求。由于站用变压器结构及接线原因无法测量的，不进行该项试验。 （2）在站用变压器无电压下，手动操作不少于2个循环，电动操作不少于8个循环。其中电动操作时电源电压为额定电压的85％及以上。操作无卡涩，电气和机械限位正常。 （3）绝缘油注入切换开关油箱前，击穿电压要求35kV站用变压器：≥35kV		
7	电压比测量	（1）检查所有分接头的电压比，与制造厂家铭牌数据相比应无明显差别，且应符合电压比的规律。 （2）电压等级在35kV以下，电压比小于3的站用变压器电压比允许偏差不超过±1％。 （3）额定分接下电压比允许偏差不超过±0.5％。 （4）其他分接的电压比应在站用变压器阻抗电压值（％）的1/10以内，但不得超过±1％		

序号	验收项目	验收标准	验收结论 (√或×)	备注
8	短路阻抗测量	容量为1600kVA以上站用变压器进行短路阻抗测量，要求初值差不大于±2%三相之间的最大相对互差不大于2.5%		
9	直流电阻测量	(1) 测量应在各分接头的所有位置上进行。 (2) 容量为1600kVA及以下站用变压器，各相测得值的相互差值应小于平均值的4%，线间测得值的相互差值应小于平均值的2%。容量为1600kVA以上三相站用变压器，各相测得值的相互差值应小于平均值的2%。线间测得值的相互差值应小于平均值的1%。 (3) 站用变压器的直流电阻，与同温下产品出厂实测数值比较，相应变化不应大于2%		
10	交流耐压试验	耐受电压为出厂试验电压值的80%，时间为60s		
11	试验数据的分析	通过显著性差异分析法和横纵比分析法进行分析，确认试验数据无明显差异		

10.9.4 专项检查表格

在工作中对于重要的内容进行专项检查记录并留档保存。站用变压器试验验收检查记录表见表10-9-4。

表 10-9-4   站用变压器试验验收检查记录表

设备名称	试验项目									验收人
	绝缘油试验	绕组绝缘电阻测量	绕组变形试验	介质损耗因数、电容量测量	有载调压开关试验	电压比测量	短路阻抗测量	直流电阻测量	交流耐压试验	
500kV 1号站用 变压器511B										
……										

10.9.5 检查评价表格

对工作中检查出的问题进行汇总记录，并进行验收评价，留档保存。站用变压器试验验收评价见表10-9-5。

表 10-9-5 站用变压器试验检查评价表

检查人	×××	检查日期	××××年××月××日
存在问题汇总			

10.10 开关柜试验验收标准作业卡

10.10.1 验收范围说明

本验收作业卡适用于换流站验收工作，验收范围包括：开关柜试验。

10.10.2 验收准备工作

各阶段验收工作开展前，运检人员应当提前明确验收的时间、人员、车辆机具、仪器工具、图纸资料等，并至少在验收开展的前一天完成准备工作的确认。

开关柜试验验收准备工作表见表 10-10-1，开关柜试验验收检查车辆、工具清单见表 10-10-2。

表 10-10-1　　　　　　　　　　　　开关柜试验验收准备工作表

序号	项目	工作内容	实施标准	负责人	备注
1	时间安排	验收工作开展前，应当组织电科院、业主、厂家、施工、监理、运检人员现场联合勘查，在各方均认为现场满足验收条件后方可开展	（1）开关柜安装已完成。 （2）检查确认站用变压器应断的引线已断开		
2	人员安排	（1）试验前进行站班交底，明确工作内容及试验范围。 （2）验收组建议至少安排运检人员 1 人，站用变压器厂家人员 1 人，监理 1 人，电科院 2 人	验收前成立临时专项验收组，组织运检、施工、厂家、监理人员共同开展验收工作		
3	车辆工具安排	验收工作开展前，准备好验收所需车辆机具、仪器仪表、工器具、安全防护用品、验收记录材料、相关图纸及相关技术资料	（1）车辆机具、仪器仪表、工器具、安全防护用品应试验合格，满足本次施工的要求。 （2）验收记录材料、相关图纸及相关技术资料齐全并符合现场实际情况		

序号	项目	工作内容	实施标准	负责人	备注
4	验收交底	根据本次作业内容和性质确定好检修人员，并组织学习本作业卡	要求所有工作人员明确本次工作的作业内容、进度要求、作业标准及安全注意事项		

表 10-10-2 开关柜试验验收检查车辆、工具清单

序号	名称	型号	数量	备注
1	自动电桥测试仪	AI-6000	1辆	
2	电动绝缘电阻表	—	每人1套	试验电压在500～5000V范围可选
3	直流发生器	ZGS	1台	
4	电源盘	—	1台	带漏电保护
5	接地线	—	1套	大于6mm²
6	直流电阻测试仪	3391或2291	1个	
7	成套工具	—	30m	
8	双刃刀闸	—	1台	
9	高压绝缘垫	—	1个	定期试验合格
10	温、湿度计	—	1个	
11	万用表	—	1块	

10.10.3 验收检查记录表

开关柜试验验收检查记录表见表10-10-3。

表 10-10-3 开关柜试验验收检查记录表

序号	验收项目	验收标准	验收结论（√或×）	备注
1	断路器绝缘电阻试验	绝缘电阻数值应满足产品技术条件规定		

序号	验收项目	验收标准	验收结论（√或×）	备注
2	断路器每相导电回路电阻试验	采用电流不小于100A的直流压降法，测量值不大于厂家规定值，并与出厂值进行对比，不得超过120％出厂值		
3	断路器交流耐压试验	应在断路器合闸及分闸状态下进行交流耐压试验，试验中不应发生贯穿性放电。 真空断路器：当在合闸状态下进行时，试验电压应符合《电气装置安装工程 电气设备交接试验标准》（GB 50150—2016）的规定。当在分闸状态下进行时，断口间的试验电压应按产品技术条件的规定。 SF_6断路器：在SF_6气压为额定值时进行，试验电压按出厂试验电压的100％		
4	断路器机械特性试验	（1）测量分合闸速度、分合闸时间、分合闸的同期性，实测数值应符合产品技术条件的规定。 （2）现场无条件安装采样装置的断路器，可不进行分合闸速度试验。 （3）12kV真空断路器合闸弹跳时间不应大于2ms。 （4）24kV真空断路器合闸弹跳时间不应大于2ms。 （5）40.5kV真空断路器合闸弹跳时间不应大于3ms。 （6）在机械特性试验中同步记录触头行程曲线，并确保在规定的范围内。 （7）分闸反弹幅值应小于断口间距的20％		
5	断路器分、合闸线圈及合闸接触器线圈的绝缘电阻和直流电阻	（1）绝缘电阻值不应小于10MΩ。 （2）直流电阻值与产品出厂试验值相比应无明显差别		
6	断路器操动机构的试验	（1）合闸装置在额定电源电压的85％～110％范围内，应可靠动作。 （2）分闸装置在额定电源电压的65％～110％（直流）或85％～110％（交流）范围内，应可靠动作。 （3）当电源电压低于额定电压的30％时，分闸装置不应脱扣		
7	开关柜整体交流耐压试验	宜带母线主回路测试，满足制造厂技术规范要求		

序号	验收项目	验收标准	验收结论（√或×）	备注
8	开关柜主回路电阻试验	容量为 1600kVA 以上站用变压器进行短路阻抗测量，要求初值差不大于±2%。三相之间的最大相对互差不大于 2.5%		
9	SF$_6$ 气体试验	（1）SF$_6$ 气体必须经 SF$_6$ 气体质量监督管理中心抽检合格，并出具检测报告后方可使用，抽检比例依据《工业六氟化硫》（GB/T 12022—2014）最新版本进行。 （2）SF$_6$ 气体注入设备前后必须进行湿度试验，且应对设备内气体进行 SF$_6$ 纯度检测，必要时进行气体成分分析。结果符合标准要求		
10	密封性试验	采用检漏仪对气室密封部位、管道接头等处进行检测时，检漏仪不应报警。每一个气室年漏气率不应大于 0.5%		
11	试验数据的分析	通过显著性差异分析法和横纵比分析法进行分析，确认试验数据无明显差异		

10.10.4 专项检查表格

在工作中对于重要的内容进行专项检查记录并留档保存。开关柜试验验收检查记录表见表 10-10-4。

表 10-10-4　　　　　　　　　　　　　开关柜试验验收检查记录表

设备名称	试验项目					验收人
	断路器绝缘电阻试验	断路器每相导电回路电阻试验	断路器交流耐压试验	断路器机械特性试验	绝缘电阻和直流电阻	
10kV 1 号母开关柜＝20K11						
10kV 1 号母开关柜＝20K13						
……						

设备名称	试验项目					验收人
	断路器操动机构的试验	开关柜整体交流耐压试验	开关柜主回路电阻试验	SF$_6$ 气体试验（如有）	密封性试验	
10kV 1 号母开关柜＝20K11						

设备名称	试验项目					验收人
	断路器操动机构的试验	开关柜整体交流耐压试验	开关柜主回路电阻试验	SF$_6$气体试验（如有）	密封性试验	
10kV 1 号母开关柜＝20K13						
……						

10.10.5　检查评价表格

对工作中检查出的问题进行汇总记录，并进行验收评价，留档保存。开关柜试验检查评价表见表10-10-5。

表 10-10-5　　　　　　　　　　　　　　开关柜试验检查评价表

检查人	×××	检查日期	××××年××月××日
存在问题汇总			

10.11　站用变压器主通流回路检查验收标准作业卡

10.11.1　验收范围说明

本验收作业卡适用于换流站验收工作，验收范围包括：站用变压器主通流回路。

10.11.2　验收准备工作

各阶段验收工作开展前，运检人员应当提前明确验收的时间、人员、车辆机具、仪器工具、图纸资料等，并至少在验收开展的前一天完成准备工作的确认。

站用变压器主通流回路检查验收准备工作表见表10-11-1，站用变压器主通流回路检查验收工器具清单见表10-11-2。

表 10-11-1　　　　　　　　　　　　　　站用变压器主通流回路检查验收准备工作表

序号	项目	工作内容	实施标准	负责人	备注
1	时间安排	验收工作开展前，应当组织业主、厂家、施工、监理、运检人员现场联合勘查，在各方均认为现场满足验收条件后方可开展	站用变压器安装工作已完成，试验已完成		
2	人员安排	（1）如人员、车辆充足可组织多个验收组同时开展工作。 （2）每个验收组建议至少安排运检人员1人，厂家人员1人，施工单位2人，监理1人，平台车专职驾驶员1人（厂家或施工单位人员）。 （3）验收组所有人员均在站用变压器上开展工作。 （4）力矩检查工作建议由施工人员和厂家配合进行，运检、监理监督见证并记录数据。 （5）直阻测量工作建议由施工人员和厂家配合进行，运检、监理监督见证并记录数据	验收前成立临时专项验收组，组织运检、施工、厂家、监理人员共同开展验收工作		
3	车辆工具安排	验收工作开展前，准备好验收所需车辆机具、仪器仪表、工器具、安全防护用品、验收记录材料、相关图纸及相关技术资料	（1）车辆机具、仪器仪表、工器具、安全防护用品应试验合格，满足本次施工的要求。 （2）验收记录材料、相关图纸及相关技术资料齐全并符合现场实际情况		
4	验收交底	根据本次作业内容和性质确定好检修人员，并组织学习本作业卡	要求所有工作人员明确本次工作的作业内容、进度要求、作业标准及安全注意事项		

表 10-11-2　　　　　　　　　　　　　　站用变压器主通流回路检查验收工器具清单

序号	名称	型号	数量	备注
1	高空作业车	—	1辆	
2	安全带	—	每人1套	
3	车辆接地线	—	1根	
4	力矩扳手	满足力矩检查要求	1套	

序号	名称	型号	数量	备注
5	棘轮扳手	—	1套	
6	签字笔	红色、黑色	1套	
7	无水乙醇	—	1瓶	
8	百洁布	—	1套	
9	回路电阻仪	—	1台	

10.11.3 验收检查记录

站用变压器主通流回路验收检查记录表见表10-11-3。

表 10-11-3　　站用变压器主通流回路验收检查记录表

序号	验收项目	验收方法及标准	验收结论（√或×）	备注
1	主通流回路结构和安装情况检查	核对接头材质、有效接触面积、载流密度、螺栓标号、力矩要求等与设计文件一致，通流回路连接螺栓具有防松动措施（防松动措施包括使用弹片、叠帽、平弹一体垫片、防松螺栓等方式）		
2		检查安装阶段螺丝紧固后应进行的档案和记录		
3	通流回路外观检查	检查通流回路外观良好，连接可靠，接触良好，无变形、无变色、无锈蚀、无破损		
4		检查力矩双线标识清晰且划在螺母侧，力矩线需连续、清晰、与螺母垂直，且母排、垫片、螺母、螺栓均需划到		
5		检查软连接完好，无散股、断股现象		
6		若螺栓采用平弹一体结构，应当检查平弹一体垫片是否装反		
7	主通流回路搭接面螺栓力矩复查	力矩检查工作由施工人员执行、厂家人员监督、运检和监理见证记录，四方共同开展		
8		确认接头直阻测量和力矩检查结果满足技术要求（参照表10-11-4），使用80%力矩检查螺栓紧固到位后画线标记，并建立档案，做好记录。运维单位应按不小于1/3的数量进行力矩和直阻抽查		

序号	验收项目	验收方法及标准	验收结论 （√或×）	备注
9		力矩扳手每次调整后均应由验收人员、厂家人员、施工人员共同检查设置的力矩值是否正确		
10	主通流回路搭接 面螺栓力矩复查	对于检查工作中发现松动或力矩线偏移的螺栓，使用100％力矩进行复紧，使用酒精擦除原力矩线后重新画线，并再次使用80％力矩检查		
11		对于发生滑丝、跟转等问题的螺栓进行更换		
12		正确使用回路电阻测试仪，并设置试验电流不小于100A		
13	主通流回路搭接 面接触电阻测试	将夹子夹在待测搭接面两端，启动仪器后读取测量数据并记录		
14		站用变压器设备搭接面直阻不大于20μΩ，同位置横向对比不超过10μΩ		
15		对于发现有直阻超标的搭接面，应当按照"十步法"进行处理并记录		

10.11.4 "十步法"处理记录

"十步法"处理记录见表10-11-4。

表10-11-4　　　　　　　　　　　　　　　　　　"十步法"处理记录

序号	接头位置及 名称	检修前直阻			评价		检修处理工艺控制					检修后直阻测量			验收
		检修前 直阻	直阻 测量人	是否小于 20μΩ	是否需要 处理	工艺 要求	螺栓 规格	力矩 标准	力矩是否 紧固	作业人	检修后 直阻	测量人	直阻是否 合格	
1	500kV 1号 站用变压器 511B													
2	35kV 1号 站用变压器 31B													
...	......													

10.11.5 检查评价表格

对工作中检查出的问题进行汇总记录，并进行验收评价，留档保存。站用变压器主通流回路验收检查评价表见表10-11-5。

表 10-11-5 站用变压器主通流回路验收检查评价表

检查人	×××	检查日期	××××年××月××日
存在问题汇总			

10.12 站用电系统投运前检查标准作业卡

10.12.1 验收范围说明

本验收作业卡适用于换流站验收工作，验收范围包括：站用变压器投运前检查。

10.12.2 验收准备工作

各阶段验收工作开展前，运检人员应当提前明确验收的时间、人员、车辆机具、仪器工具、图纸资料等，并至少在验收开展的前一天完成准备工作的确认。

站用电系统投运前检查准备工作表见表10-12-1，站用电系统投运前检查车辆、工具清单见表10-12-2。

表 10-12-1 站用电系统投运前检查准备工作表

序号	项目	工作内容	实施标准	负责人	备注
1	时间安排	验收工作开展前，应当组织业主、厂家、施工、监理、运检人员现场联合勘查，在各方均认为现场满足验收条件后方可开展	站用变压器、开关柜安装结束，试验通过		
2	人员安排	（1）需提前沟通好直流场验收作业面，由两个作业面配合共同开展。 （2）验收组建议至少安排运检人员1人，站用变压器厂家人员1人，监理1人，平台车专职驾驶员1人（厂家或施工单位人员）	验收前成立临时专项验收组，组织运检、施工、厂家、监理人员共同开展验收工作		

序号	项目	工作内容	实施标准	负责人	备注
3	车辆工具安排	验收工作开展前，准备好验收所需车辆机具、仪器仪表、工器具、安全防护用品、验收记录材料、相关图纸及相关技术资料	（1）车辆机具、仪器仪表、工器具、安全防护用品应试验合格，满足本次施工的要求。 （2）验收记录材料、相关图纸及相关技术资料齐全并符合现场实际情况		
4	验收交底	根据本次作业内容和性质确定好检修人员，并组织学习本作业卡	要求所有工作人员明确本次工作的作业内容、进度要求、作业标准及安全注意事项		

表 10-12-2   站用电系统投运前检查车辆、工具清单

序号	名称	型号	数量	备注
1	望远镜/照相机	—	1个	—

10.12.3 验收检查记录表

站用变压器、开关柜投运前验收检查记录表见表10-12-3。

表 10-12-3   站用变压器、开关柜投运前验收检查记录表

序号	验收项目	验收方法及标准	验收结论（√或×）	备注
1	外观检查	检查表面干净无脱漆锈蚀，无变形，密封良好，无渗漏，标识正确、完整，清晰可识别		
2		检查设备出厂铭牌齐全、参数正确		
3		检查相序标识清晰正确，检查设备双重名称标识牌齐全、正确		
4		检查接地系统接地无锈蚀，各附件与本体接地线连接良好。油漆色标正确清晰。接地端子不应构成闭合环路，与主地网连接牢固，导通良好，截面符合热稳定要求。接地引下线采用黄绿相间的色漆或色带标示		
5		检查站用变压器铁芯和金属结构零件均应通过油箱可靠接地		
6		检查接地点应有两点以上与不同主地网格连接牢固，导通良好，截面符合动热稳定要求		

序号	验收项目	验收方法及标准	验收结论（√或×）	备注
7	非电量保护继电器及控制箱检查	检查非电量保护继电器防雨罩安装正确		
8		检查总控制箱内空气开关合上正常		
9		检查油温、油位数据正常		
10	在线监测及监控后台检查	检查一体化在线监测系统后台铁芯、夹件电流正常，油色谱数据运行正常		
11		检查监控后台无异常告警信号		
12	开关柜检查	开关分合遥控、就地分合正常，设备充电，分合开关，储能指示正确，检查运行时无异常声响，遥信、遥测及监控信号、电气及机械指示正确变位		
13		带电后检查柜体无异常放电等声响，形变。压力合格（充气柜）		
14		检查开关分合闸机械指示，电气指示对应正确，指示灯与实际位置一致		
15		强制通风装置启动正常，运转无异响		
16		强制通风装置启动正常，运转无异响		
17		电流互感器无异常声响，电流指示正常		
18		电压表显示电压正常，互感器无异响		
19		检查设备带电后带电显示装置指示正确		

10.12.4　检查评价表格

对工作中检查出的问题进行汇总记录，并进行验收评价，留档保存。站用电系统投运前验收检查评价表见表10-12-4。

表 10-12-4　　　　　　　　　　　　站用电系统投运前验收检查评价表

检查人	×××	检查日期	××××年××月××日
存在问题汇总			

第十一章　换流变压器进线设备

11.1　应用范围

本作业指导书适用于换流站换流变压器换流变压器进线设备交接试验和竣工验收工作，部分验收项目需根据实际情况提前安排，通过随工验收、资料检查等方式开展，旨在指导并规范现场验收工作。

11.2　规范依据

本作业指导书的编制依据并不限于以下文件：

《国家电网有限公司关于印发十八项电网重大反事故措施》（国家电网设备〔2018〕979 号）

《国家电网有限公司关于印发防止直流换流站事故措施及释义》（国家电网设备〔2021〕227 号）

《电气装置安装工程　电气设备交接试验标准》（GB 50150—2016）

《输变电设备状态检修试验规程》（DL/T 393—2021）

《±800kV 及以下直流换流站电力设备安装工程施工及验收规范》（DL/T 5232—2010）

《电力用电容式电压互感器使用技术规范》（DL/T 1251—2013 ）

《±800kV 及以下直流换流站电力设备安装工程施工及验收规范》（DL/T 5232—2010 ）

《继电保护和电网安全自动装置检验规程》（DL/T 995—2016）

《交流电力系统金属氧化物避雷器使用导则》（DL/T 804—2014）

《变电设备在线监测装置检验规范　第 3 部分：电容型设备及金属氧化物避雷器绝缘在线监测装置》（DL/T 1432.3—2016）

《变电设备在线监测装置技术规范　第 3 部分：电容型设备及金属氧化物避雷器绝缘在线监测装置》（DL/T 1498.3—2016）

《750kV 电气设备交接试验标准》（Q/GDW 157—2007）

《变电站设备验收规范　第 08 部分：避雷器》（Q/GDW 11651.8—2016）

《国家电网有限公司直流换流站验收管理规定　第 3 分册　耦合电容器验收细则》

《国家电网公司变电验收管理规定　第 8 分册　避雷器验收细则》

《国家电网公司变电验收管理规定（试行）　第 7 分册　电压互感器验收细则》

11.3 验收方法

11.3.1 验收流程

换流变压器进线设备专项验收工作应参照表 11-3-1 验收项目内容顺序开展，并在验收工作中把握关键时间节点。

表 11-3-1 换流变压器进线设备专项验收标准流程表

序号	验收项目	主要工作内容	参考工时	开展验收需满足的条件
1	电压互感器检查验收	（1）电压互感器外观验收。 （2）电压互感器二次系统验收。 （3）试验验收。 （4）投运前验收	1h/电压互感器	电压互感器安装完成
2	交流避雷器检查验收	（1）避雷器外观验收。 （2）避雷器在线监测装置验收。 （3）避雷器试验验收。 （4）投运前验收	1h/交流避雷器	交流避雷器安装完成
3	耦合电容器检查验收	（1）耦合电容器外观验收。 （2）试验验收。 （3）投运前检查	1h/耦合电容器	耦合电容器安装完成
4	金具检查验收	（1）进线线夹检查验收。 （2）管母封端球检查验收。 （3）软导线焊装及安装检查验收。 （4）主通流回路结构和安装情况检查。 （5）通流回路外观检查。 （6）主通流回路搭接面螺栓力矩复查。 （7）主通流回路搭接面接触电阻测试	1h/金具（线夹、封端球、软导线）	金具安装完成

11.3.2 验收问题记录清单

对于验收过程中发现的隐患和缺陷，应当按照表 11-3-2 格式进行记录，并由专人负责跟踪闭环进度。

表 11-3-2 电压互感器设备验收问题记录清单

序号	设备名称	问题描述	发现人	发现时间	整改情况
1	极Ⅰ高端换流变压器网侧 出线电压互感器 A 相	……	×××	××××年××月××日	……
2	极Ⅰ高端阀组高压侧 避雷器 F1	……	×××	××××年××月××日	……
3	极Ⅰ高端星接换流变压器网侧 出线耦合电容器 C1	……	×××	××××年××月××日	……
…	……				

11.4 电压互感器检查验收标准作业卡

11.4.1 验收范围说明

本验收作业卡适用于换流站验收工作，验收范围包括：电容式电压互感器。

11.4.2 验收准备工作

各阶段验收工作开展前，运检人员应当提前明确验收的时间、人员、车辆机具、仪器工具、图纸资料等，并至少在验收开展的前一天完成准备工作的确认。

电压互感器外观验收准备工作表见表 11-4-1，电压互感器外观验收工器具清单见表 11-4-2。

表 11-4-1 电压互感器外观验收准备工作表

序号	项目	工作内容	实施标准	负责人	备注
1	时间安排	验收工作开展前，应当组织业主、厂家、施工、监理、运检人员现场联合勘查，在各方均认为现场满足验收条件后方可开展	电压互感器安装工作已完成		

序号	项目	工作内容	实施标准	负责人	备注
2	人员安排	（1）如人员、车辆充足可组织多个验收组同时开展工作。 （2）每个验收组建议至少安排验收人员1人，厂家人员1人，施工单位1人，监理1人，平台车专职驾驶员1人（厂家或施工单位人员）	验收前成立临时专项验收组，组织验收、施工、厂家、监理人员共同开展验收工作		
3	车辆工具安排	验收工作开展前，准备好验收所需车辆机具、仪器仪表、工器具、安全防护用品、验收记录材料、相关图纸及相关技术资料	（1）车辆机具、仪器仪表、工器具、安全防护用品应试验合格，满足本次施工的要求。 （2）验收记录材料、相关图纸及相关技术资料齐全并符合现场实际情况		
4	验收交底	根据本次作业内容和性质确定好检修人员，并组织学习本作业卡	要求所有工作人员明确本次工作的作业内容、进度要求、作业标准及安全注意事项		

表 11-4-2   电压互感器外观验收工器具清单

序号	名称	型号	数量	备注
1	高空作业车	—	1辆	
2	望远镜/照相机	—	1个	
3	安全带	—	每人1套	
4	车辆接地线	—	1根	
5	绝缘电阻表	—	1台	试验电压在500～5000V范围可选
6	自动电桥测试仪	AI-6000	1台	
7	数字式电容表	—	1台	
8	电动绝缘电阻表	—	1台	试验电压在500～5000V范围可选
9	电源盘	—	1个	带漏电保护
10	接地线	—	30m	大于 6mm^2
11	成套工具	—	1套	

序号	名称	型号	数量	备注
12	温、湿度计	—	1块	
13	高压绝缘垫	—	1个	定期试验合格

11.4.3 验收检查记录

电压互感器检查验收检查记录表见表11-4-3。

表11-4-3 电压互感器检查验收检查记录表

序号	验收项目	验收方法及标准	验收结论（√或×）	备注
一、电压互感器外观验收				
1	电压互感器本体外观验收	检查铭牌参数齐全、正确，安装在便于查看的位置上，铭牌材质应为防锈材料，无锈蚀		《±800kV及以下直流换流站电力设备安装工程施工及验收规范》（DL/T 5232—2010）
2		检查瓷套、底座、阀门和法兰等部位应无渗漏油现象		
3		检查电磁单元油位正常		
4		检查油漆无剥落、无褪色		
5		检查本体及法兰无明显的锈迹、无明显污渍		
6		检查相序标志清晰正确，运行编号清晰正确		
7		检查瓷套不存在缺损、脱釉、落砂，铁瓷接合部涂有合格的防水胶；瓷套达到防污等级要求；复合绝缘干式电压互感器表面无损伤、无裂纹		
8		检查电容式电压互感器中间变压器高压侧不应装设氧化锌避雷器		
9		检查均压环安装水平、牢固，且方向正确，安装在环境温度零度及以下地区的均压环，宜在均压环最低处打排水孔		
10		检查检查密度继电器压力正常、无泄漏、标志明显、清晰；校验合格，报警值（触点）正常，且应设有防雨罩		

序号	验收项目	验收方法及标准	验收结论（√或×）	备注
11	电压互感器本体外观验收	电容式电压互感器中间变压器高压侧对地不应装设氧化锌避雷器		《国家电网有限公司关于印发十八项电网重大反事故措施》（国家电网设备〔2018〕979号）
12		电容式电压互感器应选用速饱和电抗器型阻尼器，并通过资料检查出厂时做过铁磁谐振试验		
13		电容式电压互感器电磁单元油箱排气孔应高出油箱上平面10mm以上，且密封可靠		
14	电压互感器安装工艺验收	检查电容式电压互感器安装牢固，垂直度应符合要求，本体各连接部位应牢固可靠		
15		检查同一组互感器三相间应排列整齐，极性方向一致		
16		检查电容式电压互感器铭牌应位于易于观察的同一侧		
17		检查电容式电压互感器中间变压器接地端应可靠接地		
18		对于220kV及以上电压等级电容式电压互感器，电容器单元安装时必须按照出厂时的编号以及上下顺序进行安装，严禁互换		《国家电网有限公司关于印发十八项电网重大反事故措施》（国家电网设备〔2018〕979号）
19		检查阻尼器是否接入的二次剩余绕组端子		
20		110（66）kV及以上电压互感器构支架应有两点与主地网不同点连接，接地引下线规格满足设计要求，导通良好		
21		电压互感器、避雷器、快速接地开关应采用专用接地线直接连接到地网		《国家电网有限公司关于印发防止直流换流站事故措施及释义》（国家电网设备〔2021〕227号）
22		电压互感器设备基础底座应高于站址所在地区的最高降雪厚度，避免设备底部被积雪覆盖		
23	互感器各侧出线	检查螺母应有双螺栓连接等防松措施		
24		检查线夹不应采用铜铝对接过渡线夹，且无裂纹		
25		在可能出现冰冻的地区，线径为400mm² 及以上的、压接孔向上30°～90°的压接线夹，应打排水孔		

序号	验收项目	验收方法及标准	验收结论（√或×）	备注
26	互感器各侧出线	检查引线无散股、扭曲、断股现象。引线对地和相间符合电气安全距离要求，引线松紧适当，无明显过松过紧现象，导线的弧垂须满足设计规范		
二、电压互感器二次系统验收				
1	本体二次接线盒检查	检查本体接线盒应密封良好，内部应无受潮、灰尘及杂物		
2		检查本体接线盒电缆不得由上部进出，电缆导水方向应斜向下方，防止雨水流入		
3		电缆穿过格兰头后方可剥线，格兰头内部收束器内径应与电缆外径匹配。密封应使用中性密封胶，不可使用防火泥。检查电缆、光缆波纹管滴水弯处正确配置滴水孔		
4		检查本体接线盒应采取防雨设计并安装紧固，接线盒外部接地端子应可靠接地		
5		接线盒内连线应无虚接，端子引线应无锈蚀，电缆连接正常		
6		检查接线盒符合防尘、防水要求、内部整洁；接地、封堵良好		
7		检查电压互感器二次绕组应满足保护冗余配置的要求		
8	电压互感器端子箱及二次电缆（包括绝缘）验收	检查检查二次端子标志明晰		
9		检查电缆绝缘层应无变色、老化和损坏现象		
10		检查按有效图纸施工、接线正确		
11		检查电缆应排列整齐、编号清晰、避免交叉、固定牢固，不应使所接的端子承受机械应力		
12		检查电缆芯线和导线的端部均应标明回路编号，编号应正确，字迹应清晰且不易脱色，每个端子排接线不能超过 2 根且同线径		
13		检查强、弱电，交、直流回路不应使用同一根电缆，线芯应分别成束排列		
14		检查备用芯线应引至盘、柜顶部或线槽末端，并应标明备用标识，芯线导体不应外露		
15		检查二次回路各支路的绝缘，均不应小于 10MΩ		《继电保护和电网安全自动装置检验规程》（DL/T 995—2016）

序号	验收项目	验收方法及标准	验收结论（√或×）	备注
16	电压互感器端子箱及二次电缆（包括绝缘）验收	检查二次端子的接线牢固、整齐并有防松功能，装蝶形垫片及防松螺母。二次端子不应短路，单点接地。控制电缆备用芯应加装保护帽		
17		检查二次电缆穿线管端部应封堵良好，并将上端与设备的底座和金属外壳良好焊接，下端就近与主接地网良好焊接		
18		电压互感器的二次电缆应经金属管从一次设备的接线盒（箱）引至就地端子箱，并将金属管的上端与上述设备的底座和金属外壳良好焊接，下端在距一次设备 3～5m 之外与主接地网良好焊接		《国家电网有限公司关于印发防止直流换流站事故措施及释义》（国家电网设备〔2021〕227 号）
19		电压互感器等设备至就地端子箱的二次电缆屏蔽层应在就地端子箱处可靠单端接入二次等电位接地网。电缆屏蔽层使用截面面积不小于 $4mm^2$ 多股铜质软导线可靠连接到接地铜排上		
20		交流电流和交流电压回路、不同交流电压回路、交流和直流回路、强电和弱电回路、来自电压互感器二次的四根引入线和电压互感器开口三角绕组的两根引入线均应使用各自独立的电缆		《国家电网有限公司关于印发十八项电网重大反事故措施》（国家电网设备〔2018〕979 号）
21		检查电压互感器端子箱柜门开、关灵活，门锁完好，防风沙要求等级高的地区，应配置双层门。箱内无灰尘及杂物		
22		检查电压互感器端子箱底座和箱体之间有足够的敞开通风空间，以免潮气进入		
23		检查电压互感器端子箱底面及引出、引入线孔和吊装孔，封堵严密可靠		
24		检查电压互感器端子箱门灯加装防护罩，且随箱门开启而启动		
25		检查电压互感器端子箱内应配装驱潮装置和加热升温装置。可配长热与温湿度控制加热器两组配合或分布式长热加热器一组，应具有断线报警功能		
26		检查检查电压互感器加热板存在脱落的风险时，应在脱落后不危及相邻设备、线缆的主绝缘		

序号	验收项目	验收方法及标准	验收结论 (√或×)	备注
三、试验验收				
1	绝缘电阻测量	一次绕组对二次绕组及外壳，各二次绕组间及其对外壳的绝缘电阻不低于1000MΩ		
2	35kV 及以上电压等级的介质损耗角正切值 $\tan\delta$ 和电容量	电容式电压互感器应满足：电容量初值差不超过±2%		《750kV 电气设备交接试验标准》（Q/GDW 157—2007）
3		介质损耗因数≤0.005（油纸绝缘）、≤0.0025（膜纸复合）		
4		110（66）kV 及以上电磁式应满足：串级式，介质损耗因数小于或等于0.002，非串级式，介质损耗因数小于或等于0.005		
5		应分别对每节电容器进行10kV电压下的 $\tan\delta$ 测量		
6		10kV 电压下的 $\tan\delta$ 值，对于油纸绝缘电容器不应大于0.5%，对于膜纸复合绝缘电容器不应大于0.2%		
7		当 $\tan\delta$ 值不符合要求时，可测量额定电压下的 $\tan\delta$ 值，若额定电压下的 $\tan\delta$ 满足上述要求，则可投运		
8		每节电容器的电容值偏差不应大于额定值的±5%		
9		一相中任意两节电容器的实测电容值相差不应大于5%		
10	交流耐压试验	试验时间60s无击穿现象		《750kV 电气设备交接试验标准》（Q/GDW 157—2007）
11		油浸式设备在交流耐压试验前要保证静置时间，110（66）kV 设备静置时间不小于24h、220kV 设备静置时间不小于48h、330kV 和500kV 设备静置时间不小于72h		
12		应分别对每节电容器进行交流耐压试验		
13		交流试验电压应为出厂试验电压值的75%		
14	密封性能检查	油浸式电压互感器外表应无可见油渍现象		
15	电磁单元绕组的接线和变比	应与铭牌标志相符		《750kV 电气设备交接试验标准》（Q/GDW 157—2007）
16	电磁单元的绝缘电阻	使用2500V绝缘电阻表，中间变压器一、二次线组间的绝缘电阻不应低于1000MΩ，低压绕组对地的绝缘电阻不应低于10MΩ		

序号	验收项目	验收方法及标准	验收结论（√或×）	备注
17	电磁单元的 tan δ	对于分装式结构的电容式电压互感器，可按变压器的试验接线，外加 10kV 电压测量电磁单元的 tan δ，tan δ 值不应大于 2%		
18		对于迭装式结构的电容式电压互感器，应采用特殊的试验接线，外加 2kV 电压测量电磁单元的 tan δ，tan δ 值不应大于 2%		《750kV 电气设备交接试验标准》（Q/GDW 157—2007）
19	电磁单元的交流耐压试验	试验前将电磁单元和电容分压器分开，再分别对中间变压器的一、二次绕组进行试验。试验时电磁单元内的阻尼装置和过电压保护器的连线也应拆开		
20		中间变压器一次绕组的试验电压为出厂试验电压的 85%。试验电压可以用试验变压器供给，也可由二次侧感应得到		
21		试验中，中间变压器的铁芯、外壳，二次绕组和一次绕组的纸压端子均应接地		
22		迭装式 TA 的中间变压器在现场不能进行交流耐压试验		
23	误差测量	用于关口计量的应进行误差测量		
24		用于非关口计量的，35kV 及以上的电压互感器，宜进行误差测量		
25		用于非关口计量的，35kV 及以下的互感器，检查互感器变比，应与制造厂铭牌相符		
26		试验应对每个二次绕组分别进行。各个二次绕组所加的负荷为 25%～100% 额定负荷，二次负荷的功率因数定为 0.8（滞后）		《750kV 电气设备交接试验标准》（Q/GDW 157—2007）
27		对于测量准确级的试验，应分别在 80% 和 100% 的额定电压下进行		
28		对于保护准确级的试验，应分别在 2%、5% 和 100% 的额定电压下进行		
29		准确度试验结果，应分别满足各二次绕组相应电压误差和角差的精度要求		
30		试验方法按《测量用电压互感器检定规程》（JJG 314）进行		
31	极性检测	减极性		
32	保护装置的工频放电电压试验	电容分压器低压端子与接地端子间的保护间隙（或避雷器）应进行工频放电试验		《750kV 电气设备交接试验标准》（Q/GDW 157—2007）
33		保护间隙（或避雷器）的工频耐受电压不应大于 2kV 或与出厂试验值相同		
34	阻尼器的检查	阻尼器对地的绝缘电阻应大于 $10M\Omega$，并使用 2500V 绝缘电阻表进行试验		
35		阻尼器的特性要求和检测方法按制造厂的规定进行		

序号	验收项目	验收方法及标准	验收结论（√或×）	备注
36	试验数据的分析	试验数据应通过显著性差异分析法和横比分析法进行分析，并提出意见		
四、投运前验收				
1		检查各处螺栓连接紧固，无松动现象		
2		检查各部件无破损、松动、脱落，无异常现象		
3	外观	运行编号标识齐全、清晰可识别，相序标志清晰正确		
4		检查电磁单元油位正常，不应满油位或看不见油位		
5		检查电压互感器二次接线盒防雨罩正常		
6	外绝缘	检查瓷套表面清洁，无损伤、裂纹现象		
7		检查防污闪涂料应涂覆均匀，无起皮、鼓包、脱落，憎水性能不应低于 HC2		

11.4.4 验收检查记录表格

在工作中对于重要的内容进行专项检查记录并留档保存。电压互感器外观验收检查记录表见表 11-4-4，电压互感器二次回路验收检查记录表见表 11-4-5，电压互感器试验验收检查记录表见表 11-4-6。

表 11-4-4　　　　　　　　　　　　　　　　　电压互感器外观验收检查记录表

设备名称		验收项目							验收人
		本体外观	构架及防腐	引线检查	接地及基础检查	均压环	二次系统（包括接线盒）	各侧接头连接情况检查	
极Ⅰ高端星接换流变压器网侧进线电压互感器 C1	A 相								
	B 相								
	C 相								

设备名称		验收项目							验收人
		本体外观	构架及防腐	引线检查	接地及基础检查	均压环	二次系统（包括接线盒）	各侧接头连接情况检查	
极Ⅰ高端角接换流变压器网侧进线电压互感器 C2	A 相								
	B 相								
	C 相								
······									

表 11-4-5　　　　　　　　　　　　　　　　电压互感器二次回路验收检查记录表

设备名称	试验项目		验收人
	本体接线盒检查	端子箱及二次电缆回路检查	
极Ⅰ高端星接换流变压器网侧进线电压互感器 A 相			
······			

名称设备	绕组编号	变比及准确级	极性	回路编号	经过点									接地点	回路绝缘
					点 1	点 1 端子	测量电压	点 2	点 2 端子	测量电压	点 3	点 3 端子	测量电压		
极Ⅰ高端星接换流变压器网侧进线电压互感器 A 相	WB. L40-T11.1	$\frac{525}{\sqrt{3}}/\frac{0.1}{\sqrt{3}}$ 0.2	正抽	L40-A612	WB. L 40-T11. J	X1：1		MET513	D2：15					X1：9	
				L40-B612		X1：3			D2：17						
				L40-C612		X1：5			D2：19						
				L40-N612		X1：7			D2：21						
······															

表 11-4-6 电压互感器试验验收检查记录表

设备名称	试验项目												验收人
	绝缘电阻测量	tan δ 和电容量	交流耐压试验	密封性能检查	电磁单元绕组的接线和变比	电磁单元的绝缘电阻	电磁单元的 tan δ	电磁单元的交流耐压试验	误差测量	极性检测	工频放电电压试验	阻尼器的检查	
极Ⅰ高端星接换流变压器网侧进线电压互感器 A 相	……	……	……	……									
……	……												

11.4.5 检查评价表格

对工作中检查出的问题进行汇总记录,并进行验收评价,留档保存。电压互感器验收检查评价表见表 11-4-7。

表 11-4-7 电压互感器验收检查评价表

检查人	×××	检查日期	××××年××月××日
存在问题汇总			

11.5 避雷器检查验收标准作业卡

11.5.1 验收范围说明

本验收作业卡适用于换流站验收工作,验收范围包括:交流避雷器。

11.5.2 验收准备工作

各阶段验收工作开展前,运检人员应当提前明确验收的时间、人员、车辆机具、仪器工具、图纸资料等,并至少在验收开展的前一天完成准备工作的确认。

避雷器检查验收准备工作表见表 11-5-1，避雷器检查验收工器具清单见表 11-5-2。

表 11-5-1   **避雷器检查验收准备工作表**

序号	项目	工作内容	实施标准	负责人	备注
1	时间安排	验收工作开展前，应当组织业主、厂家、施工、监理、运检人员现场联合勘查，在各方均认为现场满足验收条件后方可开展	交流避雷器安装工作已完成		
2	人员安排	（1）如人员、车辆充足可组织多个验收组同时开展工作。 （2）每个验收组建议至少安排验收人员 1 人，厂家人员 1 人，施工单位 1 人，监理 1 人，吊车专职驾驶员 1 人（厂家或施工单位人员）。 （3）验收组人员在吊车上和地面开展工作	验收前成立临时专项验收组，组织验收、施工、厂家、监理人员共同开展验收工作		
3	车辆工具安排	验收工作开展前，准备好验收所需车辆机具、仪器仪表、工器具、安全防护用品、验收记录材料、相关图纸及相关技术资料	（1）车辆机具、仪器仪表、工器具、安全防护用品应试验合格，满足本次施工的要求。 （2）验收记录材料、相关图纸及相关技术资料齐全并符合现场实际情况		
4	验收交底	根据本次作业内容和性质确定好检修人员，并组织学习本作业卡	要求所有工作人员明确本次工作的作业内容、进度要求、作业标准及安全注意事项		

表 11-5-2   **避雷器检查验收工器具清单**

序号	名称	型号	数量	备注
1	吊车	—	1 辆	
2	车辆接地线	—	1 根	
3	对讲机	—	每人 1 台	
4	绝缘电阻表	—	1 台	
5	直流高压发生器	—	1 台	

序号	名称	型号	数量	备注
6	避雷器带电测试仪	—	1台	
7	避雷器计数器测试仪	—	1台	
8	回路电阻测试仪	—	1台	
9	纯净水	—	1瓶	

11.5.3 验收检查记录

避雷器检查验收检查记录表见表11-5-3。

表 11-5-3   避雷器检查验收检查记录表

序号	验收项目	验收方法及标准	验收结论（√或×）	备注
一、避雷器外观验收				
1	避雷器本体外观检查	检查避雷器外观整洁、无积污、无明显放电、击穿痕迹		《国家电网公司变电验收管理规定 第8分册 避雷器验收细则》
2		检查瓷套无裂纹，无破损、脱釉，外观清洁，瓷铁黏合应牢固		
3		检查复合外套无破损、变形		
4		检查注胶封口处密封应良好		
5		检查铭牌齐全，相色正确		
6		检查压力释放通道完整无破损，喷口挡板无缺失，安装方向正确，不能朝向设备、巡视通道		
7		检查安装牢固，垂直度应符合产品技术文件要求		
8		检查同一组三相间应排列整齐，铭牌位于易于观察的同一侧		
9		检查各节位置应符合产品出厂标志的编号		
10		检查瓷外套避雷器法兰排水口是否畅通，防止积水		

序号	验收项目	验收方法及标准	验收结论（√或×）	备注
11	均压环外观验收	检查均压环应无划痕、毛刺及变形		《国家电网公司变电验收管理规定　第8分册　避雷器验收细则》
12		检查均压环与本体连接良好，安装应牢固、平整，不得影响接线板的接线，并宜在均压环最低处打排水孔		
13	构架及基础外观验收	检查引线不得存在断股、散股，长短合适，无过紧现象或风偏的隐患		《国家电网公司变电验收管理规定　第8分册　避雷器验收细则》
14		检查一次接线线夹无开裂痕迹，不得使用铜铝式过渡线夹；在可能出现冰冻的地区，线径为 $400mm^2$ 及以上的、压接孔向上 $30°\sim90°$ 的压接线夹，应打排水孔		
15		检查各接触表面无锈蚀现象		
16		检查连接件应采用热镀锌材料，并至少两点固定		
17		检查所有的螺栓连接必须加垫弹簧垫圈，并目测确保其收缩到位		
18		检查底座应使用单个的大爬距的绝缘底座，机械强度应满足载荷要求		
19		检查接地引下线应连接良好，截面面积应符合设计要求		
二、避雷器在线监测装置验收				
1	在线监测装置外观检查	监测装置密封良好、内部不进潮，110kV 及以上电压等级避雷器应安装泄漏电流监测装置，泄漏电流量程选择适当，且三相一致，读数应在零位		
2		安装位置一致，高度适中，指示、刻度清晰，便于观察以及测量泄漏电流值，计数值应调至同一值		
3		传感器应有相应标识，标识应便于读取与检查		
4		传感器不应有锈蚀、破损、开裂、内部积水现象		
5		接线柱引出小套管清洁、无破损，接线紧固		
6		监测装置应安装牢固、接地可靠，紧固件不应作为导流通道		
7		监测装置应安装在可带电更换的位置		
8		监测装置应采用穿心式电流传感器进行取样		

序号	验收项目	验收方法及标准	验收结论（√或×）	备注
9	在线监测装置外观检查	对于在接地线上取样的，应在避雷器底座与计数器上端之间的连接线上安装传感器，穿芯导线通流能力不应低于原有接地线		《变电设备在线监测装置技术规范 第3部分：电容型设备及金属氧化物避雷器绝缘在线监测装置》
10		对于并接在计数器两端取样的，接线应使用截面面积不低于 $2 \times 2.5 mm^2$ 的铠装双绞屏蔽电缆，电缆铠装及屏蔽应可靠接地，并应在取样回路中采取不影响计数器正常动作的技术措施		
11	在线监测装置功能验收	应实现泄漏电流、动作次数的连续采集		《输变电设备状态检修试验规程》（DL/T 393—2021）
12		避雷器设备监测向主机报送数据和结果信息，内容满足合同技术要求		
13		远方可召唤并展示避雷器设备监测历史监测数据和结果信息		
14		监测装置具备对金属氧化物避雷器的全电流、阻性电流、阻容比、运行电压等状态参量进行连续实时或周期性自动监测功能		《变电设备在线监测装置技术规范 第3部分：电容型设备及金属氧化物避雷器绝缘在线监测装置》
15		在线监测装置技术指标应满足《变电设备在线监测装置技术规范 第3部分：电容型设备及金属氧化物避雷器绝缘在线监测装置》相关要求：全电流有效值 $100 \mu A \sim 50 mA$，阻性电流基波峰值 $10 \mu A \sim 10 mA$，阻容比值 $0.05 \sim 0.5$		
三、避雷器试验验收				
1	本体绝缘电阻测量	35kV 以上电压等级，应采用 5000V 绝缘电阻表，绝缘电阻不应小于 $2500 M\Omega$		《电气装置安装工程电气设备交接试验标准》（GB 50150—2016）
2		35kV 及以下电压等级，应采用 2500V 绝缘电阻表，绝缘电阻不应小于 $1000 M\Omega$		
3		1kV 以下电压等级，应采用 500V 绝缘电阻表，绝缘电阻不应小于 $2 M\Omega$		
4		基座绝缘电阻不应低于 $5 M\Omega$		
5	工频参考电压和持续运行电流	金属氧化物避雷器对应于工频参考电流下的工频参考电压，整支或分节进行的测试值，应符合《交流无间隙金属氧化物避雷器》（GB 11032）或产品技术条件的规定		

序号	验收项目	验收方法及标准	验收结论（√或×）	备注
6	工频参考电压和持续运行电流	测量金属氧化物避雷器在避雷器持续运行电压下的持续电流，其阻性电流和全电流值应符合产品技术条件的规定		
7	直流参考电压和0.75倍直流参考电压下的泄漏电流测量	金属氧化物避雷器对应于直流参考电流下的直流参考电压，整支或分节进行的测试值，不应低于《交流无间隙金属氧化物避雷器》（GB 11032）规定值，并应符合产品技术条件的规定。实测值与制造厂实测值比较，其允许偏差应为±5%		《电气装置安装工程电气设备交接试验标准》（GB 50150—2016）
8		0.75倍直流参考电压下的泄漏电流值不应大于 50μA，或符合产品技术条件的规定。750kV 电压等级的金属氧化物避雷器应测试 1mA 和 3mA 下的直流参考电压值，测试值应符合产品技术条件的规定；0.75倍直流参考电压下的泄漏电流值不应大于 65μA，尚应符合产品技术条件的规定		
9		试验时若整流回路中的波纹系数大于 1.5% 时，应加装滤波电容器，可为 0.01～0.1μF，试验电压应在高压侧测量		
10	放电计数器动作可靠性试验	放电计数器动作应可泄漏电流指示良好，准确等级不低于 5 级		《国家电网公司变电验收管理规定　第8分册　避雷器验收细则》
11	复合外套憎水性检查	憎水性能按喷水分级法（HC 法），一般应为 HC1～HC2 级		
四、投运前验收				
1	外观检查	检查各处螺栓连接紧固，无松动现象		
2		检查各部件无破损、松动、脱落，无异常现象		
3		运行编号标识齐全、清晰可识别		
4		接地引下线应连接良好		
5	动作次数抄录	对避雷器动作次数和泄漏电流进行现场抄录		
6	监测后台检查	一体化监测后台避雷器动作次数及泄漏电流数据正常		

11.5.4 验收检查记录表格

在工作中对于重要的内容进行专项检查记录并留档保存。避雷器外观验收检查记录表见表 11-5-4，避雷器在线监测装置验收检查记录表见表 11-5-5，避雷器试验验收专项记录表见表 11-5-6。

表 11-5-4   **避雷器外观验收检查记录表**

设备名称	验收项目					验收人
	避雷器整体外观检查	避雷器绝缘套外观验收	均压环外观验收	构架及基础外观验收	动作次数/泄漏电流（试验后）	
极Ⅰ高端阀组高压侧避雷器 F1						
……						

表 11-5-5   **避雷器在线监测装置验收检查记录表**

设备名称	验收项目		验收人
	在线监测装置外观检查	在线监测装置功能验收	
极Ⅰ高端阀组高压侧避雷器 F1			
……			

表 11-5-6   **避雷器试验验收专项记录表**

设备名称	验收项目						验收人
	绝缘电阻测量	持续电流测量	工频参考电压测试	直流参考电压和 0.75 倍直流参考电压下的泄漏电流	检查放电计数器的动作是否可靠	复合外套憎水性检查	
极Ⅰ高端阀组高压侧避雷器 F1							
……							

11.5.5 检查评价表格

对工作中检查出的问题进行汇总记录，并进行验收评价，留档保存。避雷器验收检查评价表见表11-5-7。

表 11-5-7 避雷器验收检查评价表

检查人	×××		检查日期	××××年××月××日
存在问题汇总				

11.6 耦合电容器外观验收标准作业卡

11.6.1 验收范围说明

本验收作业卡适用于换流站验收工作，验收范围包括：换流变压器换流变压器区域耦合电容器。

11.6.2 验收准备工作

各阶段验收工作开展前，运检人员应当提前明确验收的时间、人员、车辆机具、仪器工具、图纸资料等，并至少在验收开展的前一天完成准备工作的确认。

耦合电容器外观验收准备工作表见表11-6-1，耦合电容器外观验收工器具清单见表11-6-2。

表 11-6-1 耦合电容器外观验收准备工作表

序号	项目	工作内容	实施标准	负责人	备注
1	时间安排	验收工作开展前，应当组织业主、厂家、施工、监理、运检人员现场联合勘查，在各方均认为现场满足验收条件后方可开展	耦合电容器安装工作已完成		
2	人员安排	（1）如人员、车辆充足可组织多个验收组同时开展工作。 （2）每个验收组建议至少安排验收人员1人，厂家人员1人，施工单位1人，监理1人，平台车专职驾驶员1人（厂家或施工单位人员）	验收前成立临时专项验收组，组织验收、施工、厂家、监理人员共同开展验收工作		

序号	项目	工作内容	实施标准	负责人	备注
3	车辆工具安排	验收工作开展前，准备好验收所需车辆机具、仪器仪表、工器具、安全防护用品、验收记录材料、相关图纸及相关技术资料	（1）车辆机具、仪器仪表、工器具、安全防护用品应试验合格，满足本次施工的要求。 （2）验收记录材料、相关图纸及相关技术资料齐全并符合现场实际情况		
4	验收交底	根据本次作业内容和性质确定好检修人员，并组织学习本作业卡	要求所有工作人员明确本次工作的作业内容、进度要求、作业标准及安全注意事项		

表 11-6-2 　　　　　　　　　　　　　　　　耦合电容器外观验收工器具清单

序号	名称	型号	数量	备注
1	高空作业车	—	1辆	
2	望远镜/照相机	—	1个	
3	安全带	—	每人1套	
4	车辆接地线	—	1根	
5	自动电桥测试仪	AI-6000	1台	
6	数字式电容表	—	1台	
7	电动绝缘电阻表	—	1台	试验电压在500～5000V范围可选
8	电源盘	—	1个	带漏电保护
9	接地线	—	30m	大于6mm²
10	成套工具	—	1套	
11	温、湿度计	—	1块	
12	高压绝缘垫	—	1个	定期试验合格

11.6.3 验收检查记录

耦合电容器检查验收检查记录表见表 11-6-3。

表 11-6-3 　　　　　　　　　　　　　　**耦合电容器检查验收检查记录表**

序号	验收项目	验收方法及标准	验收结论（√或×）	备注
一、耦合电容器外观验收				
1	耦合电容器本体及接地外观验收	检查耦合电容器瓷套表面清洁，无损伤、裂纹和渗漏油现象，防污闪涂料应涂覆均匀，无起皮、鼓包、脱落		《±800kV 及以下直流换流站电力设备安装工程施工及验收规范》（DL/T 5232—2010）
2		检查耦合电容器高压端子、低压端子接线正确，连接紧固，接地端子可靠接地		
3		检查耦合电容器外壳密封应良好		
4		检查法兰连接螺栓紧固，无锈蚀，端面平整，无渗、漏油现象		
5		检查铭牌参数齐全、正确，安装在便于查看的位置上，铭牌材质应为防锈材料，无锈蚀		
6		检查相序标志清晰正确，运行编号清晰正确		
7		检查低压端接地端子及支架可靠接地，无伤痕、锈蚀，接地引下线截面符合动热稳定要求并采用黄绿相间的色漆或色带标示		
8	安装及基础外观验收	检查设备安装固定牢固，外观良好，无损伤、锈蚀		
9		检查耦合电容器基础安装面应水平，支架、底座牢固，无倾斜变形		
10		检查耦合电容器叠装时中心线一致，无歪扭倾斜现象，各零、部件装配牢固无松动		
11		两节或多节耦合电容器叠装时，应按制造厂的编号安装，不得互换		
12	均压环、引出线及端子板、连接螺栓外观验收	检查设备接线端子板螺栓、螺母和垫圈应满足防锈、防腐、防磁要求，平垫弹垫配置齐全满足防振要求，螺栓采用双螺母或单螺母加弹垫固定等防松措施，螺栓力矩标识线清晰、可见		
13		检查引线松紧适当，无散股、扭曲、断股现象，引线弧度合适、绝缘间距满足设计文件要求，接至耦合电容器的引线不应使其端子受过大的横向拉力		
14		检查接线端子不应采用铜铝对接过渡线夹，载流密度满足技术规范要求		
15		检查均压环安装牢固、水平，且方向正确，无裂纹、变形、锈蚀		
16		检查线夹应有排水孔，防止水结冰膨胀造成线夹爆裂		

序号	验收项目	验收方法及标准	验收结论（√ 或×）	备注
	二、试验验收			
1	绝缘电阻测量	极间绝缘电阻（采用 2500V 绝缘电阻表）大于或等于 5000MΩ，低压端对地（采用 1000V 绝缘电阻表）大于或等于 100MΩ		
2	介质损耗因数测量	介质损耗因数：膜纸复合：$\tan\delta \leqslant 0.25\%$。油纸绝缘：$\tan\delta \leqslant 0.5\%$		《输变电设备状态检修试验规程》（DL/T 393—2021）
3	电容量测量	电容值与额定值相比，偏差应在额定电容值的-5%～10%范围内。电容值与出厂值相比，偏差不超过±5%。电容器叠柱中任何单元的实测电容值之比值与这两单元的额定电压之比值的倒数之差不应大于 5%		
4	试验数据分析	试验数据应通过显著性差异分析法和横纵比分析法进行分析，并提出意见		

11.6.4 验收检查记录表格

在工作中对于重要的内容进行专项检查记录并留档保存。耦合电容器外观验收检查记录表见表 11-6-4，耦合电容器试验验收检查记录表见表 11-6-5。

表 11-6-4 耦合电容器外观验收检查记录表

设备名称		验收项目							验收人
		本体外观	铭牌及油漆	构架及防腐	引线检查	接地及基础检查	均压环	各侧接头连接情况检查	
极Ⅰ高端星接换流变压器网侧出线耦合电容器 C1	A 相								
	B 相								
	C 相								

设备名称		验收项目							验收人
		本体外观	铭牌及油漆	构架及防腐	引线检查	接地及基础检查	均压环	各侧接头连接情况检查	
极Ⅰ高端角接换流变压器网侧出线耦合电容器 C2	A 相								
	B 相								
	C 相								
……									

表 11-6-5 　　　　　　　　　　　　　　　　　耦合电容器试验验收检查记录表

设备名称	试验项目			验收人
	绝缘电阻测量	电容量测量	介质损耗因素测量	
极Ⅰ高端星接换流变压器网侧出线耦合电容器 C1	……	……	……	……
极Ⅰ高端角接换流变压器网侧出线耦合电容器 C2	……	……	……	……
……				

11.6.5　检查评价表格

对工作中检查出的问题进行汇总记录，并进行验收评价，留档保存。耦合电容器验收检查评价表见表 11-6-6。

表 11-6-6 　　　　　　　　　　　　　　　　　耦合电容器验收检查评价表

检查人	×××	检查日期	××××年××月××日
存在问题汇总			

11.7 换流变压器进线设备主通流回路检查验收标准作业卡

11.7.1 验收范围说明

本验收作业卡适用于换流站验收工作，验收范围包括：换流变压器进线设备（交流避雷器、电压互感器、耦合电容器及金具等）。

11.7.2 验收准备工作

各阶段验收工作开展前，运检人员应当提前明确验收的时间、人员、车辆机具、仪器工具、图纸资料等，并至少在验收开展的前一天完成准备工作的确认。

换流变压器进线设备主通流回路检查验收准备工作表见表11-7-1，换流变压器进线设备主通流回路检查验收工器具清单见表11-7-2。

表 11-7-1　　　　　　　　　　　　　　换流变压器进线设备主通流回路检查验收准备工作表

序号	项目	工作内容	实施标准	负责人	备注
1	时间安排	验收工作开展前，应当组织业主、厂家、施工、监理、运检人员现场联合勘查，在各方均认为现场满足验收条件后方可开展	换流变压器进线设备安装工作已完成，试验已完成		
2	人员安排	（1）如人员、车辆充足可组织多个验收组同时开展工作。 （2）每个验收组建议至少安排运检人员1人，厂家人员1人，施工单位2人，监理1人，平台车专职驾驶员1人（厂家或施工单位人员）。 （3）验收组所有人员均在电压互感器上开展工作。 （4）力矩检查工作建议由施工人员和厂家配合进行，运检、监理监督见证并记录数据。 （5）接触电阻测量工作建议由施工人员和厂家配合进行，运检、监理监督见证并记录数据	验收前成立临时专项验收组，组织运检、施工、厂家、监理人员共同开展验收工作		

序号	项目	工作内容	实施标准	负责人	备注
3	车辆工具安排	验收工作开展前，准备好验收所需车辆机具、仪器仪表、工器具、安全防护用品、验收记录材料、相关图纸及相关技术资料	（1）车辆机具、仪器仪表、工器具、安全防护用品应试验合格，满足本次施工的要求。 （2）验收记录材料、相关图纸及相关技术资料齐全并符合现场实际情况		
4	验收交底	根据本次作业内容和性质确定好检修人员，并组织学习本作业卡	要求所有工作人员明确本次工作的作业内容、进度要求、作业标准及安全注意事项		

表 11-7-2　　　　　　　　　　　　　换流变压器进线设备主通流回路检查验收工器具清单

序号	名称	型号	数量	备注
1	高空作业车	—	1辆	
2	安全带	—	每人1套	
3	车辆接地线	—	1根	
4	力矩扳手	满足力矩检查要求	1套	
5	棘轮扳手	—	1套	
6	签字笔	红色、黑色	1套	
7	无水乙醇	—	1瓶	
8	百洁布	—	1套	
9	回路电阻测试仪		1台	

11.7.3　验收检查记录

换流变压器进线设备主通流回路验收检查记录表见表 11-7-3。

表 11-7-3　　　　　　　　　换流变压器进线设备主通流回路验收检查记录表

序号	验收项目	验收方法及标准	验收结论 (√或×)	备注
1	进线线夹检查	检查线夹无明显的锈迹、无明显污渍		
2		检查线夹铸造表面应无毛刺、飞边、裂纹、缺肉、金属瘤等缺陷，外表面平整无附着物		
3		检查线夹焊接零部件焊缝应满焊，不能有裂纹、气孔、凹坑、夹渣、未融合、未焊透等缺陷		
4		检查线夹电接触面上不应有明显的凸起、凹坑、氧化和其他异物等		
5		检查线夹镀银/镀锡面上不得有镀层剥落、起皮及气泡等现象存在		
6		检查软导线焊装表面不能大面积（超过1/4）或多处（6处及以上）的划伤痕迹		
7		检查软导线焊装不应存在严重的散股及鼓肚		
8	管形母线封端球检查	封端球漏水孔朝下		
9		球壳外表面应光滑，无凹陷、凸起现象		
10	软导线焊装及安装检查	表面无明显磕碰划伤痕迹		
11		软导线焊装安装后走线流畅		
12		导线不搭接，包括导线之间不搭接、导线与其他连接件不搭接		
13		导线无脱焊现象		
14		检查软导线压接（螺接）后是否滑移		
15	主通流回路结构和安装情况检查	核对接头材质、有效接触面积、载流密度、螺栓标号、力矩要求等与设计文件一致，通流回路连接螺栓具有防松动措施（防松动措施包括使用弹片、叠帽、平弹一体垫片、防松螺栓等方式）		
16		检查安装阶段螺丝紧固后应进行的档案和记录		
17	通流回路外观检查	检查通流回路外观良好，连接可靠接触良好，无变形、无变色、无锈蚀、无破损		
18		检查力矩双线标识清晰且划在螺母侧，力矩线需连续、清晰、与螺母垂直，且母排、垫片、螺母、螺栓均需划到		
19		检查软连接完好，无散股、断股现象		
20		若螺栓采用平弹一体结构，应当检查平弹一体垫片是否装反		

序号	验收项目	验收方法及标准	验收结论（√或×）	备注
21		力矩检查工作由施工人员执行、厂家人员监督、运检和监理见证记录，四方共同开展		
22	主通流回路搭接面螺栓力矩复查	确认接头接触电阻测量和力矩检查结果满足技术要求（参照表11-7-4），使用80％力矩检查螺栓紧固到位后画线标记，并建立档案，做好记录。运维单位应按不小于1/3的数量进行力矩和接触电阻抽查		
23		力矩扳手每次调整后均应由验收人员、厂家人员、施工人员共同检查设置的力矩值是否正确		
24		对于检查工作中发现松动或力矩线偏移的螺栓，使用100％力矩进行复紧，使用酒精擦除原力矩线后重新画线，并再次使用80％力矩检查		
25		对于发生滑丝、跟转等问题的螺栓进行更换		
26	主通流回路搭接面接触电阻测试	正确使用直流电阻测试仪，并设置试验电流不小于100A		
27		将夹子夹在待测搭接面两端，启动仪器后读取测量数据并记录		
28		电压互感器设备搭接面接触电阻不大于20μΩ，同位置横向对比不超过10μΩ		
29		对于发现有接触电阻超标的搭接面，应当按照"十步法"进行处理并记录		

11.7.4 "十步法"处理记录

"十步法"处理记录见表11-7-4。

表 11-7-4   **"十步法"处理记录**

序号	接头位置及名称	检修前接触电阻			评价	检修处理工艺控制					检修后接触电阻测量			验收
		检修前接触电阻	接触电阻测量人	是否小于20μΩ	是否需要处理	工艺要求	螺栓规格	力矩标准	力矩是否紧固	作业人	检修后接触电阻	测量人	接触电阻是否合格	
1	极Ⅰ高端星接换流变压器网侧进线电压互感器A相													
...	......													

11.7.5　检查评价表格

对工作中检查出的问题进行汇总记录，并进行验收评价，留档保存。换流变压器进线设备主通流回路验收检查评价表见表 11-7-5。

表 11-7-5　　　　　　　　　　　　　换流变压器进线设备主通流回路验收检查评价表

检查人	×××	检查日期	××××年××月××日
存在问题汇总